BWL für Juristen und Führungskräfte

von
ao. Univ.-Prof. MMag. DDr. Gerhard Reichmann
ao. Univ.-Prof. Mag. Dr. Margit Sommersguter-Reichmann

LexisNexis®

Bibliografische Information der Deutschen Bibliothek

Die Deutsche Bibliothek verzeichnet diese Publikation in der Deutschen Nationalbibliografie; detaillierte bibliografische Daten sind im Internet über http://dnb.ddb.de abrufbar.

ISBN 978-3-7007-5562-3

LexisNexis Verlag ARD Orac GmbH & Co KG, Wien
http://www.lexisnexis.at
Wien 2013
Best.-Nr. 34.38.01

Foto Reichmann: Hartlauer
Foto Sommersguter-Reichmann: privat

Druckerei: Prime Rate GmbH, Budapest

Vorwort

Zahlreiche Tätigkeiten in Wirtschaft und Verwaltung **erfordern betriebswirtschaftliche Kenntnisse**. Stehen derartige Kenntnisse bei der Aufgabenerfüllung im Mittelpunkt, so handelt es sich meist um Aktivitäten, die ohnedies von Betriebswirt/inn/en mit einschlägiger Ausbildung wahrgenommen werden. Beispiele dafür wären Tätigkeiten im Bereich des Rechnungswesens, des Controllings oder auch des Marketings. Bei einer Vielzahl anderer Tätigkeiten stehen betriebswirtschaftliche Kenntnisse zwar nicht im Mittelpunkt, sind aber für eine optimale Aufgabenerfüllung doch von erheblicher Bedeutung. Als Beispiele hierfür lassen sich Tätigkeiten im Bereich der Organisation, des Personalwesens oder auch der (internen) Revision nennen. Diese Tätigkeiten werden häufig von Mitarbeitern ohne betriebswirtschaftliche Ausbildung ausgeübt. Im Falle eines beruflichen Aufstiegs in Form der Erlangung einer **Führungsposition** sind in der Regel ebenfalls betriebswirtschaftliche Kenntnisse (Managementkenntnisse) für eine optimale Aufgabenerfüllung nötig. In kleinen Unternehmen wird wiederum nicht selten von Absolvent/inn/en rechtswissenschaftlicher, technischer, naturwissenschaftlicher oder sogar geisteswissenschaftlicher Studienrichtungen erwartet, dass sie gewisse betriebswirtschaftliche Tätigkeiten, wie etwa die Produktkalkulation oder Investitions- und Finanzierungsagenden, ausführen. Von eminenter Bedeutung sind betriebswirtschaftliche Grundkenntnisse weiters für **praktisch jede Form unternehmerischer (selbstständiger) Tätigkeit**, egal ob als Anwalt/Anwältin, Steuerberater/in, niedergelassene/r Arzt/Ärztin, Architekt/in oder Immobilienmakler/in.

Die Studienpläne nicht betriebswirtschaftlicher Studienrichtungen können diesen potenziellen künftigen beruflichen Anforderungen an ihre Absolvent/inn/en nur zum Teil Rechnung tragen. So ermöglicht etwa der Studienplan für das rechtswissenschaftliche Diplomstudium an der Universität Graz im dritten Studienabschnitt eine Spezialisierung auf „Wirtschaft", in deren Rahmen die Lehrveranstaltung „BWL für Juristen" zu absolvieren ist. Aus den Lehrveranstaltungsunterlagen zu dieser Lehrveranstaltung, die der Erstautor bereits seit mehreren Jahren abhält, ist das vorliegende Lehrbuch entstanden. Dieses richtet sich allerdings nicht nur an (angehende) **Jurist/inn/en**, die sich entweder im Rahmen ihres Studiums oder auch später im Selbststudium betriebswirtschaftliche Grundkenntnisse aneignen wollen, sondern genauso an Studierende bzw Absolvent/inn/en anderer Studienrichtungen, wie etwa **Techniker/innen** oder **Mediziner/innen**, die sich betriebswirtschaftlich fortbilden möchten. Dieses Lehrbuch soll auch **Führungskräften** ohne einschlägige Ausbildung, die mit betriebswirtschaftlichen Fragestellungen konfrontiert sind, sowie Schulabsolvent/inn/en, die sich für ein betriebswirtschaftliches Studium interessieren und einen Überblick über die Materie gewinnen wollen, einen kompakten Einstieg ermöglichen.

Bei der Verfassung dieses Buches waren uns zwei Punkte besonders wichtig: Erstens eine möglichst **kompakte Darstellung** vor allem jener betriebswirtschaftlichen Bereiche, mit denen „Nicht-Betriebswirte/Betriebswirtinnen" im Rahmen ihrer beruflichen Tätigkeit häufig konfrontiert sind, und zweitens eine umfangreiche Unterlegung der theoretischen Ausführungen mit **praxisbezogenen Beispielen**. Es sei an dieser Stelle auch noch darauf hingewiesen, dass sich alle rechtlichen Aspekte, die angesprochen werden, auf die österreichische Rechtslage beziehen.

Graz, im Juli 2013

Gerhard Reichmann
Margit Sommersguter-Reichmann

Inhaltsverzeichnis

Vorwort ... V
Einleitung ... 1
1. Management ... 3
1.1. Geschichte, Gegenstand und Gliederung der BWL ... 3
1.1.1. Geschichte der BWL ... 3
1.1.1.1. Entstehung ... 3
1.1.1.2. Entwicklung (Ansätze) ... 4
1.1.2. Gegenstand der BWL ... 5
1.1.2.1. Erfahrungsobjekt ... 5
1.1.2.2. Erkenntnisobjekt ... 7
1.1.2.3. Einordnung und Abgrenzung der BWL ... 9
1.1.3. Gliederungsmöglichkeiten der BWL ... 9
1.1.3.1. Funktionale Gliederung ... 10
1.1.3.2. Institutionelle Gliederung ... 10
1.1.3.3. Genetische Gliederung ... 10
1.2. Unternehmensgründung und Organisation ... 11
1.2.1. Unternehmensgründung ... 11
1.2.1.1. Businessplan ... 11
1.2.1.2. Standortwahl ... 14
1.2.1.3. Wahl der Rechtsform ... 16
1.2.2. Organisation ... 19
1.2.2.1. Grundlagen ... 19
1.2.2.2. Aufbauorganisation ... 20
1.2.2.3. Ablauforganisation ... 23
1.3. Unternehmensführung im engeren Sinn ... 23
1.3.1. Allgemeines ... 23
1.3.1.1. Shareholder-Ansatz ... 23
1.3.1.2. Gewaltenteilung im Zuge der Unternehmensführung ... 25
1.3.2. Planung ... 26
1.3.2.1. Grundlagen ... 26
1.3.2.2. Zielbildung ... 27
1.3.2.3. Zeitliche Struktur der Planung ... 29
1.3.3. Entscheidung ... 29
1.3.3.1. Grundlagen ... 29
1.3.3.2. Entscheidungen unter Risiko ... 30
1.4. Personalwirtschaft ... 33
1.4.1. Allgemeines ... 33
1.4.1.1. Begriff und Aufgaben ... 33
1.4.1.2. Problemstellungen in der Personalwirtschaft ... 34
1.4.2. Personalplanung ... 34
1.4.2.1. Personalbedarfsplanung ... 34
1.4.2.2. Personalbeschaffungsplanung ... 37
1.4.2.3. Personalabbauplanung ... 38
1.4.2.4. Personaleinsatzplanung ... 39
1.4.2.5. Personalentwicklungsplanung ... 40
1.4.3. Personalführung ... 41
1.4.3.1. Führung durch Motivation ... 41
1.4.3.2. Führungsprinzipien (Managementtechniken) ... 44

1.5. Übungsbeispiele zum Management 45
1.5.1. Fragestellungen 45
1.5.2. Lösungen 50
1.6. Literatur zum Management 57
2. Rechnungswesen 61
2.1. Buchhaltung und Bilanzierung 61
2.1.1. Allgemeines 62
2.1.1.1. Aufgaben 62
2.1.1.2. Grundbegriffe 62
2.1.2. Buchhaltung 65
2.1.2.1. Einnahmen-Ausgaben-Rechnung 65
2.1.2.2. Doppelte Buchhaltung (Doppik) 66
2.1.3. Bilanzierung 68
2.1.3.1. Bilanz 68
2.1.3.2. Gewinn- und Verlustrechnung (GuV) 74
2.1.3.3. Kapitalflussrechnung (Cashflow-Rechnung) 77
2.1.3.4. Buchungskreislauf 79
2.1.4. Bilanzanalyse 82
2.1.4.1. Vermögensanalyse 82
2.1.4.2. Kapitalanalyse 83
2.1.4.3. Liquiditätsanalyse 84
2.1.4.4. Rentabilitätsanalyse 87
2.2. Kostenrechnung 89
2.2.1. Grundlagen 90
2.2.1.1. Aufgaben 90
2.2.1.2. Überleitung von Aufwendungen in Kosten 90
2.2.1.3. Kostenrechnungsformen 91
2.2.2. Vollkostenrechnung 92
2.2.2.1. Kostenartenrechnung 92
2.2.2.2. Kostenstellenrechnung 93
2.2.2.3. Kostenträgerrechnung 98
2.2.3. Grenzkostenrechnung 99
2.2.3.1. Merkmale 99
2.2.3.2. Vergleich zur Vollkostenrechnung 100
2.2.4. Mengen- und Programmplanung 101
2.2.4.1. Mengenplanung (Break-even-Analyse) 101
2.2.4.2. Programmplanung 102
2.3. Controlling 103
2.3.1. Grundlagen 103
2.3.2. Instrumente des operativen Controllings 104
2.3.2.1. ABC-Analyse 104
2.3.2.2. Budgetierung 104
2.3.2.3. Kennzahlensysteme 105
2.3.3. Instrumente des strategischen Controllings 105
2.3.3.1. BCG-Matrix 105
2.3.3.2. Benchmarking 108
2.3.3.3. SWOT-Analyse 109
2.4. Übungsbeispiele zum Rechnungswesen 110
2.4.1. Fragestellungen 110
2.4.2. Lösungen 115
2.5. Literatur zum Rechnungswesen 126

3. Finanzwirtschaft ... 129
3.1. Grundlagen der Finanzmathematik ... 129
3.1.1. Zinsrechnung ... 129
3.1.2. Rentenrechnung ... 132
3.2. Investition ... 133
3.2.1. Grundlagen ... 134
3.2.2. Beurteilungskriterien ... 136
3.2.2.1. Statische Beurteilungskriterien ... 137
3.2.2.2. Dynamische Beurteilungskriterien ... 142
3.3. Finanzierung ... 146
3.3.1. Überblick über ausgewählte Finanzierungsformen ... 147
3.3.1.1. Interne Finanzierung (Innenfinanzierung) ... 147
3.3.1.2. Externe Finanzierung (Außenfinanzierung) ... 149
3.3.2. Überblick über ausgewählte Finanzierungstitel des Kapitalmarktes ... 154
3.3.2.1. Kapitalmarkt ... 154
3.3.2.2. Finanzierungstitel ... 155
3.4. Übungsbeispiele zur Finanzwirtschaft ... 157
3.4.1. Fragestellungen ... 157
3.4.2. Lösungen ... 159
3.5. Literatur zur Finanzwirtschaft ... 163
4. Marketing ... 165
4.1. Marktbearbeitung ... 166
4.1.1. Situationsanalyse ... 166
4.1.2. Festlegung der Marketingziele ... 168
4.1.3. Entwicklung einer Marketingstrategie ... 168
4.1.3.1. Marktwahlstrategien ... 168
4.1.3.2. Marktteilnehmerstrategien ... 171
4.1.4. Auswahl der Marketinginstrumente ... 172
4.1.4.1. Produktpolitik ... 172
4.1.4.2. Preispolitik ... 174
4.1.4.3. Kommunikationspolitik ... 177
4.1.4.4. Vertriebspolitik ... 178
4.1.5. Umsetzung und Kontrolle ... 180
4.2. Marktforschung ... 181
4.2.1. Formen der Marktforschung ... 181
4.2.2. Prozess der Marktforschung ... 182
4.3. Übungsbeispiele zum Marketing ... 183
4.3.1. Fragestellungen ... 183
4.3.2. Lösungen ... 184
4.4. Literatur zum Marketing ... 187
5. Zusammenfassendes Beispiel ... 189
5.1. Aufgabenstellung ... 189
5.2. Lösungen ... 192
5.3. Erläuterungen ... 193
Stichwortverzeichnis ... 197

Einleitung

Ziel der nachfolgenden Ausführungen ist es, zentrale Bereiche der Betriebswirtschaftslehre (BWL) in kompakter Form darzustellen. Dabei erfolgt eine Orientierung an der sogenannten funktionalen Gliederung der BWL (vgl 1.1.3.1.). Dementsprechend repräsentieren die **vier Hauptkapitel** des Buches wichtige Funktionsbereiche betrieblicher Tätigkeit: **Management** (Kapitel 1), verstanden als Unternehmensführung im weiteren Sinn mit den Kernbereichen Aufbau (Gründung) und Organisation eines Unternehmens, Planung und Entscheidung – unter dem Begriff „Unternehmensführung im engeren Sinn" zusammengefasst – sowie Personalwirtschaft; **Rechnungswesen** (Kapitel 2), das wichtige unternehmensrelevante Informationen für interne (Kostenrechnung und Controlling) und externe Zwecke (Buchhaltung und Bilanzierung) bereitstellt; **Finanzwirtschaft** (Kapitel 3), die sämtliche Fragen der Mittelaufbringung (Unternehmensfinanzierung) sowie der Mittelverwendung (Investition) zum Gegenstand hat; und schließlich **Marketing** (Kapitel 4), das vor allem der Leistungsverwertung (Verkauf von erstellten Gütern und Dienstleistungen) dient. Insgesamt soll die Lektüre des vorliegenden Buches die Fähigkeit vermitteln, betriebswirtschaftlich relevante Sachverhalte zu erfassen und im Falle von Entscheidungssituationen ökonomisch sinnvolle Lösungswege zu finden. Die Vermittlung von Detailwissen wird dagegen nicht angestrebt; diesbezüglich sei auf die einschlägige Fachliteratur verwiesen.

Die einzelnen Hauptkapitel sind so gestaltet, dass sie jeweils eine abgeschlossene Einheit bilden und bei Bedarf isoliert gelesen werden können. Dies gilt weitgehend auch für die Unterkapitel erster Ordnung (Abschnitte). Am Beginn jedes Hauptkapitels und jedes Abschnitts wird ein kurzer Überblick über die nachfolgenden Inhalte gegeben. Innerhalb der einzelnen Kapitel werden **wichtige Begriffe bzw Textpassagen durch Fettdruck hervorgehoben**. Abbildungen werden vorwiegend zur überblicksmäßigen Darstellung von Gliederungen sowie zur Veranschaulichung komplexerer Aspekte eingesetzt. Zum besseren Verständnis werden die theoretischen Ausführungen anhand von **Beispielen** illustriert. Ergänzende Erläuterungen dienen entweder der besseren Verständlichkeit oder einer punktuellen Vertiefung; sie sind durch ein dem Text vorangestelltes „**Beachte!**" gekennzeichnet.

Am Ende jedes Hauptkapitels befindet sich eine Reihe von **Übungsbeispielen**, deren Lösung bei Kenntnis der vorangegangenen Ausführungen möglich sein sollte. Zur Kontrolle sind im Anschluss an sämtliche Fragestellungen Musterlösungen samt ergänzenden Erläuterungen abgedruckt. Anschließend werden noch Literaturhinweise gegeben, die mit wenigen Ausnahmen infolge der Ausgestaltung dieses Werkes als Lehrbuch auf deutschsprachige Monografien (Bücher) beschränkt bleiben. Schwerpunktmäßig werden jene Bücher angeführt, die für die Erstellung des vorliegenden Werkes herangezogen wurden.

Den Abschluss des Textteils bildet eine **Zusammenfassung**, die in Form eines umfassenden Beispiels gestaltet ist, das sich auf alle vier Hauptkapitel des Buches bezieht. Die Beantwortung der aufgeworfenen Fragestellungen soll anhand vorgegebener Antwortmöglichkeiten (Multiple-Choice-Verfahren) erfolgen. Die korrekten Antworten samt Erläuterungen sind im Anschluss abgedruckt.

1. Management

Manager sind Personen, die ein Unternehmen oder Teilbereiche eines Unternehmens vor dem Hintergrund gesetzter Unternehmensziele leiten und steuern, also führen. Damit lässt sich Management auch als **Unternehmensführung** bezeichnen. Die Führung eines Unternehmens setzt zunächst dessen Gründung inklusive der Schaffung geeigneter organisatorischer Rahmenbedingungen voraus. Nicht nur im Rahmen der Gründungsphase, sondern auch in der nachfolgenden Betriebsphase sind weitere wichtige Führungsaktivitäten erforderlich. Diese umfassen zunächst Planungs- und Entscheidungstätigkeiten (in der Folge als **Unternehmensführung im engeren Sinn** bezeichnet), welchen Koordinations- sowie Überwachungstätigkeiten im Zuge des eigentlichen Leistungserstellungsprozesses folgen. Als zentraler Bestandteil der Koordinationstätigkeiten werden personalwirtschaftliche Aktivitäten angesehen.

Das Management in all den eben genannten Facetten ist – mit Ausnahme der Überwachungstätigkeiten, die im Rahmen des Controllings (vgl 2.3.) besprochen werden – Gegenstand des vorliegenden Kapitels. Zusätzlich wird als inhaltliche Einleitung in die Materie des Managements bzw der gesamten BWL noch ein Überblick über Geschichte, Gegenstand und Gliederung der BWL gegeben.

Im Detail umfasst das gegenständliche Kapitel folgende Inhalte: Im ersten Abschnitt wird der eben erwähnte **inhaltliche Einstieg** gewährt. Dabei werden Eckpunkte hinsichtlich der Entstehung und Entwicklung der BWL vorgestellt. Anschließend wird erörtert, womit sich die BWL beschäftigt, wie sie sich von verwandten Disziplinen unterscheidet und wie sie untergliedert werden kann. Der zweite Abschnitt ist einerseits ausgewählten Aspekten der **Unternehmensgründung**, insbesondere dem Unternehmenskonzept (Business Plan), der Standortwahl sowie der Rechtsformwahl, und andererseits der **Unternehmensorganisation**, die sich in Aufbau- und Ablauforganisation unterteilen lässt, gewidmet. Im dritten Abschnitt werden Fragen der Planung und Entscheidung als zentrale Bestandteile der **Unternehmensführung im engeren Sinn** erörtert. Gegenstand des vierten Abschnitts ist die **Personalwirtschaft**, untergliedert in die Bereiche Personalplanung und Personalführung.

1.1. Geschichte, Gegenstand und Gliederung der BWL

Zunächst werden zwei Aspekte der **Geschichte der BWL** – beschränkt auf den deutschsprachigen Raum – beleuchtet:

1. die Entstehung der BWL am Ende des 19. Jahrhunderts.
2. die Entwicklung verschiedener betriebswirtschaftlicher Strömungen im 20. Jahrhundert.

Im zweiten Teil wird der **Gegenstand der BWL** im Sinne von Erfahrungs- und Erkenntnisobjekt erläutert. Anschließend erfolgt eine Einordnung und Abgrenzung der BWL. Im dritten Teil werden neben der funktionalen **Gliederung der BWL** noch zwei weitere Konzepte, nämlich die institutionelle und die genetische Gliederung, vorgestellt.

1.1.1. Geschichte der BWL[1]

1.1.1.1. Entstehung

Bereits in Antike, Mittelalter sowie früher Neuzeit hat man sich mit einzelnen wirtschaftlichen Fragestellungen beschäftigt, die nach heutigem Verständnis einerseits der Volkswirt-

[1] Zu dieser kompakten Zusammenfassung sowie zum Zwecke weiterführender Recherchen vgl *Brockhoff* (2000), *Schneider* (1987), *Bellinger* (1967) sowie *Wöhe/Döring* (2010).

schaftslehre (VWL), andererseits der BWL zuzuordnen wären. Allerdings gab es damals weder den Begriff der BWL noch eine eigenständige betriebswirtschaftliche Forschung oder Ausbildung. Als Entstehungsjahr der BWL im deutschsprachigen Raum gilt das Jahr **1898**, in dem an folgenden vier Standorten sogenannte **Handelshochschulen** gegründet wurden:

- Aachen (heute als Fakultät für Wirtschaftswissenschaften in die Technische Hochschule Aachen eingegliedert),
- Leipzig (heute als Wirtschafts- und Sozialwissenschaftliche Fakultät in die Universität Leipzig integriert),
- St. Gallen (diese nennt sich heute Universität St. Gallen, ist aber noch immer in erster Linie eine Wirtschaftsuniversität) und
- Wien (diese trägt heute die Bezeichnung „Wirtschaftsuniversität Wien").

Bis 1919 kamen noch sieben weitere Handelshochschulen in Köln, Frankfurt/Main, Berlin, Mannheim, München, Königsberg und Nürnberg hinzu, von denen einzig jene in Königsberg (ehemaliges Ostpreußen, heutiges Russland) heute in keiner Form mehr existiert.

Ausgelöst wurde diese intensive Gründungstätigkeit durch den stark gewachsenen Bedarf an betriebswirtschaftlich ausgebildeten Führungskräften, der wiederum eine Folge der zunehmenden Industrialisierung im deutschsprachigen Raum in der zweiten Hälfte des 20. Jahrhunderts war. Den Ausbildungswünschen der Praxis entsprechend, umfassten die **Lehrinhalte** der angebotenen Studien, die ua als PWL (dies steht für Privatwirtschaftslehre[2] als Ergänzung zu den bereits existierenden Ausbildungsmöglichkeiten auf dem Gebiet der VWL) bzw Handelswissenschaft bezeichnet wurden, ua die folgenden zwei Bereiche:[3]

- **Kaufmännische Techniken**: Hier wurden va Kenntnisse der Buchhaltung, Bilanzierung und Kalkulation (Kostenrechnung) vermittelt.
- **Recht**: Der Schwerpunkt lag hier auf der Vermittlung von Kenntnissen des Bürgerlichen Rechts sowie des Handelsrechts (Unternehmensrechts).

Als zwei wichtige, aber sehr gegensätzliche **Vertreter** dieser frühen Phase der BWL gelten *Heinrich Nicklisch* und *Eugen Schmalenbach*. ***Nicklisch*** steht für das in der heutigen BWL weitgehend in den Hintergrund getretene Postulat „Gemeinnutz geht vor Eigennutz". Demnach sollen Betriebe nicht in erster Linie eigennützigen Zielen der Eigentümer dienen, sondern als Teil der Gesamtwirtschaft eine optimale Versorgung der Gemeinschaft gewährleisten. *Nicklisch* gab im Jahr 1912 das erste Buch zur „Allgemeinen Betriebswirtschaftslehre" heraus. Konträr dazu sind die Arbeiten von ***Schmalenbach***, der das erwerbswirtschaftliche Prinzip in den Mittelpunkt stellt. Unternehmerisches Handeln dient diesem zufolge vorwiegend dem Streben nach Gewinn bzw der Steigerung des Gewinns der Eigentümer (Eigenkapitalgeber). *Schmalenbach* gilt auch als Begründer der „Anwendungsorientierten BWL", wobei BWL aus dem Blickwinkel der eben vorgestellten Entstehungsgeschichte immer eine gewisse Anwendungsorientierung aufweisen sollte.

1.1.1.2. Entwicklung (Ansätze)

Nachfolgend werden fünf Ansätze der BWL vorgestellt, die auszugsweise die Entwicklung der BWL seit den 50er-Jahren des 20. Jahrhunderts repräsentieren, und die auch heute noch von Bedeutung sind:[4]

- **Produktivitätsorientierter Ansatz** (1950er-Jahre): Dieser ist untrennbar mit dem Namen Erich Gutenberg verbunden, der mit seinen Überlegungen die BWL revolutionierte. Im Zentrum der Betrachtung stehen die sogenannten **Produktionsfaktoren** (vgl 1.1.2.1.), die

[2] Vgl *Schmalenbach* (1911/12) 304 ff.
[3] Vgl *Schneider* (1987) 130 sowie *Wöhe/Döring* (2010) 13 f.
[4] Vgl zB *Camphausen* (2011) 15 ff.

im Rahmen der Leistungserstellung kombiniert werden. Ziel unternehmerischer Tätigkeit ist eine optimale Kombination der Produktionsfaktoren zur Erzielung einer möglichst hohen **Produktivität**, welche wiederum das mengenmäßige Verhältnis zwischen Faktorertrag (Output) und Faktoreinsatz (Input) repräsentiert.

- **Entscheidungsorientierter Ansatz** (1960er-Jahre): Bei diesem von Edmund Heinen geprägten Ansatz wird mittels mathematischer **Entscheidungsmodelle** versucht, optimale Lösungen für konkrete Entscheidungssituationen zu entwickeln. (Beispiel: Modell zur Optimierung von Produktionsprogrammen). Neu an diesem Ansatz war ua die **dynamische Komponente**, dh eine Betrachtung von Entscheidungsproblemen über mehrere Perioden (idR Jahre) hinweg.
- **Verhaltensorientierter Ansatz** (1970er-Jahre): Im Gegensatz zu den bisher vorgestellten Ansätzen wird hier die Annahme sich stets rational verhaltender Individuen aufgegeben. Untersucht wird nun das **tatsächliche Entscheidungsverhalten** unter Berücksichtigung der Erkenntnisse der Verhaltenswissenschaften (zB Psychologie, Soziologie). Die Verfolgung dieses Ansatzes führte zu einer Annäherung an die angelsächsische Managementlehre, bei der die Lösung konkreter Managementprobleme unter Berücksichtigung verhaltenswissenschaftlicher Aspekte eine große Rolle spielt. Im deutschsprachigen Raum hatte und hat der verhaltensorientierte Ansatz besonders unter jenen Personen, die in den Bereichen Marketing, Personal und Organisation tätig sind, viele Anhänger.
- **Umweltorientierter Ansatz** (1980er-Jahre): Dieser propagiert die Einbeziehung ökologischer Fragestellungen in die traditionelle BWL, woraus sich die **Betriebliche Umweltökonomie** als weiteres Teilgebiet der BWL entwickelt hat. In seiner radikalen Ausformung fordert der Ansatz eine grundsätzliche Umorientierung beim unternehmerischen Handeln, welche zu einem Einklang zwischen Ökonomie und Ökologie führen soll. In seiner pragmatischen Ausformung hat der Ansatz zur Entwicklung von Instrumenten geführt,[5] die eine **Beschränkung der Umweltverschmutzung** seitens der Unternehmen gewährleisten sollen: So werden etwa Rechte zur Nutzung (Verschmutzung) der Umwelt an Unternehmen verkauft und die dabei erzielten Einnahmen für Umweltschutzmaßnahmen verwendet. Eine im Vergleich dazu eher konventionelle Methode zur Verhinderung von Umweltverschmutzung stellen gesetzliche Vorschriften dar.
- **Institutionenökonomischer Ansatz**: Bei den bisherigen Ansätzen stand stets der Besitz an Produktionsfaktoren im Mittelpunkt und die Analyse der Leistungserstellung erfolgte idR vor einem technisch-wirtschaftlichen Hintergrund. Beim institutionenökonomischen Ansatz, der als Oberbegriff für eine Reihe von weiterführenden Ansätzen (zB Prinzipal-Agent-Ansatz, Property-Rights-Ansatz, Transaktionskostenansatz) dient, wird dagegen bei den **Verfügungsrechten an Produktionsfaktoren** angeknüpft. Entsprechend erfolgt die Analyse der Leistungserstellung vor einem rechtlich-wirtschaftlichen Hintergrund. Dieser Ansatz gewährleistet eine Annäherung der BWL an die VWL, obwohl hier im Gegensatz zur VWL nicht von vollkommen, sondern nur von begrenzt rational handelnden Beteiligten ausgegangen wird.

1.1.2. Gegenstand der BWL

1.1.2.1. Erfahrungsobjekt

Erfahrungsobjekt einer Wissenschaft ist deren Beobachtungstatbestand bzw – anders formuliert – deren Untersuchungsgegenstand.[6] Erfahrungsobjekt der BWL ist der **Betrieb**, worunter man eine organisierte Wirtschaftseinheit versteht. Eine solche verfügt über ein Unternehmenskonzept inklusive einer geeigneten Organisation.

---

5 Vgl dazu beispielsweise die Entstehung des Emissionsrechtehandels an den Börsen.
6 Vgl *Schneider* (1987) 34 und 162.

Betriebe lassen sich je nach Trägerschaft in private und öffentliche Betriebe unterteilen.[7] Im Mittelpunkt der BWL und auch der folgenden Ausführungen stehen **private Betriebe**, die üblicherweise nach dem **erwerbswirtschaftlichen Prinzip** handeln, also ihren Gewinn maximieren wollen. **Öffentliche Betriebe** sind dagegen häufig sogenannte **Non-Profit-Organisationen** (NPO), die keine Gewinne anstreben. Oftmals wäre dies aufgrund der Art der Unternehmenstätigkeit gar nicht möglich, so etwa im Gesundheitsbereich (Beispiel: Öffentliche Spitäler) oder im Kulturbereich (Beispiel: Staatliche Spezialmuseen). NPO agieren entweder auf Basis des **Kostendeckungsprinzips**, wonach die erzielten Erlöse die angefallenen Kosten abdecken sollen (Beispiel: Öffentliche Energieversorger), oder auf Basis des **Zuschussprinzips**, wobei hier von Anfang an klar ist, dass nur ein Teil der Kosten durch die Erlöse abgedeckt werden kann. Hinsichtlich der verbleibenden Kosten ist man auf Zuschüsse angewiesen (Beispiel: Öffentliche Museen).

Die Tätigkeit eines Betriebes liegt in der **Kombination von Produktionsfaktoren**, die zu einer **Leistungserstellung** (Produktion) führt. Im Gegensatz zum Haushalt, der den Eigenbedarf deckt, erzeugt bzw erbringt ein Betrieb Leistungen für Dritte. Betriebszweck ist jedoch nicht nur die Leistungserstellung, sondern auch die **Leistungsverwertung**, also der Absatz der erstellten Produkte. Werden in einem Betrieb materielle Güter (Sachgüter) erstellt und verwertet, so spricht man von einem **Sachleistungsbetrieb** (dazu zählen va Produktionsbetriebe, wie Automobil- oder Möbelfabriken, aber auch Rohstoffgewinnungsbetriebe, wie Bergwerke), werden dagegen immaterielle Güter (Dienstleistungen) erstellt und verwertet, so spricht man von einem **Dienstleistungsbetrieb** (Beispiele: Banken, Handelsbetriebe, Unternehmensberatungen, Verkehrsbetriebe, Versicherungsunternehmen).[8]

In einem Betrieb können folgende **Produktionsfaktoren**[9,10] zum Einsatz kommen:

- **Arbeit**: Dabei handelt es sich um produktive menschliche Tätigkeit, wobei zwischen dispositiver und ausführender Arbeit unterschieden wird. Im Rahmen der **dispositiven Arbeit** werden Planungen durchgeführt, (wichtige) Entscheidungen getroffen oder auch Weisungen erteilt (Beispiele: Planung einer Umstrukturierung, Entscheidung über den Ressourceneinsatz in einem Dienstleistungsbetrieb, Weisung bezüglich der Durchführung der Sekretariatstätigkeiten), die **ausführende Arbeit** geschieht idR auf Basis von dispositiver Tätigkeit, es werden also Planungen und Entscheidungen umgesetzt bzw Weisungen befolgt. Manuelle Tätigkeiten und Routinetätigkeiten jeglicher Art sind üblicherweise der ausführenden Arbeit zuzuordnen (Beispiele: Tätigkeiten am Fließband, Durchführung von routinemäßigen Sekretariatstätigkeiten, Bearbeitung von einfachen Verwaltungsakten laut Dienstanweisung).
- **Betriebsmittel**: Dies sind jene Arbeitsmittel, die zur Leistungserstellung nötig sind. Das wesentliche Merkmal aller Betriebsmittel ist, dass sie im Rahmen der Leistungserstellung **gebraucht**, aber nicht verbraucht werden. Typische Beispiele für Betriebsmittel sind Immobilien, Maschinen, Büroausstattung, der Fuhrpark eines Unternehmens oder auch Werkzeuge.
- **Werkstoffe**: Das wesentliche Merkmal aller Werkstoffe ist, dass sie im Rahmen der Leistungserstellung **verbraucht** werden. Werkstoffe lassen sich in Roh-, Hilfs- und Betriebsstoffe untergliedern: **Rohstoffe** gehen als Hauptbestandteile in die erstellten Güter ein (Beispiel: Holz bei der Herstellung eines Holztisches), während **Hilfsstoffe** Nebenbestandteile dieser Erzeugnisse (Beispiel: Nägel bei der Herstellung eines Holztisches) sind. **Be-**

---

7 Vgl *Schmalen/Pechtl* (2009) 2.
8 Vgl *Jung* (2010) 13 ff.
9 Diese Einteilung geht auf *Gutenberg* (1983) zurück.
10 Für einen Überblick über unterschiedliche Klassifikationssysteme vgl zB *Stepan/Fischer* (2009) 1 ff sowie 76 ff.

triebsstoffe dagegen sind keine Bestandteile der Erzeugnisse, werden aber im Zuge der Leistungserstellung verbraucht (Beispiel: Energie, die für das Betreiben der elektrischen Säge zur Herstellung des Holztisches benötigt wird).

Beispiel 1-1

Fragestellung: In einer Schuhfabrik werden vorwiegend Lederschuhe erzeugt. Dabei werden ua folgende Produktionsfaktoren eingesetzt: Festlegung des Produktionsprogrammes, Bedienung der Spezialnähmaschine, Kontrolle der Endprodukte, Festsetzung der Arbeitszeitregelung, Leder für die Schuhe, Spezialkleber für die Befestigung der Schuhsohlen, Spezialnähmaschine, Strom für den Betrieb der Maschinen, Diesel für den Betrieb der Firmen-Lkw, Ersatzteile für die Reparatur einer Maschine. Geben Sie an, um welche Art von Produktionsfaktoren es sich dabei jeweils handelt.

Lösung:

Dispositive Arbeit:	Festlegung des Produktionsprogrammes, Festsetzung der Arbeitszeitregelung
Ausführende Arbeit:	Bedienung der Spezialnähmaschine, Kontrolle der Endprodukte
Betriebsmittel:	Spezialnähmaschine, Ersatzteile für die Reparatur einer Maschine
Rohstoffe:	Leder für die Schuhe
Hilfsstoffe:	Spezialkleber für die Befestigung der Schuhsohlen
Betriebsstoffe:	Strom für den Betrieb der Maschinen, Diesel für den Betrieb der Firmen-Lkw

Beachte! *Gutenberg* (vgl 1.1.1.2.) fasst die ausführende Arbeit, die Betriebsmittel sowie die Werkstoffe unter dem Begriff „**Elementarfaktoren**" zusammen, während die dispositive Arbeit in ihren unterschiedlichen Ausprägungen als **dispositiver Faktor** bezeichnet wird.

Beachte! Die in der **VWL** relevanten Produktionsfaktoren unterscheiden sich von jenen der BWL und lauten Boden, Arbeit und Kapital. Diese Einteilung ist jedoch für die BWL zu hoch aggregiert.

1.1.2.2. Erkenntnisobjekt

Erst die Wahl einer Perspektive, aus welcher ein Erfahrungsobjekt im Rahmen einer Wissenschaft analysiert wird, ermöglicht die Definition eines Erkenntnisobjektes. Dieses Auswahlprinzip, dh die gewählte Perspektive, ist im Falle der BWL das **ökonomische Prinzip**, welches eine Optimierung des Verhältnisses zwischen eingesetzten Ressourcen (Faktoreinsatz bzw Input) und damit erstellten Leistungen (Faktorertrag bzw Output) vorsieht. In der Praxis kommt das ökonomische Prinzip in drei Erscheinungsformen vor, und zwar als[11]

a) **Maximumprinzip**, welches der Maximierung des Outputs bei gegebenem Input entspricht,
b) **Minimumprinzip**, welches der Minimierung des Inputs bei gegebenem Output entspricht,
c) **Optimumprinzip**, welches die Minimierung des Inputs bei gleichzeitiger Maximierung des Outputs zur Erzielung eines optimalen Verhältnisses von Output zu Input vorsieht.

---

[11] Vgl zB *Thommen/Achleitner* (2012) 114 f.

Damit ist der Brückenschlag vom interdisziplinären Erfahrungsobjekt „Betrieb" zu einem konkreten Erkenntnisobjekt der BWL, nämlich dem „**Wirtschaften im Betrieb**" gelungen.

Beispiel 1-2

Fragestellung: In einer Möbelfabrik werden Sessel erzeugt. Innerhalb eines Jahres (Betrachtungszeitraum) werden 10.000 Sessel (mengenmäßiger Output) erzeugt. Dafür sind 5.000 Arbeitsstunden (mengenmäßiger Input) nötig. Nach welcher Erscheinungsform des ökonomischen Prinzips wird das Unternehmen agieren, wenn a) die möglichen Arbeitsstunden mit 5.000 vorgegeben sind bzw b) der mit den Abnehmern vereinbarte Absatz exakt 10.000 Sessel beträgt?

Lösung: a) Maximumprinzip; b) Minimumprinzip.

Erläuterung: a) Wenn der Input (5.000 Arbeitsstunden) gegeben ist, kann nur der Output (Anzahl der erzeugten Sessel) maximiert werden; b) Wenn der Output (10.000 Sessel) gegeben ist, kann nur der Input (Anzahl der nötigen Arbeitsstunden) minimiert werden.

Vor dem Hintergrund des ökonomischen Prinzips lassen sich folgende vier **Kennzahlen zur Beurteilung des Erfolgs des Wirtschaftens**, die in der Praxis häufig Verwendung finden, ableiten:[12]

- $\text{Produktivität} = \frac{\text{(mengenmäßiger) Output}}{\text{(mengenmäßiger) Input}}$

- $\text{Wirtschaftlichkeit} = \frac{\text{Outputmenge} \cdot \text{Produktpreis}}{\text{Inputmenge} \cdot \text{Faktorpreis}} = \frac{\text{(wertmäßiger) Output}}{\text{(wertmäßiger) Input}} = \frac{\text{Ertrag}}{\text{Aufwand}}$

  Beachte! Eine reine Mengenbetrachtung, wie sie der Berechnung der Produktivität zugrunde liegt, hat den Nachteil, dass sich die **Gesamtproduktivität** eines Unternehmens nicht ermitteln lässt, weil sich bei Produktion mehrerer Outputs und Einsatz mehrerer Inputs die Maßeinheiten, in denen Outputs bzw Inputs gemessen werden, unterscheiden und somit die Mengen an Outputs bzw Inputs nicht einfach addiert werden können. Aus diesem Grund werden oftmals lediglich Teilproduktivitäten berechnet. Kennt man zusätzlich zu den Mengen auch die Preise, kann die **Gesamtwirtschaftlichkeit** infolge der einheitlichen Maßeinheit (Geldeinheit, GE), welche den bewerteten Outputs und Inputs zugrunde liegt, ermittelt werden. Das Ergebnis ist eine dimensionslose Kennzahl.

- Gewinn = Ertrag - Aufwand

  Beachte! Die Wirtschaftlichkeit ist damit größer als eins, sofern ein Betrieb einen Gewinn erwirtschaftet.

- $\text{Rentabilität} = \frac{\text{Erfolgskennzahl}}{\text{Basisgröße}} \cdot 100,$

  wobei als Erfolgskennzahlen der Gewinn, der Jahresüberschuss oder auch der Cashflow und als Basisgröße eine Kapital- oder Vermögensgröße, wie zB das Eigenkapital, eingesetzt werden können.[13] Als Ergebnis erhält man die Verzinsung der Basisgröße in % pro Jahr.

---

12 Vgl dazu beispielsweise *Drossel/Vossebein* (1998) 31 ff.

13 Zur Abgrenzung dieser Begriffe vgl 2.1.

Beispiel 1-2 Fortsetzung

Fragestellung: Die in der Möbelfabrik erzeugten Sessel können um 30,– pro Stück verkauft werden. Pro Arbeitsstunde fällt ein Personalaufwand von 40,– an. Die Möbelfabrikantin hat 1.000.000,– Eigenkapital eingesetzt. Berechnen Sie a) Produktivität, b) Wirtschaftlichkeit, c) Gewinn sowie d) Rentabilität dieser Möbelfabrik.

Lösung:

a) $$\text{Produktivität} = \frac{10.000\ \text{Stück}}{5.000\ \text{Stunden}} = 2\ \text{Stück/Stunde}$$

b) $$\text{Wirtschaftlichkeit} = \frac{10.000\ \text{Stück} \cdot 30\ \text{GE/Stück}}{5.000\ \text{Stunden} \cdot 40\ \text{GE/Stunde}} = \frac{300.000\ \text{GE}}{200.000\ \text{GE}} = 1{,}5$$

c) $$\text{Gewinn} = 300.000\ \text{GE} - 200.000\ \text{GE} = 100.000\ \text{GE}$$

d) $$\text{(Eigenkapital-)Rentabilität} = \frac{100.000\ \text{GE}}{1.000.000\ \text{GE}} \cdot 100 = 10\%$$

1.1.2.3. Einordnung und Abgrenzung der BWL

Abbildung 1-1 zeigt die Zuordnung der BWL zu den übergeordneten Disziplinen. Die BWL gehört, wie auch die VWL, zu den **Wirtschaftswissenschaften**. Obgleich beide Disziplinen mit dem ökonomischen Prinzip das gleiche Auswahlprinzip verbindet, unterscheiden sich deren Erfahrungsobjekte: Im Gegensatz zur BWL ist das Erfahrungsobjekt der **VWL** nicht der Betrieb, sondern die Gesamtwirtschaft. Die Wirtschaftswissenschaften wiederum werden gemeinsam mit der Soziologie, im Rahmen welcher das soziale Verhalten von Menschen untersucht wird, aber auch den Politikwissenschaften, die sich mit der Analyse von politischen Systemen und Prozessen beschäftigen, zu den **Sozial- und Wirtschaftswissenschaften** gezählt. Letztere sind an Universitäten oftmals zu einer Fakultät zusammengefasst.

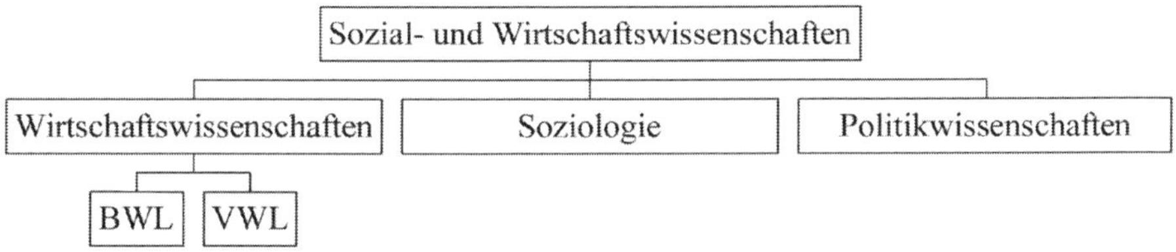

Abbildung 1-1: Einordnung der BWL[14]

1.1.3. Gliederungsmöglichkeiten der BWL

Die Gliederung der BWL kann nach unterschiedlichen Aspekten erfolgen, von welchen hier die Gliederung nach den Kernbereichen betrieblicher Tätigkeit (funktional), jene nach Branchen (institutionell) und jene nach dem Lebenszyklus eines Betriebs (genetisch) vorgestellt werden sollen.

[14] Vgl zB *Jung* (2010) 21.

1.1.3.1. Funktionale Gliederung

Darunter versteht man eine Gliederung nach den **Kernbereichen betrieblicher Tätigkeit**, zu welchen üblicherweise folgende Tätigkeiten zählen:[15]

- **Leistungserstellung** (Produktion) inklusive Beschaffung (Einkauf) und Logistik (Lagerhaltung und Transport),
- **Leistungsverwertung** (Absatz) inklusive Marketing,
- **Unternehmensführung** im weiteren Sinn (Management) inklusive Personalwirtschaft und Organisation,
- **Rechnungswesen** (Buchhaltung, Bilanzierung und Kostenrechnung) sowie
- **Finanzwirtschaft** (Investition und Finanzierung).

Die funktionale Gliederung ist branchenunabhängig, dh, sie gilt für einen Produktionsbetrieb in der Automobilbranche, aber auch für einen Dienstleistungsbetrieb in der Versicherungsbranche. Demzufolge werden diese Tätigkeiten der **Allgemeinen Betriebswirtschaftslehre** (ABWL) zugeordnet.

Die funktionale Gliederung der BWL findet sich oftmals in **Studienplänen** an Universitäten und Fachhochschulen wieder. Ebenso tragen zahlreiche **Universitätsinstitute** Bezeichnungen, die sich an der funktionalen Gliederung orientieren, wie zB Institut für Unternehmensführung oder Institut für Finanzwirtschaft. Betriebswirtschaftliche **Lehrbücher**, wie auch das vorliegende, folgen häufig ebenfalls dieser Gliederung.

1.1.3.2. Institutionelle Gliederung

Bei der institutionellen Gliederung erfolgt eine **branchenspezifische Gliederung**, die in sogenannte **Spezielle Betriebswirtschaftslehren** (SBWL) mündet. Infolge der Vielzahl von Branchen sollen hier nur einige Bereiche demonstrativ angeführt werden: Bankbetriebslehre, Handelsbetriebslehre, Immobilienbetriebslehre (in der Praxis eher als Immobilienwirtschaft bezeichnet), Industriebetriebslehre, Tourismusbetriebslehre, Verkehrsbetriebslehre oder auch Versicherungsbetriebslehre. In **Studienplänen** taucht diese Gliederung fallweise bei möglichen Spezialisierungen auf, **Universitätsinstitute** orientieren sich ebenfalls manchmal daran (Beispiele: Institute für Industriebetriebs- oder Bankbetriebslehre).

1.1.3.3. Genetische Gliederung

Im Falle der genetischen Gliederung erfolgt eine Unterteilung der BWL nach dem **Lebenszyklus eines Betriebs**, der aus drei wesentlichen Phasen besteht:[16]

- **Gründungsphase**: Dieser Phase sind ua die Erstellung eines Unternehmenskonzepts, die Durchführung einer Standort- und einer Rechtsformwahl sowie die organisatorische Gestaltung des Unternehmens zuzurechnen.
- **Betriebsphase**: In dieser Phase stehen Leistungserstellung und -verwertung im Mittelpunkt, gegebenenfalls sind Umstrukturierungen oder Fusionen nötig.
- **Beendigungsphase**: Im Falle eines überschuldeten Betriebes kann ein Insolvenzverfahren zur Beendigung führen. Liegt keine Überschuldung vor, ist es dennoch möglich, dass ein Betrieb seine Tätigkeit einstellt, etwa dann, wenn sich die Betriebstätigkeit wirtschaftlich nicht mehr rechnet oder sich der Unternehmer zur Ruhe setzen möchte und kein Nachfolger (Käufer) gefunden werden kann.

---

15 Vgl *Wöhe/Döring* (2010) 43 f.
16 Vgl *Jung* (2010) 26.

Die genetische Gliederung hat relativ **geringe praktische Bedeutung**. In Lehrplänen bzw bei Universitätsinstituten tritt sie am ehesten in Form einer Spezialisierung auf die Gründungsphase (Beispiel: Institut für Unternehmensgründung) in Erscheinung.

1.2. Unternehmensgründung und Organisation

Der erste Teil dieses Abschnittes ist der **Unternehmensgründung** gewidmet. Am Anfang einer Unternehmensgründung steht üblicherweise eine Geschäftsidee, deren schriftliche Konkretisierung als **Unternehmenskonzept** bzw **Businessplan** bezeichnet wird. Nach der Darlegung der Grundzüge eines Businessplans soll auf zwei zentrale Aspekte der Unternehmensgründung, die wiederum Gegenstand des Businessplans sind, näher eingegangen werden: die **Standortwahl** und die **Rechtsformwahl** bzgl des zu gründenden Unternehmens. Die besondere Bedeutung dieser Aspekte ergibt sich aus der Tatsache, dass beide Entscheidungen idR langfristig wirksam und zT schwer revidierbar sind.

Gegenstand des zweiten Teils dieses Abschnitts sind Fragen der **Organisation**. Zunächst wird auf den Begriff der Organisation und auf deren verschiedene Erscheinungsformen eingegangen. Den Schwerpunkt bilden jedoch die Ausführungen zur **Aufbauorganisation** mit Konzentration auf die Entwicklung einer neuen, aber auch die Analyse einer bereits vorhandenen Aufbauorganisation. Abschließend folgt eine knappe Darstellung der zentralen Aspekte der **Ablauforganisation**.

1.2.1. Unternehmensgründung

1.2.1.1. Businessplan

Ausgangspunkt einer Unternehmensgründung ist gewöhnlich eine **neue Geschäftsidee**. Der Geschäftsidee können **Sachgüter** oder **Dienstleistungen** zugrunde liegen. Die Neuheit der Geschäftsidee kann in der Schaffung neuer (**Neuentwicklung**) oder verbesserter, bereits vorhandener (**Weiterentwicklung**) Sachgüter bzw Dienstleistungen liegen.[17] Als Beispiele für die vier sich daraus ergebenden Erscheinungsformen neuer Geschäftsideen seien genannt: Entwicklung eines neuen Medikaments (Sachgut/Neuentwicklung), Entwicklung eines neuen Beratungskonzeptes für Klienten einer Anwaltskanzlei (Dienstleistung/Neuentwicklung), Verbesserung eines vorhandenen Medikaments (Sachgut/Weiterentwicklung), Modifikation eines vorhandenen Beratungskonzeptes für Klienten einer Anwaltskanzlei (Dienstleistung/Weiterentwicklung).

Im nächsten Schritt ist zu prüfen, ob die neue Geschäftsidee aus technischer, organisatorischer und rechtlicher Sicht realisierbar ist. Dies erfolgt in Form einer **Machbarkeitsstudie**. Parallel dazu wird erhoben, ob die Geschäftsidee ein ausreichendes **Marktpotenzial** besitzt, dh, ob sich die neue Idee wirtschaftlich auch entsprechend verwerten lässt. Nur wenn beide Punkte positiv beantwortet werden können, sollte man eine Unternehmensgründung ernsthaft in Erwägung ziehen und auf eine Detailplanung übergehen. Die schriftliche Darlegung dieser detaillierten Gründungsplanung wird als **Businessplan** bezeichnet.

Ein Businessplan ist somit ein schriftlicher Plan zur Umsetzung einer neuen Geschäftsidee, der gewissermaßen die Gründungsstrategie für ein neues Unternehmen abbildet. Obwohl die Praxis vermuten lässt, dass Businesspläne vorwiegend erstellt werden, um potenzielle Geldgeber, wie zB private Investoren, institutionelle Kreditgeber (va Banken), aber auch staatliche Förderein-

[17] Die Neuheit in Form einer simplen Nachahmung vorhandener Sachgüter bzw Dienstleistungen zu geringeren Kosten wird hier als Sonderform der Verbesserung gesehen und nicht extra behandelt.

richtungen zu attrahieren, so liegt der **Hauptzweck** eines Businessplans jedoch in der Entwicklung einer fundierten **Entscheidungsgrundlage für den Unternehmensgründer**. Da dieser seine neue Geschäftsidee selbst am besten kennt, sollte der Businessplan auch in erster Linie von ihm selbst, unter Beiziehung von Experten für jene Bereiche, in denen der Gründer (noch) keine bzw wenig Erfahrung besitzt (zB Wahl der Rechtsform, Durchführung von Marktanalysen, Finanzplanung), erstellt werden.

Für die **Gliederung** eines Businessplans gilt, dass diese grundsätzlich frei ist. Allerdings haben sich in der Praxis übliche Strukturen herausgebildet, deren Einhaltung von externen Geldgebern meist erwartet wird. Nachfolgend werden die wesentlichen Gliederungsebenen eines Businessplans überblicksmäßig vorgestellt, bezüglich der detaillierten Struktur sei auf die zahlreiche einschlägige Literatur verwiesen.[18]

a) **Executive Summary**: Die zusammenfassende Darstellung der Gründungsstrategie beschränkt sich gewöhnlich auf ein bis zwei Seiten, ist aber im Falle eines externen Finanzierungsbedarfes insofern von großer Bedeutung, als sie potenzielle Investoren entweder gleich **überzeugen** oder zumindest zum Weiterlesen animieren soll.
b) **Produkt**: Dabei wird das geplante Produkt (Sachgut/Dienstleistung) inklusive eines konkreten Produkt- bzw Leistungserstellungsplans detailliert vorgestellt. Im Falle von Neuproduktentwicklungen ist darzulegen, inwieweit bereits **Marktreife** besteht bzw wo der aktuelle Stand der Entwicklung liegt (zB Existenz eines Prototyps). Weiters sollte auf die **Problematik der Nachahmung** des neuen Produktes durch die Konkurrenz und mögliche Schutzmaßnahmen dagegen (zB Patentanmeldung) eingegangen werden. Schließlich sollte noch der **Kundennutzen** des geplanten Produktes hervorgehoben werden, der sich in der Neuartigkeit (sofern ein entsprechender Bedarf gegeben ist), Verbesserung (zB höhere Qualität) und/oder Verbilligung eines Produktes manifestieren kann. Anhand der Darlegung des Kundennutzens sollten sogenannte **Alleinstellungsmerkmale** des geplanten Produktes (zB beste Qualität) hervorgehoben werden.
c) **Unternehmen und Markt**: Hier sind **Visionen und Ziele** (vgl 1.3.2.2.) des geplanten Unternehmens darzulegen; es wird also das in Aussicht gestellte Zukunftsbild des Unternehmens beschrieben. Bestandteile der Beschreibung sind ua die Erläuterung der strategischen Positionierung (zB exklusiver Anbieter eines neuen Produktes für möglichst lange Zeit) sowie der zentralen Erfolgsfaktoren (zB hohe Qualität, guter Kundenservice) des Unternehmens, aber auch die Vorstellung der geplanten Rechtsform (inklusive der Eigentumsverhältnisse) sowie des geplanten Standortes. Zudem sollte dieser Teil des Businessplans eine **Marktanalyse** enthalten, in der Zielmarkt (gewähltes Marktsegment inklusive Zielgruppe: zB städtischer Bereich und junge Kunden) und konkrete Marktziele (zB angestrebte Umsatz- oder Gewinnhöhe) genannt werden. Die Marktanalyse kann durch eine **Branchenanalyse**, in der auf aktuelle Situation und Rahmenbedingungen der relevanten Branche (zB Automobilindustrie) eingegangen wird, sowie durch eine **Wettbewerbsanalyse**, deren Zweck die Analyse von Mitbewerbern, Lieferanten, aber auch Kunden und Vertriebswegen ist, ergänzt werden. Markt-, Branchen- und Wettbewerbsanalyse dienen insgesamt der möglichst detaillierten Abschätzung des **Marktpotenzials** der neuen Geschäftsidee.
d) **Strategie**: An dieser Stelle ist darzulegen, wie die angestrebten Visionen und Ziele auf Basis des erhobenen Marktpotenzials erreicht werden können. Aspekte der Gesamtstrategie sind ua:
   - eine **Marketingstrategie** (vgl 4.1.): Diese beschäftigt sich mit der Ausschöpfung des Marktpotenzials und beantwortet va Fragen zum Markteintritt und zum Marketingmix.
   - eine **Managementstrategie**: Hier ist das geplante Führungsteam des zukünftigen Unternehmens samt übriger Organisation (vgl 1.2.2.) vorzustellen. Von großer Bedeutung

---

[18] Vgl zB *Kailer/Weiß/Gruber-Mücke* (2012) oder auch *Schwetje/Vaseghi* (2006).

sind hierbei die Kompetenzen und Erfahrungen des Unternehmensgründers. Darüber hinaus ist auf die notwendigen Unternehmensfunktionen (zB Rechnungswesen, Einkauf, Logistik) sowie deren Sicherstellung einzugehen.

- eine **Finanz- und Erfolgsplanung** (vgl 3. bzw 2.1.):[19] Die Finanzplanung umfasst als Ergebnis einer mittelfristigen Kapitalbedarfsplanung (Investitionen) und Kapitaldeckungsplanung (Finanzierungen) die Aufstellung eines **Finanz- und Liquiditätsplans**. Finanz- und Liquiditätsplan unterscheiden sich in der zugrunde gelegten Planungsperiode: Während der Finanzplan häufig auf Monatsbasis erstellt wird, liegt das Ziel des Liquiditätsplans in einer taggenauen Sicherstellung der Zahlungsfähigkeit. Die Erfolgsplanung umfasst neben der Aufstellung einer Plan-Kostenrechnung die Ermittlung einer Plan-Gewinn- und Verlustrechnung (Plan-GuV). Auf Basis der Plan-GuV wird letztendlich die Plan-Bilanz aufgestellt.
- einen **Umsetzungsfahrplan**: Hier werden va für die Gründungsphase sogenannte **Meilensteine** festgelegt, die bis zu einem bestimmten Zeitpunkt zu erreichen sind (zB Wahl eines Standortes innerhalb von einem Monat).
- eine **Chancen- und Risikoanalyse**: Auf Basis unterschiedlicher Szenarien kann dargelegt werden, wie sich das Unternehmen im Falle unterschiedlicher zukünftiger Rahmenbedingungen entwickeln könnte. Dies wird oftmals unter der Bezeichnung **Sensitivitätsanalyse** durchgeführt.

Beispiel 1-3

Fragestellung: Eine angehende Anwältin hat eine (neue) Geschäftsidee, bei welcher es sich um das Anbieten einer Online-Rechtsberatung in höchster Qualität zu fairen Preisen handelt. Ihre Vision besteht darin, möglichst viele zufriedene Kunden zu gewinnen, die ihr auch als Stammkunden treu bleiben. In den ersten drei Monaten ihrer Geschäftstätigkeit will sie 100 Neukunden gewinnen, ab dem zweiten Jahr will sie einen jährlichen Umsatz von mindestens 100.000,– erzielen. Als Kunden (Zielgruppe) möchte sie va junge, gut ausgebildete, jedoch rechtsunkundige Personen gewinnen, und zwar durch qualitativ hochwertige Leistungen (richtige Auskünfte) zu fairen Preisen (nicht über jenen der Konkurrenz) in kurzer Zeit (Bearbeitung von Standardanfragen innerhalb von 24 Stunden). Das Unternehmen soll als Einzelunternehmen gegründet werden. Die Anwältin will allein tätig sein. Zur Ausübung der geplanten Tätigkeit soll ein Büro angemietet (Jahresmiete: 15.000,–) und Büroausstattung um 25.000,– angeschafft werden. Die notwendigen Investitionen werden zur Hälfte mit Eigenmitteln (Ersparnissen) abgedeckt, der Rest soll durch einen Bankkredit finanziert werden. Erstellen Sie einen (fragmentarischen) Businessplan (exklusive Executive Summary) auf Basis obiger Angaben.

Lösung: **Produkt**: *Dienstleistung*: im Detail Durchführung von Online-Rechtsberatungen; *konkrete Leistungserstellung*: Beratung erfolgt durch die Anwältin selbst; *Kundennutzen*: Verbesserung bereits bestehender Angebote: verbesserte Qualität und zeitnahe Leistungserstellung (= Alleinstellungsmerkmale); **Unternehmen und Markt**: *Unternehmensform*: Einzelunternehmen; *Vision*: Gewinnung von Stammkunden; *zentrale Erfolgsfaktoren*: hohe Qualität, faire Preise, rasche Bearbeitung; *Marktanalyse*: junge, gut ausgebildete, rechtsunkundige Personen (= Zielmarkt) bzw 100 Neukunden innerhalb von drei Monaten, 100.000,– Jahresmindestumsatz ab dem zweiten Jahr (= Marktziele); **Strategie**: *Marketingstrategie*: hohe Qualität, faire Preise, rasche Bearbeitung; *Managementstrategie*: Geplantes Führungsteam: Anwältin mit ihrer Kompetenz und Erfahrung; *Finanzplanung*: Investitionsbedarf (1. Jahr): 40.000,–; Finanzierung: 20.000,– Eigenkapital (Ersparnisse) und 20.000,– Fremdkapital (Darlehen).

[19] Für Details vgl zB *Nagl* (2011) 71 ff.

1.2.1.2. Standortwahl

Neben der **Gründung** eines Unternehmens können Standortverlagerungen bzw Standortspaltungen Anlass für eine Standortsuche mit anschließender Standortwahl sein. **Standortverlagerungen** (Beispiel: Eine Möbelfabrik, die derzeit an einem Standort im Inland angesiedelt ist, verlagert das gesamte Unternehmen an einen neuen Standort im Ausland), also komplette Standortwechsel, können notwendig werden, wenn sich relevante Standortfaktoren (vgl unten) entscheidend verändern. Wird nicht das gesamte Unternehmen, sondern werden nur Teile davon an einen neuen Standort verlegt, so spricht man von einer **Standortspaltung** (Beispiel: Die Möbelfabrik verlagert zwar die Produktion an einen neuen Standort im Ausland, die Verwaltung verbleibt jedoch im Inland).

Bei der Wahl eines Standortes wird üblicherweise so **vorgegangen**, dass zunächst die für das Unternehmen **relevanten Standortfaktoren** aus einer Liste möglicher Standortfaktoren ausgewählt werden. Im Zuge der Beurteilung der Relevanz sollten nicht nur gegenwärtige, sondern auch künftige Rahmenbedingungen berücksichtigt werden (zB zu erwartende Änderungen von gesetzlichen Vorschriften). Anschließend werden für jeden in Erwägung gezogenen Standort (dies kann auch nur einer sein) die konkreten Ausprägungen der relevanten Standortfaktoren ermittelt, um beurteilen zu können, ob ein Ort bzw welcher Ort als Unternehmensstandort geeignet wäre.[20] Hat man die Auswahl aus mehreren geeigneten Standorten, so können für diese Auswahl betriebswirtschaftliche Entscheidungsverfahren, wie etwa die Nutzwertanalyse, herangezogen werden.

Generell lassen sich **Standortfaktoren** als standortspezifische Einflussgrößen auf eine mögliche Unternehmensansiedelung definieren, wobei zwischen gütereinsatzbezogenen Standortfaktoren – diese beziehen sich auf die Leistungserstellung und berücksichtigen somit Kostenfaktoren – und güterabsatzbezogenen Standortfaktoren – diese beziehen sich auf die Leistungsverwertung und berücksichtigen daher Erlösfaktoren – zu unterscheiden ist. Die Standortwahl ist somit vor dem Hintergrund der entstehenden Kosten als auch der erzielbaren Erlöse zu treffen. Eine **Liste möglicher Standortfaktoren** sollte folgende Faktoren umfassen:[21]

a) **Gütereinsatzbezogene Standortfaktoren**:
   - **Arbeit(skräfte)**: Im Hinblick auf qualifiziertes Personal kann es durchaus **Verfügbarkeitsprobleme** geben, wenn etwa benötigte Spezialisten (zB Techniker) nicht bereit sind, an einen aus ihrer Sicht unattraktiven Standort (zB abseits von Ballungsräumen) zu wechseln. Daneben ist die Höhe der **Arbeitskosten** am jeweiligen Standort entscheidend, die sich aus dem Bruttoentgelt und den Arbeitszusatzkosten (zB Dienstgeberanteil zur Sozialversicherung, Weihnachtsgeld, Urlaubsgeld) zusammensetzen. Während hinsichtlich der Arbeitskosten idR kaum nationale Unterschiede bestehen (zB aufgrund von Kollektivverträgen), können diese im internationalen Vergleich sehr hoch ausfallen, was wiederum sehr häufig die Ursache für Standortverlagerungen bzw Standortspaltungen ist.

     Beachte! Hinsichtlich der Arbeitskosten gibt es innerhalb Europas ein starkes Nord-Süd-Gefälle. Während zB in den skandinavischen Staaten sehr hohe Arbeitskosten anfallen, sind diese zB in Portugal oder Zypern sehr gering. Zudem sind die Arbeitskosten in den Staaten des ehemaligen Ostblocks (zB in Bulgarien und Rumänien) deutlich geringer als im übrigen Europa.[22] Sehr **geringe Arbeitskosten** existieren auch in Ostasien (zB China und Indonesien). Zu beachten ist allerdings, dass in Ländern mit geringen Arbeitskosten nicht selten auch die **Arbeitsproduktivität** gering ist.

---

20 Vgl *Götze* (2002) 1823.
21 Vgl zB *Wöhe/Döring* (2010) 269 ff.
22 Vgl dazu etwa Eurostat (Arbeitskosten pro Stunde); http://epp.eurostat.ec.europa.eu: 18. 2. 2013.

- **Betriebsmittel (Anlagegüter)**: Für die Standortwahl sind va die **unbeweglichen Anlagegüter**, dh jene, die sich nicht an einen anderen Standort verlagern lassen, von Bedeutung: Ein Standort scheidet etwa aus, wenn keine geeigneten Immobilien (zB Betriebsgrundstücke, Betriebsräumlichkeiten) verfügbar (dh zu kaufen oder zu mieten) sind. **Bewegliche Anlagegüter**, wie etwa Büromöbel, aber auch Produktionsanlagen, lassen sich dagegen an andere Standorte transportieren.
- **Werkstoffe** (Roh-, Hilfs- und Betriebsstoffe): Nachdem es sich dabei um bewegliche Güter handelt, ist deren Verfügbarkeit an einem bestimmten Standort kein Problem. Entscheidend sind lediglich die **Bezugskosten**, die sich aus dem Einstandspreis und den Kosten des Transports an den geplanten Standort zusammensetzen. Eine schlechte Infrastruktur (vgl staatliche Leistungen) wird somit die Transportkosten erhöhen.
- **Umwelt(-schutz)**: Diesbezüglich sind gesetzliche **Vorschriften** und sich daraus ergebende behördliche Auflagen zu beachten. Aufgrund von Umweltschutzvorschriften scheiden manche Standorte aus, wie etwa Grundstücke in der Nähe von dicht besiedelten Wohngebieten als Standorte für neue Unternehmen der Schwerindustrie mit starken Emissionen.
- **Staatliche Leistungen**: Zu diesen zählen die Gewährleistung von **Rechtssicherheit** (Garantie des Eigentums), die es für den Fall von ökonomischen und/oder politischen Krisen zu hinterfragen gilt, die Bereitstellung der notwendigen **Infrastruktur** (Verkehrswege, Energieversorgung, Kommunikationsinfrastruktur), aber auch direkte finanzielle staatliche Unterstützung in Form von **steuerlichen Investitionsbegünstigungen und Finanzierungsförderungen** (zB zur Förderung strukturschwacher Gebiete).
- **Steuern, Gebühren und Abgaben**: Unterschiede hinsichtlich zu entrichtender Steuern, dh hinsichtlich der Art der Steuern, der Bemessungsgrundlage und des Steuertarifs, führen zur Entstehung von **Steuergefällen**. Innerhalb Österreichs existiert zurzeit zwar kein nationales Steuergefälle, es gibt allerdings durchaus regionale Unterschiede im Hinblick auf Gebühren und Abgaben, da diese idR auf Landes- oder Gemeindeebene festgesetzt werden.

b) **Güterabsatzbezogene Standortfaktoren**:

- **Kunden**: Eine kundenorientierte Standortwahl (Kundennähe) spielt etwa für Dienstleistungs- und Handelsbetriebe eine große Rolle, wobei durch die starke Zunahme des **Online-Vertriebs** die Bedeutung dieses Faktors für Handelsbetriebe stark abgenommen hat.
- **Konkurrenz**: In Bezug auf die Mitbewerber unterscheidet man zwischen **konkurrenzvermeidender** und **konkurrenznaher** Standortwahl. In der Theorie wird Handelsbetrieben beispielsweise tendenziell empfohlen, im Falle des Handels mit Gütern des täglichen Bedarfes (zB Lebensmittel) eine konkurrenzvermeidende und im Falle des Handels mit Gütern des periodischen (zB Bekleidung) bzw aperiodischen (zB Möbel) Bedarfs eine konkurrenznahe Strategie zu wählen, da die Kunden bei diesen Gütern idR jedenfalls Qualitäts- und Preisvergleiche durchführen wollen. Die Praxis zeigt zum Teil jedoch ein genau entgegengesetztes Verhalten (zB werden im Lebensmittelhandel in Österreich zurzeit bevorzugt konkurrenznahe Standorte ausgewählt, da es zwei Hauptkonkurrenten gibt, die keinen Standort dem Konkurrenten überlassen wollen).
- **Image des Standortes**: Darunter versteht man eine positive (negative) Verknüpfung zwischen Standort und vermuteter Qualität aus Kundensicht. So hat beispielsweise die Schweiz ein positives Image im Hinblick auf Uhren oder Schokolade; dh, bei Uhren und Schokolade, die in der Schweiz erzeugt wurden, gehen die Kunden automatisch von einer hohen Qualität aus.

Beispiel 1-4

Fragestellung: Eine Zahnärztin möchte in Österreich eine Privatpraxis eröffnen. Als einzigen Mitarbeiter will sie einen Zahnarzthelfer anstellen. Sie möchte sich von der Konkurrenz durch besonders intensive Patientenbetreuung (ausführliche Beratungsgespräche) abheben. Welche der genannten möglichen Standortfaktoren könnten für ihre Standortwahl in welchem Ausmaß relevant sein?

Lösung: Anlagegüter, Kunden, Konkurrenz.

Erläuterung: *Anlagegüter*: Die Verfügbarkeit geeigneter Praxisräumlichkeiten wird eine zentrale Rolle für die Standortwahl spielen. *Kunden bzw_Konkurrenz*: Voraussetzung für den Erfolg der Praxis ist ein entsprechender Kundenstock. Für die Eröffnung der Praxis werden sich somit entweder Ballungsräume mit vielen potenziellen Kunden, aber erwartungsgemäß hoher Zahnarztdichte, oder ländliche Gebiete (abseits von Ballungszentren) mit geringer Zahnarztdichte, aber auch weniger potenziellen Kunden, anbieten. *Arbeitskräfte*: In Österreich gibt es zwar insgesamt keinen Mangel an Zahnarzthelfern, es ist aber zu berücksichtigen, dass in ländlichen Gebieten das Akquirieren eines geeigneten Mitarbeiters im Vergleich zu Ballungsgebieten schwieriger sein kann.

Beachte! Für niedergelassene Ärzte existiert in Österreich ein weiterer, bisher nicht erwähnter potenzieller Standortfaktor, nämlich die Verfügbarkeit eines Kassenvertrages.

1.2.1.3. Wahl der Rechtsform

Für die Wahl einer bestimmten Rechtsform können folgende **Kriterien** von Bedeutung sein:[23]

- **Gründungserfordernisse**: Je nach gewählter Rechtsform sind unterschiedliche Formvorschriften für die Gründung zu beachten (zB Eintragung ins Firmenbuch, Bezeichnung des Unternehmens). Weiters gibt es Unter- bzw Obergrenzen hinsichtlich der Anzahl der beteiligten Personen: So kann an einem Einzelunternehmen maximal eine Person beteiligt sein (Ausnahme: stille Gesellschafter), an Personengesellschaften sind dagegen idR mindestens zwei Personen beteiligt.
- **Finanzkraft des Unternehmensgründers**: Eine grundlegende Frage ist, ob der Unternehmensgründer das für die Gründung erforderliche Eigenkapital allein aufbringen kann oder dazu Partner benötigt.
- **Außenfinanzierungsmöglichkeiten** (vgl 3.3.1.2.): Tendenziell ist die **Kreditwürdigkeit** eines Unternehmens im Falle einer unbeschränkten Haftung des/der Eigenkapitalgeber größer, sofern ein entsprechendes Privatvermögen existiert. Bei Aktiengesellschaften besteht durch die „Börsenfähigkeit" die besondere Möglichkeit, das Unternehmen über die Börse, dh im Rahmen eines geregelten Handels über einen Sekundärmarkt in Form der Ausgabe von Finanzierungstiteln (vgl 3.3.2.2.) zu finanzieren.
- **Leitungsbefugnisse**: Diesbezüglich ist zu unterscheiden, wer im **Innenverhältnis** die Steuerung des Unternehmens, dh die Geschäftsführung übernimmt, und wer im **Außenverhältnis** Vertretungsbefugnisse erhält.
- **Erfolgsbeteiligung und Besteuerung**: Während es sich bei der **Erfolgsbeteiligung** (Gewinn- und Verlustbeteiligung) stets um einen dispositiven Faktor handelt (bei Gesellschaftsunternehmen erfolgt eine einschlägige Regelung im Gesellschaftsvertrag), ist die

[23] Vgl dazu beispielsweise *Drosse/Vossebein* (1998) 68 ff, Schauer (2011) 54 ff oder auch *Lechner/Egger/Schauer* (2010) 179 ff.

Besteuerung gesetzlich geregelt und somit ein wesentliches Kriterium hinsichtlich der Wahl einer Rechtsform: Für Einzelunternehmen und Personengesellschaften gelten die Bestimmungen des Einkommensteuergesetzes, für Kapitalgesellschaften auf Gesellschaftsebene jene des Körperschaftssteuergesetzes und auf Gesellschafterebene zusätzlich jene des Einkommensteuergesetzes.
- **Haftung**: Diese ist eines der wichtigsten Entscheidungskriterien, wobei zwischen **beschränkter** und **unbeschränkter** Haftung zu unterscheiden ist. Im ersten Fall ist die Haftung auf die Höhe des ins Unternehmen eingebrachten Vermögens limitiert, im zweiten Fall erstreckt sie sich auch auf das Privatvermögen der Eigenkapitalgeber.
- **Vorschriften zum Jahresabschluss**: Je nach Rechtsform gibt es beispielsweise unterschiedliche Bewertungsvorschriften sowie Vorschriften bezüglich Prüfung und Veröffentlichung des Jahresabschlusses.

Die in Österreich **möglichen Rechtsformen** von Unternehmen sind in Abbildung 1-2 dargestellt. Nachfolgend werden diese Rechtsformen anhand ihrer wesentlichen Merkmale sowie der damit verbundenen Vor- und Nachteile überblicksmäßig vorgestellt.[24]

- **Einzelunternehmen**: Dabei handelt es sich um die in Österreich mit Abstand verbreitetste Rechtsform. Der Inhaber allein bringt das notwendige Kapital auf, leitet das Unternehmen und trägt das gesamte Risiko. Vorteile dieser Rechtsform sind die Zentralisierung der Entscheidungsgewalt, keine Notwendigkeit einer Gewinnaufteilung und geringe Gründungskosten. Als Nachteile sind die unbeschränkte Haftung sowie die eingeschränkte Möglichkeit der (Eigen-)Kapitalaufbringung anzuführen. Generell lässt sich sagen, dass diese Rechtsform nur bei Vorliegen ausreichend hohen Eigenkapitals gewählt werden sollte, da eine zu hohe Kreditfinanzierung rasch zum Scheitern eines an sich erfolgversprechenden Unternehmens führen kann, wenn die erwarteten Gewinne nicht rechtzeitig eintreten.

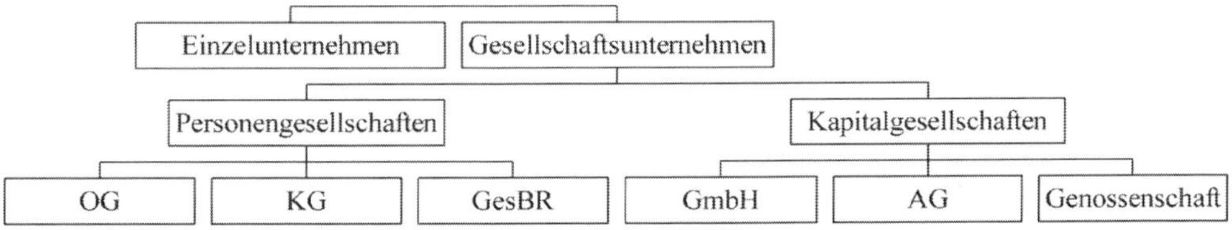

Abbildung 1-2: Mögliche Rechtsformen

Bei den übrigen Rechtsformen handelt es sich um **Gesellschaftsunternehmen** mit mehreren Personen als Gesellschaftern.[25] Im Gesellschaftsvertrag sind die wesentlichen Aspekte des Unternehmens geregelt, wie etwa die wechselseitigen Rechte und Pflichten der Gesellschafter. Während bei **Personengesellschaften** die persönliche Beteiligung und Mitwirkung der Gesellschafter im Vordergrund steht, werden **Kapitalgesellschaften** als juristische Personen mit eigener Rechtspersönlichkeit von natürlichen Personen geleitet. Im Gegensatz zu Personengesellschaften ist bei Kapitalgesellschaften die Existenz von den Gesellschaftern losgelöst. Dies gilt ebenso für die Haftung, die auf das Gesellschaftsvermögen beschränkt ist. **Personengesellschaften** können in folgenden **Rechtsformen** auftreten:

- **Offene Gesellschaft (OG)**: Eine OG entsteht durch den Zusammenschluss von mindestens zwei gleichberechtigten Gesellschaftern. Vorteile sind die relativ geringen Gründungskosten, da es zB hinsichtlich der Gestaltung des Gesellschaftsvertrages, wie bei allen Personen-

[24] Vgl dazu zB *Mihalic* (2012) 25 ff oder *Kreuzer* (2010) 55 ff.
[25] Unter bestimmten Voraussetzungen können Gesellschaftsunternehmen auch nur von einer Person gegründet werden, zB in Form einer Ein-Personen-GmbH.

gesellschaften, keine Formvorschriften gibt, und die hohe Kreditwürdigkeit. Wesentlicher Nachteil ist die persönliche, unbeschränkte und solidarische Haftung der Gesellschafter, dh, jeder Gläubiger kann seine Forderungen von jedem einzelnen Gesellschafter zur Gänze einfordern.

- **Kommanditgesellschaft (KG)**: Diese entsteht durch den Zusammenschluss von Gesellschaftern mit unterschiedlichen Rechten und Pflichten: **Komplementäre** entsprechen den OG-Gesellschaftern und haften somit unbeschränkt, **Kommanditisten** haben dagegen keine Entscheidungsgewalt, und ihre Haftung ist auf die Höhe der Unternehmensbeteiligung (Haftungseinlage) beschränkt. Als Vorteil für die Komplementäre ist das zusätzliche Eigenkapital, das durch die Aufnahme von Kommanditisten in die Gesellschaft eingebracht wird, ohne auf die alleinige Entscheidungsgewalt verzichten zu müssen, anzuführen. Neben der bereits erwähnten persönlichen, unbeschränkten und solidarischen Haftung ist auch die sich aus der Beteiligung der Kommanditisten ergebende notwendige Gewinnaufteilung für die Komplementäre nachteilig. Die wesentlichen Vorteile für die Kommanditisten sind die Gewinnbeteiligung und die beschränkte Haftung, der größte Nachteil liegt in der fehlenden Entscheidungsgewalt. Eine Sonderform der KG, die eine Mischform zwischen Personen- und Kapitalgesellschaft darstellt, ist die **GmbH & Co KG**, bei der eine GmbH als Komplementär fungiert, woraus sich eine Haftungsbeschränkung im Hinblick auf sämtliche Gesellschafter der KG ergibt.
- **Gesellschaft bürgerlichen Rechts (GesBR)**: Bei einer GesBR verpflichten sich mindestens zwei Personen, Vermögen bzw Arbeitskraft zu einem gemeinsamen Nutzen zu verbinden. Gründung und Auflösung sind formlos möglich, die GesBR ist allerdings auch nicht rechtsfähig. Der Zweck besteht häufig in einer gemeinsamen Projektdurchführung, eine verbreitete Erscheinungsform sind Arbeitsgemeinschaften (**ARGE**) im Baubereich (Beispiel: ARGE zum Bau eines Straßenabschnittes). Denkbar sind ebenso Zusammenschlüsse von Freiberuflern zu einer GesBR (zB Anwaltsgemeinschaft oder gemeinschaftliche Arztpraxis). Als Vorteile sind die geringen Gründungskosten, als Nachteile die unbeschränkte Haftung der Gesellschafter anzuführen.

Kapitalgesellschaften können in folgenden **Rechtsformen** auftreten:

- **Gesellschaft mit beschränkter Haftung (GmbH)**: Die GmbH stellt die zweithäufigste Rechtsform in Österreich dar und ist dadurch charakterisiert, dass Gesellschafter Vermögenseinlagen (Stammeinlagen) in das Unternehmen einbringen. Die Summe der Vermögenseinlagen wird als **Stammkapital** bezeichnet und beträgt mindestens 10.000,– Euro, wovon mindestens 50 % als Bareinlage einzubringen sind. Organe der GmbH sind die Generalversammlung, die aus allen Gesellschaftern besteht, die Geschäftsführung, die das Unternehmen leitet und von den Gesellschaftern bestellt wird, sowie optional ein Aufsichtsrat als Kontrollorgan. Der größte Vorteil einer GmbH ist die auf das Stammkapital beschränkte Haftung, als Nachteile sind die Gründungskosten und die eher geringe Kreditwürdigkeit (zumindest in der Anfangsphase des Unternehmens) zu nennen.
- **Aktiengesellschaft (AG)**: Eine Unternehmensgründung in Form einer AG ist eher unüblich; viel häufiger werden bereits länger bestehende Unternehmen in eine AG umgewandelt, indem das Vermögen des Unternehmens bewertet (dieses bewertete Vermögen bildet das **Grundkapital** und muss mindestens 70.000,– Euro betragen) und in Anteile (Aktien) zerlegt wird, die wiederum Interessenten zum Kauf angeboten werden. Käufer von Aktien werden zu Gesellschaftern der AG. Organe der AG sind die Hauptversammlung, bestehend aus der Gesamtheit aller Aktionäre, der Aufsichtsrat, der von der Hauptversammlung gewählt wird, sowie der Vorstand, der vom Aufsichtsrat gewählt und kontrolliert wird und die Geschäftsführung innehat. Vorteile der AG sind die breit gestreute Kapitalbeschaffung über die Ausgabe von Aktien und die auf das Grundkapital begrenzte Haftung, ein großer Nach-

teil sind die hohen Gründungs- und Organisationskosten, weshalb diese Gesellschaftsform va für große Unternehmen geeignet ist.

Beachte! Die **Europäische AG** (Societas Europaea bzw SE) bietet die Möglichkeit, eine multinationale AG innerhalb der EU zu gründen. Sie unterliegt dem Recht des Staates, in dem sie ihren Sitz hat, das Mindestkapital beträgt allerdings bereits 120.000,– Euro.

- **Genossenschaft**: Dabei handelt es sich häufig um Gesellschaften in Form von **Interessengemeinschaften**, deren Zweck in der Förderung ihrer Gesellschafter (Mitglieder) liegt. Als Beispiel können Einkaufs- oder Verkaufsgenossenschaften in der Landwirtschaft, aber auch Wohnbaugenossenschaften genannt werden. Die Mitglieder der Genossenschaft beteiligen sich mit dem Geschäftsanteil (Einlage), die Summe der Einlagen bildet das Gesellschaftskapital, welches von der aktuellen Anzahl der Genossenschafter abhängig und damit flexibel ist. Als Vorteile gelten die relativ geringen Gründungskosten, die flexible Mitgliederstruktur (Ein- und Austritte sind jederzeit und einfach möglich) sowie die gewöhnlich auf die doppelte Höhe des Geschäftsanteils beschränkte Haftung der Mitglieder, als Nachteile Einschränkungen im Geschäftszweck und umfangreiche Buchführungs- und Prüfpflichten.

Hingewiesen sei auch noch auf die **Stille Gesellschaft**, die keine eigene Rechtsform darstellt, sondern lediglich eine reine **Innengesellschaft** ist, die nach außen nicht in Erscheinung tritt. Es handelt sich dabei um eine Beteiligung an einem Unternehmen beliebiger Rechtsform in Form einer Vermögenseinlage. Der stille Gesellschafter erhält für seine Vermögenseinlage zwar einen Anteil vom Gewinn, hat aber keinerlei Mitspracherechte. Die Motivation zur Gründung einer stillen Gesellschaft liegt aufseiten des stillen Gesellschafters in der erwarteten Verzinsung seines eingesetzten Kapitals (dh der stille Unternehmer erwartet entsprechende Gewinne) und aufseiten der übrigen Gesellschafter (bzw des Einzelunternehmers) in der erfolgsabhängigen Finanzierungsform des stillen Gesellschafters, da dieser nur im Falle eines Gewinnes Anspruch auf Zahlungen (Zinsen in Form eines Gewinnanteils) hat. Bei einer Kreditfinanzierung werden hingegen auch im Falle eines Verlustes Zahlungen (Zinsen) fällig.

Beachte! Von einer **typischen stillen Gesellschaft** spricht man, wenn der stille Gesellschafter ausschließlich am Gewinn beteiligt ist, von einer **atypischen**, wenn sich die Beteiligung auch auf das Gesellschaftsvermögen erstreckt.

1.2.2. Organisation

1.2.2.1. Grundlagen

Zur Erläuterung des Organisationsbegriffes erscheint es günstig, an die beiden zentralen **Erscheinungsformen** von Organisation anzuknüpfen:[26]

- **Organisation als Tätigkeit:** In diesem Zusammenhang lässt sich Organisation als Schaffung einer Ordnung durch dauerhafte (generelle) Regelungen definieren (Beispiele für organisatorische Tätigkeiten: Festlegung, aus welchen Abteilungen ein Unternehmen bestehen soll; Aufstellung von Regeln, wie bei der Bearbeitung von Reklamationen in einem Unternehmen vorzugehen ist). Davon zu unterscheiden sind dispositive Tätigkeiten, die Einzelfallentscheidungen darstellen (Beispiel: eine einzelne Investitionsentscheidung).
- **Organisation als Zustandsbeschreibung:** In diesem Zusammenhang lässt sich Organisation als Beschreibung einer bestehenden Ordnung definieren, die durch Organisation als Tätigkeit entstanden ist (Beispiel: Beschreibung der vorhandenen Abteilungen eines Unternehmens).

[26] Vgl *Wöhe/Döring* (2010) 110.

Im Hinblick auf die Organisation von bzw in Unternehmen ist zwischen der Aufbau- und der Ablauforganisation zu unterscheiden. Während sich die **Aufbauorganisation** mit der Schaffung einer hierarchischen Struktur hinsichtlich des Unternehmens bzw seiner Teilbereiche (zB Abteilungen) beschäftigt, regelt die **Ablauforganisation**, basierend auf der Aufbauorganisation, die Arbeitsabläufe zwischen den einzelnen Teilbereichen. Änderungen der Organisation werden als **Reorganisation**, Änderungen der Aufbauorganisation werden auch als Restrukturierung eines Unternehmens bezeichnet.

1.2.2.2. Aufbauorganisation

Die **Schaffung** einer Aufbauorganisation läuft in folgenden vier Schritten ab:[27]

a) **Aufgabenanalyse**: Im Rahmen der Aufgabenanalyse wird die Unternehmensaufgabe in immer kleinere Teilaufgaben zerlegt, wobei die kleinsten, nicht mehr zerlegbaren Teilaufgaben als **Elementaraufgaben** bezeichnet werden. Bei der **Aufgabenzerlegung** kann wie folgt vorgegangen werden:[28]
   - **verrichtungsorientiert**: Dabei erfolgt die Orientierung an betrieblichen Tätigkeiten, man folgt also bei der Zerlegung in Teilaufgaben einer funktionalen Gliederung (Beispiel: Unterteilung der Unternehmensaufgaben in Aufgaben, die im Einkauf, in der Produktion und im Verkauf anfallen). Diese Art der Orientierung ist vorherrschend.
   - **objektorientiert**: Die Zerlegung orientiert sich an Objekten (zB Produkten, aber auch Kunden), folgt also einer divisionalen (Sparten-)Gliederung (Beispiel: Zerlegung der Unternehmensaufgabe in Aufgaben, die für die Produkte A, B bzw C anfallen). Diese Art der Orientierung kann eingesetzt werden, wenn das Unternehmen sehr diversifiziert ist.

b) **Aufgabensynthese (Stellenbildung)**: In diesem Schritt werden die abgeleiteten Elementaraufgaben zu wirtschaftlich sinnvollen Aufgabenkomplexen zusammengefasst, die von einer Stelle erledigt werden können. Eine **Stelle** ist dabei die kleinste organisatorische Einheit eines Unternehmens, welche den Aufgabenbereich einer Person bei Vollbeschäftigung repräsentiert. Für jede Stelle sollte eine **Stellenbeschreibung**[29] existieren, die neben der genauen Stellenbezeichnung Aufgaben, Ziele, hierarchische Einordnung (vorgesetzte und nachgeordnete Stellen), Befugnisse des Stelleninhabers sowie Anforderungen an diesen (zB notwendige Fachkenntnisse) enthalten soll.
   Stellen lassen sich ua nach folgenden beiden Kriterien **unterteilen**:
   - dem **Weisungsrecht**: **Ausführende Stellen** verfügen über kein Weisungsrecht und befinden sich idR auf unterster Hierarchieebene. **Leitungsstellen** haben dagegen ein Weisungsrecht gegenüber untergeordneten Stellen, und zumindest ein Teil ihrer Aufgaben besteht aus dispositiven Tätigkeiten.
     Eng verbunden mit der Ausgestaltung des Weisungsrechts sind die Begriffe „Leitungsspanne" und „Leitungstiefe":
     - **Leitungsspanne (Kontrollspanne)**: Diese gibt an, wie viele Mitarbeiter (untergeordnete Stellen) einer (übergeordneten) Stelle direkt unterstellt sind.
     - **Leitungstiefe**: Die Leitungstiefe informiert über die Anzahl der Hierarchieebenen in einem Unternehmen unterhalb der Unternehmensleitung. Bei gegebener Mitarbeiterzahl bedeutet eine höhere (geringere) Leitungsspanne eine geringere (höhere) Leitungstiefe.
   - der **Einbindung in die** sogenannte **Linie**, welche die Weisungsbeziehungen (den „Befehlsweg") innerhalb eines Unternehmens repräsentiert: **Linienstellen** sind in die Linie,

[27] Vgl dazu etwa *Jung* (2010) 266 ff, *Lechner/Egger/Schauer* (2010) 115 ff oder auch *Carl et al* (2008) 111 ff.
[28] Vgl zB *Schreyögg* (2008) 106 ff.
[29] Für Details vgl *Schmidt* (2000) 342 ff.

die von der Unternehmensleitung über Leitungsstellen bis zu den ausführenden Stellen reicht, voll integriert, dh sie sind gegenüber vorgesetzten Stellen weisungsgebunden und gegenüber nachgeordneten Stellen weisungsberechtigt. **Stabsstellen** befinden sich dagegen vollkommen außerhalb der Linie. Es handelt sich dabei um Stellen ohne Weisungsrecht, die direkt einer Stelle, idR auf oberer oder oberster Hierarchieebene, zugeordnet und damit ausschließlich dieser gegenüber weisungsgebunden sind. Zu den Hauptaufgaben von Stabsstellen zählen dispositive Tätigkeiten zur Unterstützung der Entscheidungsfindung. **Zentralstellen** sind zum Teil in die Linie eingeordnet: Sie sind gegenüber vorgesetzten Stellen (meist die Unternehmensleitung) weisungsgebunden und gegenüber nachgeordneten Stellen teilweise (fachlich) weisungsberechtigt. Zentralstellen werden eingerichtet, um Aufgaben, die in vielen Unternehmensbereichen parallel anfallen, zu zentralisieren, wodurch Kosten eingespart werden können. Als Beispiele für Zentralstellen können Stellen von Personal- und Rechtsverantwortlichen angeführt werden.

Beispiel 1-5

Fragestellung: Ein Unternehmen hat eine einheitliche Leitungsspanne von zwei und eine Leitungstiefe von vier. Wie viele Mitarbeiter sind in diesem Unternehmen beschäftigt?

Lösung: 30 Mitarbeiter.

Erläuterung: Eine Leitungstiefe von vier bedeutet, dass es im Unternehmen unterhalb der Unternehmensleitung vier Hierarchieebenen gibt. Eine einheitliche Leitungspanne von zwei bedeutet, dass jeder übergeordnete Mitarbeiter (also die Unternehmensleitung sowie alle Mitarbeiter auf den ersten drei Hierarchieebenen) genau zwei untergeordnete Mitarbeiter hat. Daraus ergibt sich auf der ersten Hierarchieebene eine Mitarbeiterzahl von zwei (die der Unternehmensleitung unterstellt sind), auf der zweiten Ebene eine Mitarbeiterzahl von vier (jedem der beiden Mitarbeiter auf der ersten Ebene sind wiederum zwei Mitarbeiter unterstellt), auf der dritten Ebene eine Mitarbeiterzahl von acht (jedem der vier Mitarbeiter auf der zweiten Ebene sind wieder zwei Mitarbeiter unterstellt) und auf der vierten Ebene eine Mitarbeiterzahl von 16 (jedem der acht Mitarbeiter auf der dritten Ebene sind zwei Mitarbeiter unterstellt). Dies ergibt in Summe eine Mitarbeiterzahl von 30. Der Leiter des Unternehmens wird hier nicht als Mitarbeiter definiert.

c) **Stellenzusammenfassung (Abteilungsbildung)**: Durch die Zusammenfassung von Stellen, die einen in sich geschlossenen Aufgabenkomplex umfassen, werden Abteilungen gebildet.
d) **Abteilungszusammenfassung**: Im Zuge des letzten Schritts bei der Schaffung einer Aufbauorganisation erfolgt die Koordination der einzelnen Abteilungen, woraus sich die organisatorische Gesamtstruktur des Unternehmens ergibt.

Die grafische Darstellung der Organisationsstruktur (va der Aufbauorganisation) eines Unternehmens wird als **Organigramm** bezeichnet. Nachfolgend werden ausgewählte Möglichkeiten zur Gestaltung der Aufbauorganisation, sog **Leitungssysteme**, die auch kombinierbar sind, vorgestellt:[30]

– **Einlinien- versus Mehrliniensystem**: Die Unterscheidung ergibt sich aus der Regelung der Weisungsbefugnisse: Wenn jede Stelle genau eine übergeordnete Stelle hat, von der sie Weisungen empfängt, so spricht man von einem Einliniensystem (repräsentiert durch die durchgezogenen Linien in Abbildung 1-3), ansonsten von einem Mehrlinien-

[30] Vgl zB *Laux/Liermann* (2005) 181 ff.

system (repräsentiert durch die strichlierten Linien in Abbildung 1-3). Der Hauptvorteil des Einliniensystems liegt in einer grundsätzlich klar abgegrenzten Weisungskompetenz, der Hauptnachteil in eher langen Kommunikationswegen. Infolge der großen Gefahr von Kompetenzstreitigkeiten sind Mehrliniensysteme in der Praxis kaum vorhanden.

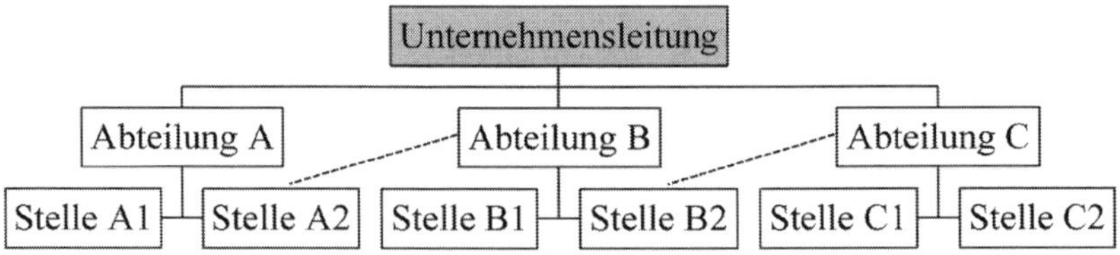

Abbildung 1-3: Liniensystem

- **Stabliniensystem mit Zentralstellen**: Im Falle der Einrichtung von Stabsstellen (vgl dazu die strichliert gezeichnete Stabsstelle „Assistenz der Geschäftsführung" in Abbildung 1-4) spricht man von einem Stabliniensystem. Zentralstellen werden außerhalb der Linie eingerichtet, um die Organisation zu verschlanken (vgl dazu die fett eingezeichneten Zentralstellen „Rechnungswesen" und „Personal" in Abbildung 1-4).

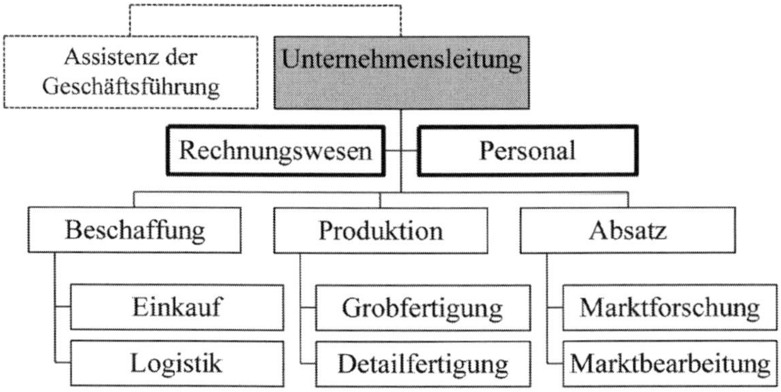

Abbildung 1-4: Stabliniensystem mit funktionaler Gliederung und Zentralstellen

- **Funktions- versus Divisionalsystem**: Im Falle einer Aufbauorganisation entsprechend der Unternehmensfunktionen erfolgt die Gliederung verrichtungsorientiert (vgl Abbildung 1-4), im Falle einer Organisation in Form eines Divisionalsystems (auch **Spartensystem**) ist das Unternehmen objektorientiert gegliedert (vgl Abbildung 1-5), wobei diese Objekte beispielsweise Produktgruppen, Produkte, Absatzgebiete oder auch Kundengruppen sein können.

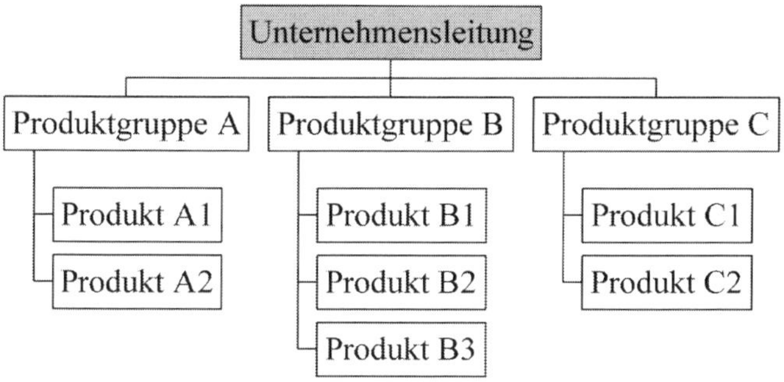

Abbildung 1-5: Einliniensystem mit divisionaler Gliederung

1.2.2.3. Ablauforganisation

Im Gegensatz zur statisch angelegten Aufbauorganisation geht es bei der Ablauforganisation um eine dynamische Betrachtung, die auf Arbeitsabläufe gerichtet ist. Ziel ist dabei die **optimale Gestaltung der Arbeitsabläufe** innerhalb eines Unternehmens. Inhaltlich beschäftigt sich die Ablauforganisation mit den **Details der Aufgabenerledigung**. Basis dafür stellt die Aufbauorganisation dar, die festlegt, welche Aufgaben durch welchen Stelleninhaber zu erledigen sind, dh, es geht bei der Ablauforganisation um die Festlegung, wer wann, wo und unter Einsatz welcher Betriebsmittel eine bestimmte Aufgabe erledigt. Während für die grundsätzlichen Fragestellungen der Aufbauorganisation prinzipiell die Unternehmensleitung zuständig ist, werden ablauforganisatorische Fragen meist auf der unteren Führungsebene behandelt.

1.3. Unternehmensführung im engeren Sinn

Wie bereits eingangs erwähnt, werden unter Unternehmensführung im engeren Sinn Planungs- und Entscheidungsaktivitäten subsumiert. Da diese vor dem Hintergrund strategischer Unternehmensziele ablaufen, werden im ersten Teil (**Allgemeines**) zunächst mit dem Shareholder-Ansatz und dem Stakeholder-Ansatz zwei unterschiedliche Zielkonzepte vorgestellt, welche das gesamte unternehmerische Handeln beeinflussen. Im Anschluss wird die Gewaltenteilung diskutiert. Im zweiten Teil wird zuerst ein grober Überblick über wichtige Grundlagen der **Planung** gegeben. Anschließend werden mit der operativen Zielbildung und der zeitlichen Struktur zwei Teilbereiche der Planung näher betrachtet. Die Ausführungen zur **Entscheidung** im dritten Teil umfassen die Vorstellung der Grundlagen sowie die detailliertere Beschreibung eines Teilbereiches der Entscheidung, nämlich der Entscheidungen unter Risiko, die in der Praxis sehr häufig zu treffen sind.

1.3.1. Allgemeines

1.3.1.1. Shareholder-Ansatz

Folgt man dem **Shareholder-Ansatz**, so liegt die zentrale strategische Zielsetzung unternehmerischen Handelns in der Maximierung des Marktwertes des Eigenkapitals, des sogenannten **Shareholder Values**. Beim Shareholder-Ansatz stehen somit die **Shareholder**, also die Eigenkapitalgeber, im Mittelpunkt des Interesses unternehmerischen Handelns. Während ursprünglich nur die Anteilseigner (Eigenkapitalgeber) einer AG (Aktionäre) als Shareholder bezeichnet wurden, umfasst der Begriff „Shareholder" mittlerweile sämtliche Anteilseigner (Eigenkapitalgeber). Im ersten Fall spricht man von **Shareholdern im engeren Sinn**, im zweiten von **Shareholdern im weiteren Sinn**. Operationalisiert wird die strategisch ausgerichtete Maximierung des Shareholder-Values ua über die Maximierung des Kapitalwertes von Investitionen (vgl 3.2.2.2.) und/oder die Maximierung des Ertragswertes eines Unternehmens.

Eine Alternative zum Shareholder-Ansatz stellt der **Stakeholder-Ansatz** dar. Folgt man diesem, so liegt die zentrale strategische Zielsetzung unternehmerischen Handelns in der Verbesserung der Position sämtlicher Stakeholder. **Stakeholder** (Anspruchsgruppen) sind dabei sämtliche Personengruppen, die vom Unternehmenshandeln betroffen sind bzw sein könnten. Stakeholder leisten einerseits Beiträge zu einem Unternehmen, stellen andererseits aber auch Ansprüche an dieses Unternehmen. Stakeholder, die dem Unternehmen angehören, werden als **interne Stakeholder** bezeichnet (dazu zählen nicht nur die Eigenkapitalgeber, sondern auch die Arbeitnehmer), die übrigen Stakeholder werden **externe Stakeholder** genannt.

Nachfolgend sind ausgewählte Stakeholder mit ihren zentralen Beiträgen und Ansprüchen angeführt:[31]

Stakeholder	Beiträge in Form von ...	Ansprüche auf ...
Eigenkapitalgeber	(Eigen-)Kapital	Kapitalzuwachs bzw. Gewinnausschüttung
Arbeitnehmer	Arbeitsleistung	Entlohnung, gute Arbeitsbedingungen
Fremdkapitalgeber	(Fremd-)Kapital	Kapitalrückzahlung, Verzinsung, Sicherheiten
Kunden	Abnahme (Kauf) von Gütern	Entsprechende Qualität und akzeptabler Preis der abgenommenen Güter
Lieferanten	Lieferung benötigter Güter (z.B. Rohstoffe)	Termingerechte Bezahlung
Konkurrenten	Einhaltung der Wettbewerbsregeln	
Öffentlichkeit (Staat und Gesellschaft)	Rechtsordnung, Infrastruktur	Steuerzahlungen, Ressourcenschonung, Nachhaltigkeit

Tabelle 1-1: Stakeholderbeiträge und -ansprüche

Betrachtet man die Ansprüche unterschiedlicher Stakeholder, so zeigt sich, dass diese zum Teil sehr gegensätzlich ausgerichtet sind: So streben zB die Eigenkapitalgeber möglichst hohe Gewinnausschüttungen an, welchen jedoch hohe Gehaltsansprüche der Arbeitnehmer entgegenstehen. Diese **Interessengegensätze** sollten nach dem Stakeholder-Ansatz durch Verhandlungen zwischen den Anspruchsgruppen einvernehmlich gelöst werden, was als ziemlich utopisch anzusehen ist.

Beachte! Nach dem Stakeholder-Ansatz kann ein Unternehmen als Koalition verschiedener Anspruchsgruppen verstanden werden. Die zentrale Aufgabe der Unternehmensführung liegt dann in der **Koordination der Interessen** dieser Anspruchsgruppen.

In der Unternehmenspraxis hat sich fast ausschließlich der **Shareholder-Ansatz** durchgesetzt, wobei in der Literatur va drei **Gründe** angeführt werden, die diese **Dominanz rechtfertigen**:[32]

a) **Risikoübernahme durch die Eigenkapitalgeber**: Die Shareholder übernehmen das gesamte Unternehmensrisiko, die übrigen Stakeholder stellen sogenannte **Festbetragsansprüche**, die unabhängig von der jeweiligen Geschäftslage bestehen (Ausnahme: In-

[31] Vgl dazu etwa *Schmalen/Pechtl* (2009) 11 ff bzw *Wöhe/Döring* (2010) 51.
[32] Vgl *Wöhe/Döring* (2010) 52 ff.

solvenz des Unternehmens). So haben etwa die Arbeitnehmer vertraglich festgelegte Lohn- und Gehaltsansprüche, und auch die Fremdkapitalgeber haben zu vertraglich festgelegten Terminen Ansprüche in Form von Tilgungs- und Zinszahlungen.

b) **Sicherung von Stakeholder-Interessen durch gesetzliche Rahmenbedingungen**: Es gibt zahlreiche gesetzliche Bestimmungen, welche den Stakeholdern die Sicherung ihrer Ansprüche ohnedies gewährleisten: So sind die Ansprüche von Arbeitnehmern im Hinblick auf gute Arbeitsbedingungen durch Bestimmungen zum Arbeitnehmerschutz, die Ansprüche von Kunden in vielfacher Hinsicht durch Bestimmungen zum Konsumentenschutz und jene der Öffentlichkeit im Hinblick auf Ressourcenschonung durch Bestimmungen zum Umweltschutz abgesichert.

c) **Sicherung von Stakeholder-Interessen durch den marktwirtschaftlichen Wettbewerb (Vertragsfreiheit)**: Sofern ein entsprechender marktwirtschaftlicher Wettbewerb vorhanden ist, können die Stakeholder ohnedies weitgehend frei wählen, für wen (welches Unternehmen) sie Beiträge leisten wollen, damit im Gegenzug ihre Ansprüche befriedigt werden: So können Arbeitnehmer den Arbeitgeber frei wählen oder den Arbeitsplatz wechseln; Kunden können idR zwischen verschiedenen Anbietern, Lieferanten zwischen verschiedenen Abnehmern wählen.

1.3.1.2. Gewaltenteilung im Zuge der Unternehmensführung

Folgt man dem Shareholder-Ansatz, so lässt sich aus der vollständigen Risikoübernahme durch die Shareholder deren Anspruch auf uneingeschränkte Unternehmensführung begründen. Von diesem Anspruch sind in der Praxis aus verschiedenen Gründen oftmals Abstriche nötig. Je nachdem, ob derartige Abstriche zum Tragen kommen, lassen sich im Hinblick auf die Gewaltenteilung **zwei Varianten** unterscheiden:[33]

a) **Eigentümergeführte Unternehmen**: Bei dieser Form der Unternehmensführung gibt es keine Gewaltenteilung, sie erfolgt vollständig durch den (die) Eigentümer selbst. Prototypen eigentümergeführter Unternehmen sind das Einzelunternehmen, die OG, aber auch die KG im Hinblick auf die Komplementäre sowie die GmbH, wenn die Unternehmensleitung durch einen Gesellschaftergeschäftsführer erfolgt.

b) **Managementgeführte Unternehmen**: Diese sind durch eine Gewaltenteilung charakterisiert; dh, die Unternehmensführung wird an Manager, die selbst nicht (kaum) am Unternehmen beteiligt sind, übertragen. Als **Gründe** für die Gewaltenteilung kommen ua folgende in Betracht:
   - **Fehlende einschlägige Kompetenz der Eigentümer**: Bei den fehlenden Fähigkeiten kann es sich sowohl um Fachkenntnisse (zB betriebswirtschaftliche Kenntnisse) als auch um Sozialkompetenz (zB Durchsetzungsvermögen, Verhandlungsgeschick) handeln.
   - **Fehlendes Interesse der Eigentümer**: Manche Eigentümer wollen am eigenen Unternehmen überhaupt nicht mitwirken (Beispiel: Vererbung eines Familienunternehmens), andere sind lieber operativ als strategisch tätig (Beispiel: Der Eigentümer eines Chemieunternehmens, der selbst Chemiker ist, arbeitet lieber in der Forschungsabteilung seines Unternehmens, als das gesamte Unternehmen zu leiten).
   - **Zu große Zahl an Eigentümern**: Dies trifft va auf die AG zu, wo es häufig Tausende Aktionäre gibt. Eine Führung seitens der Eigentümer wäre hier allein schon aus organisatorischen Gründen nicht möglich.

---

[33] Vgl *Wöhe/Döring* (2010) 54 ff.

1.3.2. Planung

1.3.2.1. Grundlagen

Die Planung zählt zu den zentralen Aktivitäten im Rahmen der Unternehmensführung und ist der Entscheidung zeitlich vorgelagert. Die unternehmerische Planungstätigkeit besteht in der **Vorbereitung zukünftiger Entscheidungen** vor dem Hintergrund der gesetzten Unternehmensziele. Im Wesentlichen basiert die Planung auf der Sammlung, Verarbeitung und Aufbereitung von Informationen. Die Planung erfolgt in mehreren **Phasen**, welche nachstehend zusammengefasst sind:[34]

a) **Zielbildung** (vgl 1.3.2.2.): Die Festlegung und Koordination von Unternehmenszielen wird zum Teil als eigenständige Führungsfunktion angesehen, die der Planung vorgelagert ist.
b) **Istanalyse (Problemanalyse)**: Hier geht es darum, die aktuelle Unternehmenssituation zu analysieren und eventuell vorhandene Probleme aufzudecken und einzugrenzen. Eine umfangreiche Planung ist insbesondere dann nötig, wenn innerhalb des Unternehmens Probleme existieren, welche die Zielerreichung gefährden.
c) **Alternativenermittlung**: Im Anschluss an die Istanalyse werden Alternativen für das zukünftige Handeln ermittelt, welche die Erreichung der angestrebten Ziele ermöglichen.
d) **Alternativenbewertung**: Dabei werden die ermittelten Handlungsalternativen unter Rückgriff auf geeignete Bewertungsverfahren evaluiert. Offen ist dabei, ob die Alternativenbewertung überhaupt noch zur Planung zu zählen ist oder bereits zum Entscheidungsprozess gehört. Im Rahmen der gegenständlichen Ausführungen wird die Alternativenbewertung der Entscheidung zugerechnet (vgl 1.3.3.1.).

Da die Planung hinsichtlich eines gesamten Unternehmens für einen gegebenen Planungshorizont äußerst komplex ist, kann diese nicht in einem allumfassenden Schritt in Form einer **Totalplanung** durchgeführt werden, sondern muss in Form von **Teilplanungen** erfolgen. Diese können

- nach **sachlichen** Aspekten (zB funktionale oder divisionale Aufteilung) und/oder
- nach **zeitlichen** Aspekten (zB kurz-, mittel- und langfristige Planung) vorgenommen werden.

Die Herausforderung hinsichtlich der Teilplanung besteht in der notwendigen **Koordination** der erstellten **Teilpläne**. Diesbezüglich können folgende Ansätze unterschieden werden:[35]

- **Retrograde Planung (Top-down-Planung)**: Bei dieser Vorgehensweise werden auf Basis eines Gesamtplans, der die zentralen Aspekte vorgibt, die Teilpläne abgeleitet. Für diese Vorgangsweise spricht, dass die Zielsetzungen der Teilpläne auf Basis der Zielsetzungen im Gesamtplan ermittelt werden und damit koordiniert sind. Problematisch sind allerdings nicht erfüllbare Zielvorgaben des Gesamtplans.
- **Progressive Planung (Bottom-up-Planung)**: Im Zuge dieses Ansatzes wird auf Basis der Teilpläne der Gesamtplan abgeleitet. Dies hat zwar den Vorteil, dass die Teilplanung unmittelbar auf Ebene der Betroffenen erfolgt, kann sich jedoch als problematisch erweisen, wenn die Teilpläne widersprüchliche Zielsetzungen enthalten.
- **Gegenstromverfahren**: Dabei wird zunächst ein provisorischer Gesamtplan erstellt, der den Rahmen für die Entwicklung koordinierter Teilpläne darstellt. Bei der Entwicklung der Teilpläne sind diese Rahmenvorgaben, soweit möglich, einzuhalten. Die derart erstellten Teilpläne werden anschließend zu einem endgültigen Gesamtplan zusammengefasst. Das Gegenstromverfahren ist somit in der ersten Phase retrograd und in der zweiten Phase

---

34 Vgl zB *Schierenbeck/Wöhle* (2012) 116 ff.
35 Vgl zB *Jung* (2010) 180 ff.

progressiv. Dadurch lassen sich die Nachteile der beiden bisher vorgestellten Vorgangsweisen weitgehend beseitigen. Der große Nachteil des Gegenstromverfahrens liegt im großen Durchführungsaufwand.

1.3.2.2. Zielbildung

Wie bereits erwähnt, kann die Zielbildung als eigene Unternehmensfunktion, welche der Planung vorgelagert ist, oder als erste Phase des Planungsprozesses selbst interpretiert werden. Ziele lassen sich nach verschiedenen **Klassifikationsmerkmalen** untergliedern:[36]

a) nach der **Interessenlage der beteiligten Stakeholder** kann zwischen ökonomischen, sozialen und ökologischen Zielen unterschieden werden:
   - **Ökonomische Ziele** werden etwa von Eigenkapitalgebern verfolgt. Beispiele für ökonomische Ziele sind ua langfristige Gewinnmaximierung (Erhöhung des Eigenkapitals), Rentabilität (Eigenkapitalrentabilität) und Unternehmenssicherung.
   - **Soziale Ziele** werden zB von Arbeitnehmern verfolgt. Als Beispiele können das Streben nach gerechter Entlohnung, guten Arbeitsbedingungen oder auch Mitbestimmung angeführt werden.
   - **Ökologische Ziele** werden va von der Öffentlichkeit angestrebt. Dazu zählt zB ein schonender Umgang mit Ressourcen.

b) nach der **Zielsetzungsinstanz** kann zwischen individuellen und institutionellen Zielen unterschieden werden:
   - **Individuelle Ziele** werden von Einzelpersonen verfolgt. Dazu zählt zB das Streben eines Mitarbeiters nach Arbeitszufriedenheit.
   - **Institutionelle (kollektive) Ziele** werden hingegen von Personenmehrheiten bzw Institutionen (zB Unternehmen) angestrebt. Als kollektives Ziel kann zB die Sicherung des Fortbestands eines Unternehmens angeführt werden.

c) nach dem **Zeitbezug** (vgl 1.3.2.3.) kann zwischen kurz-, mittel- und langfristigen Zielen unterschieden werden:
   - **Kurzfristige Ziele** sind jene mit einem Zeithorizont von maximal einem Jahr. Ein kurzfristiges Ziel kann zB sein, dass der angestrebte Umsatz im kommenden Monat bei 50.000,– liegen soll.
   - **Mittelfristige Ziele** sind jene mit einem Zeithorizont zwischen zwei und fünf Jahren. Als mittelfristiges Ziel kann festgelegt werden, dass die Anzahl der Kunden innerhalb von drei Jahren verdoppelt werden soll.
   - **Langfristige Ziele** sind jene mit einem Zeithorizont von mehr als fünf Jahren. Angenommen, das Unternehmen plant in acht Jahren den Gang an die Börse, dann kann als langfristiges Ziel die Maximierung des Marktwertes des Unternehmens formuliert werden, um möglichst viele Eigenkapitalgeber anzuziehen.

d) nach den **Zielbeziehungen** kann zwischen komplementären, konkurrierenden und indifferenten Zielen unterschieden werden. Die Einteilung nach den Zielbeziehungen setzt jedoch eine Mehrzielplanung voraus; dh, es müssen mindestens zwei parallel angestrebte Ziele vorliegen. Nachfolgend wird zur Vereinfachung stets von nur zwei Zielen ausgegangen:[37]
   - **Komplementäre Ziele** sind Ziele, bei welchen sich die Erreichung eines Ziels positiv auf die Erreichung des anderen Ziels auswirkt. Komplementäre Ziele können somit problemlos gleichzeitig verfolgt werden. Als Beispiel kann die Zielsetzung „Steigerung des Gewinns" (Ziel 1) genannt werden, welche die Erreichung des Ziels „Verringerung der Arbeitskosten" (Ziel 2) positiv beeinflusst. Komplementäre Ziele stellen den Idealfall einer Zielbeziehung dar.

---

36 Vgl *Wöhe/Döring* (2010) 69 ff.

37 Vgl dazu beispielsweise *Camphausen* (2011) 108 f.

- **Konkurrierende Ziele** sind Ziele, welche sich wechselseitig negativ beeinflussen, da die Erreichung eines Ziels die Erreichung des anderen Ziels beeinträchtigt. Wird zB die Senkung der laufenden Kosten angestrebt (Ziel 1), wirkt sich dies negativ auf das Ziel „Erhöhung der Umweltschutzmaßnahmen" (Ziel 2) aus. Konkurrierende Ziele bilden den problematischsten Fall einer Zielbeziehung.
- **Indifferente Ziele** sind Ziele, die unabhängig voneinander verfolgt werden können. Es liegt somit keine (unmittelbare) wechselseitige Beeinflussung des Zielerreichungsgrades vor. Als Beispiel kann die Expansion des Unternehmens (Ziel 1) angeführt werden, welche auf die Nachhaltigkeit der Produkte (Ziel 2) keinen (unmittelbaren) Einfluss hat. Indifferente Ziele sind in der Realität kaum vorzufinden. Wenn auch keine unmittelbaren Zusammenhänge ersichtlich sind, so kann durchaus eine mittelbare Beeinflussung, zB über andere Ziele, vorliegen.

Diese drei möglichen Arten einer Beziehung zwischen zwei Zielen lassen sich sehr gut in einem Diagramm darstellen (vgl **Abbildung 1-6**): Die Gerade mit positiver Steigung aus dem Ursprung charakterisiert komplementäre Ziele, die sich wechselseitig positiv beeinflussen, während die Gerade mit negativer Steigung konkurrierende Ziele illustriert, die sich wechselseitig negativ beeinflussen. Die Geraden, welche jeweils parallel zu den Achsen verlaufen, stellen indifferente Ziele dar, da der Grad der Zielerreichung zweier Ziele unabhängig voneinander ist.

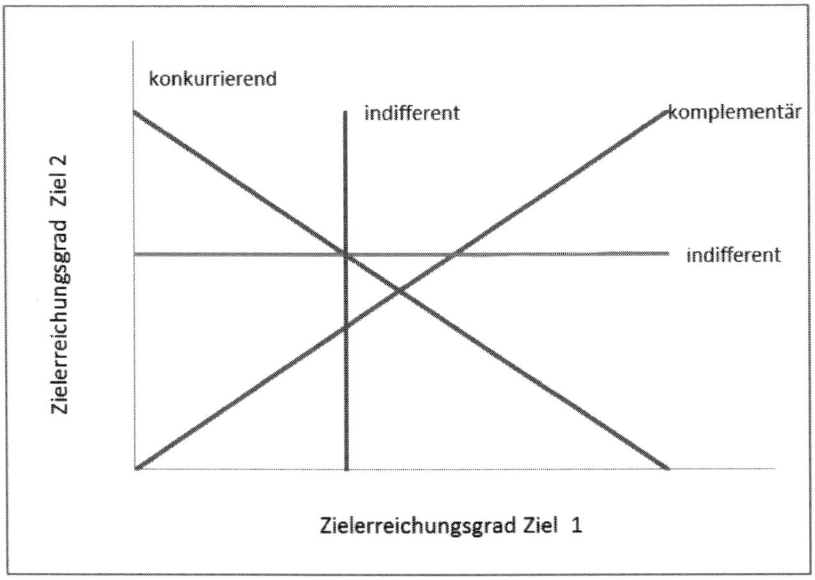

Abbildung 1-6: Zielbeziehungen

e) nach der **Rangordnung** (Hierarchie) kann zwischen Ober-, Zwischen- und Unterzielen unterschieden werden:
   - **Oberziele** gelten für das gesamte Unternehmen. So orientiert sich ein marktwirtschaftlich geführtes Unternehmen am Oberziel der langfristigen Gewinnmaximierung.
   - **Zwischenziele** werden für größere Unternehmensbereiche (zB Hauptabteilungen, Abteilungen) festgelegt und müssen mit den Oberzielen des Unternehmens in Einklang stehen. Als Beispiel sei die Zielsetzung „Kostensenkung in der Produktion" angeführt, welche für alle Produktionsabteilungen gilt und dem Oberziel der langfristigen Gewinnmaximierung folgt.

- **Unterziele** werden für kleinere Unternehmensbereiche (zB Gruppen, einzelne Stellen) formuliert und müssen mit den Zwischenzielen und damit auch mit den Oberzielen in Einklang stehen. So kann als Unterziel die „Verringerung des Ausschusses in der Produktionsgruppe A" formuliert werden, welches sowohl dem Zwischenziel „Kostensenkung in der Produktion" als auch dem Oberziel „langfristige Gewinnmaximierung" Rechnung trägt.

Unternehmen verfolgen idR eine Vielzahl von Zielen, die in eine sinnvolle Ordnung gebracht werden müssen. Diese wird als **Zielsystem** bezeichnet. Ein Zielsystem besteht wiederum aus **Zielhierarchien** (Koordination von mehreren Zielen auf verschiedenen Hierarchieebenen) und/oder **Zielkonzeptionen** (Koordination von mehreren Zielen auf einer Hierarchieebene).

1.3.2.3. Zeitliche Struktur der Planung

Hinsichtlich des Planungshorizonts kann die Planung in Grundsatzplanung, strategische, taktische und operative Planung eingeteilt werden. Synonym werden dafür auch die Begriffe **konstitutive, langfristige, mittelfristige und kurzfristige Planung** verwendet. Innerhalb dieser Klassifikation kann die Planung nach weiteren Kriterien, wie Zuständigkeit, Planungsinhalt, Art der prognostizierten Daten (Datenprognose) sowie Grad der Unsicherheit im Hinblick auf die Planung bzw die prognostizierten Daten unterteilt werden (vgl Tabelle 1-2).

	Planungshorizont			
	konstitutiv (unbefristet)	strategisch (>5–10 Jahre)	taktisch (2–5 Jahre)	operativ (bis zu 1 Jahr)
Zuständigkeit (Führungsebene)	oberste	obere/oberste	mittlere	untere
Planungsinhalt (Beispiele)	Festlegung von: – Branche – Führungskonzept – Informations-, Ausschüttungs-, Investitions- und Finanzierungspolitik – ...	– Sicherung vorhandener Erfolgspotenziale – Schaffung neuer Erfolgspotenziale (zB Durchführung strategischer Analysen) – ...	– Entwicklung konkreter Handlungsprogramme für einzelne Funktionsbereiche (zB Absatzplanung) – ...	– Feinplanung auf Basis gegebener Kapazitäten (zB kurzfristige Finanzplanung) – ...
Datenprognose	nicht relevant	qualitativ	quantitativ und grob strukturiert	quantitativ und fein strukturiert
Unsicherheit	nicht relevant	sehr hoch	hoch	gering

Tabelle 1-2: Zeitliche Struktur der Planung[38]

1.3.3. Entscheidung

1.3.3.1. Grundlagen

Die Abgrenzung zwischen Planung und Entscheidung ist nicht immer einheitlich definiert. Zählt man die Alternativenbewertung zur Planung, so umfasst die Entscheidung lediglich die Auswahl der bestbewerteten Alternative, beschränkt sich also auf einen eher formalen Akt, welcher auch als **Entscheidung im engeren Sinn** bezeichnet wird. Die **Entscheidung im**

[38] Vgl dazu etwa *Wöhe/Döring* (2010) 79.

weiteren Sinn beschäftigt sich dagegen auch mit den Entscheidungsprozessen, dh mit der Bewertung der vorliegenden Handlungsalternativen.

Die Entscheidung im weiteren Sinn ist Gegenstand der **Entscheidungstheorie**, die sich je nach Fragestellung und Forschungsmethode in zwei Arten untergliedern lässt:[39]

- Im Zuge der **normativen Entscheidungstheorie** werden optimale Entscheidungen bei gegebenen Zielen generiert. Die normative Entscheidungstheorie geht von uneingeschränkter Rationalität der beteiligten Personen aus.
- Im Rahmen der **deskriptiven Entscheidungstheorie** stehen nicht optimale, sondern tatsächliche Entscheidungen im Vordergrund, deren Zustandekommen es zu erklären gilt. Die deskriptive Entscheidungstheorie geht von eingeschränkter Rationalität aus.

Der normativen Entscheidungstheorie wird in der BWL in Form von Entscheidungsmodellen Rechnung getragen. **Entscheidungsmodelle**[40] sind nichts anderes als Entscheidungshilfen, welche bei gegebener **Zielfunktion (Präferenzen)** des Entscheidungsträgers, gegebenen **Handlungsalternativen** und deren **Ausprägungen** sowie gegebenen **Umweltzuständen** die Ableitung optimaler Entscheidungen erlauben. Hinsichtlich der möglichen Umweltzustände können die folgenden drei Arten von Entscheidungen unterschieden werden:[41]

a) **Entscheidungen unter Sicherheit (sichere Erwartungen)**: In dieser Situation kennt der Entscheider nicht nur die Ausprägungen aller Handlungsalternativen, sondern er weiß auch, welcher von allen möglichen Umweltzuständen in Zukunft eintreten wird. Damit kann der Entscheider eindeutig festlegen, welche Konsequenzen eine aktuelle Entscheidung in der Zukunft haben wird. Man spricht in diesem Zusammenhang auch von **vollkommener Information**.
b) **Entscheidungen unter Risiko (Erwartungen unter Risiko)**: In dieser Situation kennt der Entscheider zwar die Ausprägungen der Handlungsalternativen und alle möglichen Umweltzustände, kann letzteren jedoch lediglich **Eintrittswahrscheinlichkeiten** zuordnen. Entscheidungen unter Risiko haben in der Entscheidungstheorie eine große praktische Bedeutung und werden daher in der Folge noch etwas genauer betrachtet (vgl 1.3.3.2.).
c) **Entscheidungen bei Unsicherheit (unsichere Erwartungen)**: In dieser Situation weiß der Entscheider, dass mindestens zwei mögliche Umweltzustände existieren, kann diesen Umweltzuständen jedoch **keine Eintrittswahrscheinlichkeiten** zuordnen. Sobald es gelingt, die Eintrittswahrscheinlichkeiten zumindest grob abzuschätzen, können unsichere Erwartungen in Erwartungen unter Risiko übergeführt werden.

1.3.3.2. Entscheidungen unter Risiko

Anhand der in Tabelle 1-3 dargestellten **Entscheidungstabelle** soll erläutert werden, auf Basis welcher Kriterien Entscheidungen unter Risiko getroffen werden. Die bekanntesten **Entscheidungsregeln** unter Risiko stellen die **μ-Regel** und das **μ-σ-Prinzip** dar.[42]

		H_j	
Z_i	p_i	H_1	H_2
Z_1	0,8	+100,–	–100,–
Z_2	0,2	+100,–	+900,–
μ		+100,–	+100,–

Tabelle 1-3: Entscheidungstabelle

39 Vgl zB *Hutzschenreuter* (2011) 16 f.
40 Vgl zB *Laux/Gillenkirch/Schenk-Mathes* (2012) 19 f.
41 Vgl dazu etwa *Laux/Gillenkirch/Schenk-Mathes* (2012) 32 f oder *Vahs/Schäfer-Kunz* (2012) 68 ff.
42 Vgl dazu etwa *Domschke/Scholl* (2005) 48 f oder *Laux/Gillenkirch/Schenk-Mathes* (2012) 100 ff.

Ausgangspunkt für die Entscheidung sind die im Rahmen der Planung ermittelten, sich gegenseitig ausschließenden j **Handlungsalternativen** H_j für die bekannten i **Umweltzustände** Z_i. Im Beispiel wird von j = 2 Handlungsalternativen, H_1 und H_2, und i = 2 Umweltzuständen, Z_1 und Z_2, ausgegangen. Neben den möglichen Umweltzuständen sind auch deren **Eintrittswahrscheinlichkeiten** p_i bekannt. Summieren sich die geschätzten Eintrittswahrscheinlichkeiten auf 100 %, so spricht man von einem **geschlossenen Zustandsraum**. Die Eintrittswahrscheinlichkeiten für die Umweltzustände betragen p_1 = 80 % für Z_1 und p_2 = 20 % für Z_2. Weder die Umweltzustände noch die Eintrittswahrscheinlichkeiten können vom Entscheidungsträger beeinflusst werden.

In die einzelnen Zellen der Tabelle, an denen sich H und Z „kreuzen", werden die **Ausprägungen** (Gewinn- bzw Verlustbeiträge) der einzelnen Handlungsalternativen in Abhängigkeit vom Umweltzustand eingetragen. Im Beispiel wird angenommen, dass Handlungsalternative H_1 unabhängig vom Umweltzustand jeweils eine positive Ausprägung (Gewinnbeitrag) von 100,– erbringt, während Handlungsalternative H_2 bei Eintreten des Umweltzustandes Z_1 eine negative Ausprägung (Verlustbeitrag) von –100,–, bei Eintreten des Umweltzustandes Z_2 jedoch eine positive Ausprägung (Gewinnbeitrag) von 900,– erbringt.

In die letzte Zeile der Tabelle wird für jede der beiden Handlungsalternativen deren **Erwartungswert** μ ermittelt, welcher der erwarteten Ausprägung der jeweiligen Handlungsalternative bei gegebenen Umweltzuständen und gegebenen Eintrittswahrscheinlichkeiten entspricht. Der Erwartungswert wird berechnet, indem für jede Handlungsalternative die unter den einzelnen Umweltzuständen erzielbaren Ausprägungen mit deren Eintrittswahrscheinlichkeiten multipliziert und anschließend summiert werden. Im Beispiel ergibt sich damit für Handlungsalternative H_1 über 100·0,8 + 100·0,2 als auch für Handlungsalternative H_2 über –100·0,8 + 900·0,2 eine erwartete positive Ausprägung (Gewinnbeitrag) von 100,–. Die **μ-Regel** besagt nun, dass jene Handlungsalternative auszuwählen ist, die den höchsten Erwartungswert m aufweist. Im Beispiel haben nun H_1 und H_2 einen Erwartungswert in derselben Höhe, sodass sich anhand der μ-Regel keine Entscheidung treffen lässt.

Um dennoch eine Entscheidung treffen zu können, kann zusätzlich noch das **Risiko** s jeder Handlungsalternative quantifiziert werden. Das Risiko einer Handlungsalternative wird über die Streuung der einzelnen Ausprägungen um den Erwartungswert, dh über deren Standardabweichung,[43] gemessen. Für obiges Beispiel beträgt s_1, dh das Risiko von Handlungsalternative H_1, genau null, wohingegen s_2, dh das Risiko von Handlungsalternative H_2, genau 400,– beträgt. Obgleich auf die exakte Berechnung des Risikos an dieser Stelle verzichtet wird, sind diese Ergebnisse leicht nachvollziehbar: Handlungsalternative H_1 weist kein Risiko auf, da deren Ausprägungen unabhängig vom Umweltzustand immer 100,– betragen. Bei Handlungsalternative H_2 hingegen schwanken die möglichen Ausprägungen zwischen –100,– bei Umweltzustand Z_1 und +900,– bei Umweltzustand Z_2, somit muss das Risiko jedenfalls höher als null sein. Wird neben dem Erwartungswert auch das Risiko berücksichtigt, kommt das sogenannte **μ-σ-Prinzip** als Entscheidungsregel zur Anwendung. Sobald das Risiko in die Entscheidung einbezogen wird, ist die **Risikoneigung** des Entscheidungsträgers zu berücksichtigen. Diese kann die drei Ausprägungen **risikoscheu**, **risikofreudig** und **risikoneutral** annehmen. Von risikoscheu (risikofreudig) spricht man, wenn sich ein Entscheidungsträger bei Vorliegen zweier Handlungsalternativen mit demselben Erwartungswert für diejenige mit dem geringeren (größeren) Risiko entscheidet. Risikoneutralität liegt hingegen vor, wenn das Risiko für die Entscheidung keine Rolle spielt, wird also bei ausschließlicher Anwendung der μ-Regel postuliert. Um nunmehr für obiges Beispiel eine Entscheidung auf Basis des μ-σ-Prinzips

[43] Die Standardabweichung wird auf Basis der Varianz gemessen, die wiederum der Summe der erwarteten quadrierten Abweichungen der einzelnen Ausprägungen vom Erwartungswert entspricht. Zur Berechnung vgl zB *Wöhe/Döring* (2010) 96.

fällen zu können, ist die Risikoeinstellung des Entscheidungsträgers zu berücksichtigen: Ist der Entscheidungsträger risikoscheu, entscheidet er sich für Handlungsalternative H_1, ist er risikofreudig, entscheidet er sich für Handlungsalternative H_2. Ist er hingegen risikoneutral, ist er indifferent zwischen den beiden Handlungsalternativen.

Beispiel 1-6

Fragestellung: Für eine Unternehmensberatung ergeben sich für das kommende Jahr die folgenden drei Handlungsalternativen:

H_1: Einen zusätzlichen Mitarbeiter mit zusätzlichen Personalkosten von 100.000,–/Jahr anstellen

H_2: Zwei zusätzliche Mitarbeiter mit zusätzlichen Personalkosten von 190.000,–/Jahr anstellen

H_3: Keinen zusätzlichen Mitarbeiter anstellen

Die möglichen Umweltzustände Z_i werden wie folgt ermittelt: Mit einer Wahrscheinlichkeit von 25 % gibt es im folgenden Jahr keine zusätzlichen Aufträge, mit einer Wahrscheinlichkeit von 60 % sind Zusatzaufträge für einen zusätzlichen Mitarbeiter mit einem zusätzlichen Erlös in Höhe von 200.000,–/Mitarbeiter, und mit einer Wahrscheinlichkeit von 15 % sind Zusatzaufträge ebenfalls mit einem zusätzlichen Erlös in Höhe von 200.000,–/ Mitarbeiter, jedoch für zwei zusätzliche Mitarbeiter zu erwarten.

Für welche Handlungsalternative wird sich das Unternehmen unter Heranziehung der µ-Regel entscheiden?

Lösung: Das Unternehmen wird sich für H_1 entscheiden.

Erläuterung: Im ersten Schritt wird die Entscheidungstabelle erstellt. Dazu sind zunächst die Ausprägungen der drei Handlungsalternativen in Abhängigkeit von den drei Umweltzuständen zu ermitteln: H_1 stellt dabei die Alternative dar, bei welcher das Unternehmen jedenfalls Personalkosten von 100.000,– hat. Die Personalkosten werden den zusätzlichen Erlösen, welche von den Umweltzuständen abhängen, gegenübergestellt:

$H_1(Z_1) = -100.000,– + 0,– = -100.000,–$

$H_1(Z_2) = -100.000,– + 200.000,– = +100.000,–$

$H_1(Z_3) = -100.000,– + 200.000,– = +100.000,–$

Für Handlungsalternative H_2 ergeben sich folgende Ausprägungen:

$H_2(Z_1) = -190.000,– + 0,– = -190.000,–$

$H_2(Z_2) = -190.000,– + 200.000,– = +10.000,–$

$H_2(Z_3) = -190.000,– + 400.000,– = +210.000,–$

Bei Handlungsalternative H_3 fallen weder zusätzliche Kosten noch zusätzliche Erlöse an.

Im zweiten Schritt werden dann die Erwartungswerte für die drei Handlungsalternativen wie folgt berechnet:

$\mu(H_1) = -100.000 \cdot 0,25 + 100.000 \cdot 0,60 + 100.000 \cdot 0,15 = 50.000,–$

$\mu(H_2) = -190.000 \cdot 0,25 + 10.000 \cdot 0,60 + 210.000 \cdot 0,15 = -10.000,–$

$\mu(H_3) = 0 \cdot 0,25 + 0 \cdot 0,60 + 0 \cdot 0,15 = 0,–$

Damit hat die Entscheidungstabelle folgendes Aussehen:

Z_i	p_i	H_j H_1	H_2	H_3
Z_1	0,25	−100.000,–	−190.000,–	0,–
Z_2	0,60	+100.000,–	+10.000,–	0,–
Z_3	0,15	+100.000,–	+210.000,–	0,–
μ		50.000,–	−10.000,–	0,–

1.4. Personalwirtschaft

Wie bereits erwähnt, wird die Personalwirtschaft im Rahmen der vorliegenden Ausführungen als Element der Unternehmensführung (im weiteren Sinn) verstanden. Im ersten Teil dieses Abschnittes werden die **allgemeinen Aspekte** der Personalwirtschaft, wie Begriffsabgrenzung, Aufgaben sowie typische Problemstellungen, behandelt. Im Anschluss werden die beiden zentralen Aufgaben der Personalwirtschaft, die Personalplanung und die Personalführung, näher beleuchtet. Im Zuge der **Personalplanung** ist zunächst der zukünftige Personalbedarf zu planen: Kann das Unternehmen den Personalbedarf mit dem vorhandenen Personal nicht decken, ist eine Personalbeschaffungsplanung erforderlich, wohingegen eine Personalabbauplanung erforderlich wird, wenn in Zukunft ein Personalüberhang zu erwarten ist. Zur Gewährleistung eines effizienten Personaleinsatzes ist eine entsprechende Einsatzplanung nötig. Die Personalentwicklungsplanung hat schließlich die Aufgabe, die beruflichen Fähigkeiten der Mitarbeiter auf dem notwendigen Stand zu halten. Im Zuge der **Personalführung** werden Überlegungen angestellt, wie Mitarbeiter durch Motivation geführt werden können, und welche Führungsprinzipien in einem Unternehmen zur Anwendung kommen können.

1.4.1. Allgemeines

1.4.1.1. Begriff und Aufgaben

Vereinfacht ausgedrückt lässt sich **Personalwirtschaft** als jener Teil der Unternehmensführung definieren, der personelle Gestaltungsmöglichkeiten zum Gegenstand hat, die der Erreichung der Unternehmensziele dienen. Die Begriffe „Personalwirtschaft", „Personalmanagement", „Personalwesen" oder auch „Human Resource Management" (HRM) werden weitgehend synonym verwendet.

In der Personalwirtschaft unterscheidet man zwei grundlegende **Ausrichtungen**:

- **Ökonomisch ausgerichtete Personalwirtschaft**: Dabei wird die menschliche **Arbeit** in erster Linie **als Produktionsfaktor** angesehen, den die Unternehmensleitung unter Berücksichtigung gesetzlicher und vertraglicher Rahmenbedingungen möglichst effizient einzusetzen bestrebt ist, dh, das Verhältnis von Arbeitsleistung zu Personalkosten soll maximiert werden.
- **Verhaltenswissenschaftlich ausgerichtete Personalwirtschaft**: Hier stehen die **Mitarbeiterbedürfnisse**, bei denen es sich sowohl um individuelle als auch um kollektive Bedürfnisse handeln kann, im Mittelpunkt des Interesses. Stehen die Bedürfnisse der Mitarbeiter den Interessen der Eigenkapitalgeber entgegen, wird im Zuge der verhaltenswissenschaftlich orientierten Personalwirtschaft versucht, derartige Konflikte zu lösen. Allgemein formuliert liegt das Ziel der verhaltenswissenschaftlich orientierten Personalwirtschaft in der Anpassung der betrieblichen Arbeitswelt an die Mitarbeiterbedürfnisse.

Die Aufgaben der Personalwirtschaft lassen sich zu den folgenden zwei großen **Teilgebieten** zusammenfassen:[44]

a) die **Personalplanung**, bei der es va um die Verfügbarkeit des Personals geht (vgl 1.4.2.) und
b) die **Personalführung**, bei der es va um die Wirksamkeit des Personals geht (vgl 1.4.3.).

1.4.1.2. Problemstellungen in der Personalwirtschaft

Nachfolgend sind einige **typische Problemstellungen** angeführt, mit denen sich die Personalwirtschaft auseinandersetzt:[45]

- **Motivationsprobleme**: Dabei geht es um die **Leistungsbereitschaft** (das „Wollen") der Mitarbeiter. Ausgangspunkt der Problematik ist der Umstand, dass Mitarbeiterinteressen und Unternehmensinteressen oftmals gegenläufig sind. Unternehmen verfolgen in erster Linie wirtschaftliche Ziele, wie Maximierung der Arbeitsproduktivität oder Minimierung der Personalkosten; die Eigeninteressen der Mitarbeiter liegen dagegen in der Maximierung der Entlohnung und/oder Optimierung der sonstigen Arbeitsbedingungen. Zur Lösung des Motivationsproblems sollten unternehmerische Ziele und Ziele der Mitarbeiter harmonisiert werden. Hinsichtlich der divergierenden Zielsetzungen „Maximierung der Arbeitsproduktivität" und „Maximierung der Entlohnung" kann dies beispielsweise über die Einführung erfolgsorientierter Vergütungselemente erfolgen.
- **Qualifikationsprobleme**: Dabei geht es um die **Leistungsfähigkeit** (das „Können") der Mitarbeiter. Ein Qualifikationsproblem liegt vor, wenn Mitarbeitern Kenntnisse fehlen, die zur optimalen Aufgabenerledigung notwendig wären. Abhilfe können hier Maßnahmen der Personalentwicklung im Sinne von Fortbildungsmaßnahmen schaffen.
- **Verfügbarkeitsprobleme**: Davon spricht man, wenn benötigtes Personal nicht oder nicht in ausreichendem Maße verfügbar ist. Als Beispiel für ein Verfügbarkeitsproblem lässt sich der häufig beklagte **Fachkräftemangel** in bestimmten Branchen (zB in manchen Handwerksberufen oder in Pflegeberufen) nennen. Verfügbarkeitsprobleme lassen sich kurzfristig eventuell durch entsprechende Anreize (zB Lohnanreize, die Facharbeiter aus anderen Regionen anlocken), langfristig etwa durch geeignete politische Maßnahmen (zB Förderung von Lehrstellen in Mangelberufen) beheben.
- **Personalkostenprobleme**: Ausgangspunkt ist hier die Tatsache, dass Personaleinsatz – zumindest in Österreich und in anderen vergleichbaren Ländern – generell mit hohen Personalkosten verbunden ist. Durch die **Globalisierung** werden die Personalkosten immer stärker international verglichen und Arbeitsplätze in der Folge in kostengünstige Gebiete verlagert, sofern dies die Unternehmensstruktur zulässt.

1.4.2. Personalplanung

1.4.2.1. Personalbedarfsplanung

Ziel der Personalbedarfsplanung ist die Ermittlung des **Nettopersonalbedarfs** zu einem bestimmten Zeitpunkt t (Planungszeitpunkt). Dieser gibt die Anzahl der **Vollzeitäquivalente** (VZÄ) an, die zum Planungszeitpunkt zusätzlich (positiver Nettopersonalbedarf) bzw nicht mehr (negativer Nettopersonalbedarf) benötigt werden, um die betrieblichen Aufgaben optimal erledigen zu können. Ein VZÄ entspricht einem Mitarbeiter bei Vollbeschäftigung (Beispiel:

[44] Vgl zB *Wöhe/Döring* (2010) 128 ff.
[45] Vgl von *Eckardstein* (2002) 365.

Ein Unternehmen, das 20 Mitarbeiter hat, von denen zehn ganztags und zehn halbtags beschäftigt sind, weist einen Personalbestand von 15 VZÄ auf).

Insgesamt umfasst die Personalbedarfsplanung vier **Dimensionen**:[46]

- **quantitative Dimension:** Wie viele Mitarbeiter (VZÄ) werden für die Erledigung der unternehmerischen Aufgaben benötigt? Der Beantwortung dieser Frage wird in der Folge detailliert nachgegangen.
- **qualitative Dimension:** Welche Qualifikationen müssen die benötigten Mitarbeiter aufweisen, um die an sie gestellten Anforderungen erfüllen zu können?
- **zeitliche Dimension:** Wann werden die einzelnen Mitarbeiter benötigt bzw im Falle eines negativen Nettopersonalbedarfs nicht mehr benötigt?
- **örtliche Dimension**: An welchen Arbeitsorten werden die Mitarbeiter benötigt?

Die **Vorgangsweise** bei der (quantitativen) Personalbedarfsplanung umfasst die folgenden vier Schritte (vgl Abbildung 1-7):[47]

a) **Soll-Bedarfsplanung**: Diese hat die Ermittlung des Soll-Personalbedarfs zu einem künftigen Planungszeitpunkt (t = 1, 2, …) zum Gegenstand. Der Soll-Personalbedarf, auch als **Bruttopersonalbedarf** bezeichnet, entspricht dem gesamten Personalbedarf zu diesem Zeitpunkt. Der Bruttopersonalbedarf gibt somit im Gegensatz zum Nettopersonalbedarf, welcher den zusätzlichen Personalbedarf widerspiegelt, Auskunft über den absoluten Personalbedarf zur optimalen Erledigung der betrieblichen Aufgaben.

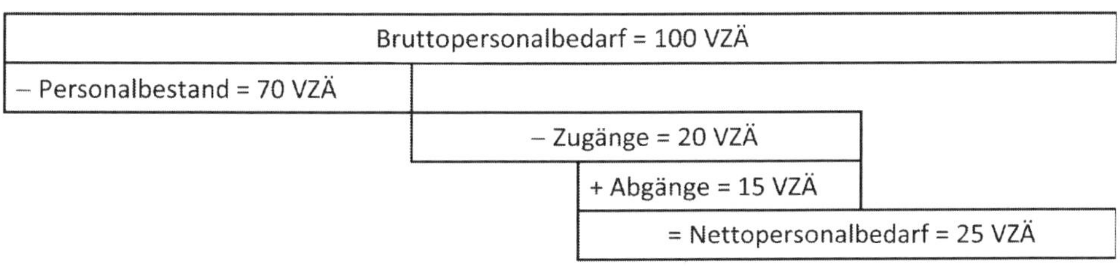

Abbildung 1-7: Personalbedarfsplanung – Vorgangsweise

Für die Soll-Bedarfsplanung stehen verschiedene **Methoden** zur Verfügung:[48]

- Bei der **Bedarfsprognose**, die zu den statistischen Verfahren zählt, betrachtet man den historischen Zusammenhang (die Korrelation) zwischen bedarfsbestimmenden Größen, wie zB Umsatz, und der Mitarbeiterzahl und schließt aus der erwarteten Entwicklung dieser bedarfsbestimmenden Größen auf den zukünftigen Personalbedarf. (Beispiel: In den vergangenen fünf Jahren hat sich der Umsatz eines Unternehmens verdoppelt (+100 %), während die Mitarbeiterzahl im selben Zeitraum um 10 % gestiegen ist. Rechnet man nun für die kommenden drei Jahre mit einem weiteren Umsatzwachstum von 50 %, würde man daher auf eine um 5 % höhere Mitarbeiterzahl in drei Jahren schließen).
- Bei der **Stellenplanmethode** bilden die „fortgeschriebenen" Stellenpläne laut Organisationsplanung die Basis für die Bestimmung des zukünftigen Personalbedarfs. **Stellenpläne** umfassen grundsätzlich alle für eine optimale Aufgabenerledigung als notwendig erachteten Stellen eines Unternehmens. „Fortgeschriebene" Stellenpläne sind jene, die um zusätzlich benötigte Stellen (zB im Falle der Gründung neuer Filialen)

[46] Vgl *Thommen/Achleitner* (2012) 731 ff.
[47] Vgl zB *Jung* (2011) 117 ff.
[48] Vgl *Jung* (2010) 893 ff.

erweitert und um nicht mehr benötigte Stellen (zB im Falle von Rationalisierungsmaßnahmen) reduziert sind. Sind aktuell nicht alle Stellen laut Stellenplan besetzt, was in der Praxis häufig vorkommt, sind auch die zur Besetzung dieser Stellen benötigten Mitarbeiter dem zukünftigen Personalbedarf hinzuzurechnen.

- Bei den sogenannten **intuitiven Verfahren (Schätzverfahren)**, die va in kleineren Unternehmen verbreitet sind, wird der zukünftige Personalbedarf auf Basis von Erfahrungswerten geschätzt. Diese Schätzung sollte allerdings nach Möglichkeit nicht zentral durch die Personalabteilung, sondern in dezentraler Weise vorgenommen werden; etwa in Form einer Befragung von Abteilungsleitern, die den zukünftigen Personalbedarf in ihren Abteilungen am besten einschätzen können.
- Bei den **Personalbemessungsmethoden**, die va in Produktionsbetrieben verbreitet sind (zB Refa-Verfahren), wird der Zeitaufwand für alle anfallenden Teilaufgaben (Arbeitsvorgänge) ermittelt, aufsummiert und schließlich mit der geplanten Produktionsmenge multipliziert.

b) **Personalbestandsanalyse**: Im zweiten Schritt wird der **aktuelle Personalbestand**, also jener zum Zeitpunkt t = 0, ermittelt (Beispiel laut Abbildung 1-7: Hier beträgt der aktuelle Personalbestand 70 VZÄ).

c) **Berücksichtigung der erwarteten Personalfluktuation**: Voraussichtliche Personalabgänge im Planungszeitraum erhöhen den Nettopersonalbedarf zum künftigen Planungszeitpunkt, voraussichtliche Personalzugänge vermindern ihn (Beispiel laut Abbildung 1-7: Hier wird von Personalzugängen im Ausmaß von 20 VZÄ sowie von Personalabgängen im Ausmaß von 15 VZÄ ausgegangen, woraus sich eine positive Personalfluktuation von fünf VZÄ ergibt, die den Nettopersonalbedarf entsprechend vermindert). Hinsichtlich der **Personalabgänge** kann zwischen geplanten (Beispiele: Pension, Ablauf befristeter Dienstverhältnisse) und ungeplanten (Beispiele: Arbeitsplatzwechsel, Tod, Invalidität) unterschieden werden, **Personalzugänge** lassen sich dagegen idR planen (Beispiele: geplante Einstellungen, Übernahme von Lehrlingen, Rückkehr aus der Karenz).

d) **Berechnung des Nettopersonalbedarfs**: Den Nettopersonalbedarf erhält man, indem man vom Bruttopersonalbedarf den aktuellen Personalbestand sowie die voraussichtlichen Personalzugänge im Planungszeitraum abzieht und die voraussichtlichen Personalabgänge im Planungszeitraum hinzuzählt (Beispiel laut Abbildung 1-7: Man kommt hier auf einen positiven Nettopersonalbedarf von 25 VZÄ; Berechnung: 100 VZÄ – 70 VZÄ – 20 VZÄ + 15 VZÄ = 25 VZÄ). Im Falle eines positiven Nettopersonalbedarfs (üblicherweise als Personalbedarf oder Unterdeckung bezeichnet) kommt es in der Folge zu einer **Personalbeschaffungsplanung** (vgl 1.4.2.2.), im Falle eines negativen Nettopersonalbedarfs (üblicherweise als Personalüberhang oder Überdeckung bezeichnet) zu einer **Personalabbauplanung** (vgl 1.4.2.3.).

Beispiel 1-7

Fragestellung: In einem Handelsunternehmen wird zu Beginn des Jahres eine Personalbedarfsplanung durchgeführt. Ziel ist die Ermittlung des Nettopersonalbedarfs am Ende des Jahres. Aktuell sind im Unternehmen 200 Mitarbeiter beschäftigt, davon 100 VZÄ und 100 Teilzeitkräfte (Beschäftigungsausmaß: jeweils 50 %). Der Bruttopersonalbedarf am Ende des Jahres wird aufgrund des erwarteten Umsatzwachstums auf 150 % des aktuellen Personalbestandes geschätzt. Im betrachteten Jahr werden voraussichtlich sieben VZÄ in Pension gehen, die übrigen Personalabgänge werden auf 18 VZÄ geschätzt; weiters werden sechs Lehrlinge als VZÄ übernommen sowie nach Möglichkeit 100 Teilzeitkräfte (Beschäftigungsausmaß: jeweils 50 %) neu eingestellt.

Lösung: Der Nettopersonalbedarf beträgt +44 VZÄ.

Erläuterung: Der aktuelle Personalbestand beträgt 150 VZÄ (100·1 + 100·0,5), der Bruttopersonalbedarf 225 VZÄ (150·1,5) und die erwartete Personalfluktuation +31 VZÄ (100·0,5 + 6 – 18 – 7). Somit ergibt sich folgende Berechnung des Nettopersonalbedarfs: 225 VZÄ – 150 VZÄ – 31 VZÄ = +44 VZÄ.

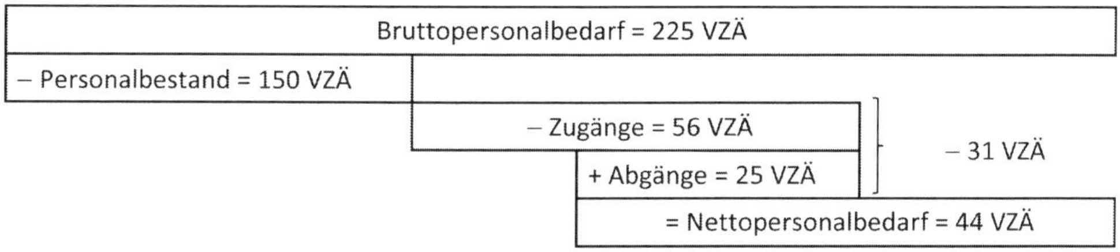

1.4.2.2. Personalbeschaffungsplanung

Die Personalbeschaffungsplanung dient der **Schließung von Personallücken** (positiver Nettopersonalbedarf) und ist va in einer wachsenden Wirtschaft von großer Bedeutung. Man unterscheidet zwei **Arten** der Personalbeschaffung:[49]

a) **Interne Beschaffung**: Hier wird auf das im Unternehmen vorhandene Personal zurückgegriffen, und zwar in folgender Form:
   - freiwilliger Stellenwechsel (zB nach innerbetrieblichen Stellenausschreibungen)
   - nicht freiwilliger Stellenwechsel (zB Versetzungen, Änderungskündigungen)
   - Mehrarbeit (zB Überstunden, Voll- statt Teilzeit, Erhöhung der Arbeitsproduktivität).

   Als **Vorteile** der internen Beschaffung gelten die rasche Bedarfsdeckung, eine motivierende Wirkung (bei freiwilligem Stellenwechsel und freiwilliger Mehrarbeit) sowie geringe Beschaffungs- und auch Einarbeitungskosten.
b) **Externe Beschaffung**: Hier wird auf unternehmensfremdes Personal zurückgegriffen, und zwar in Form von:
   - Neueinstellungen (zB über staatliche oder auch private Arbeitsvermittlung, Abwerbung, Stellenanzeigen und Initiativbewerbungen) oder
   - Personalleasing (Beschäftigung von Leiharbeitnehmern).

   Zu den **Vorteilen** der externen Beschaffung zählen die größere Auswahl, die Bedarfsdeckung „nach Maß" (man bekommt Mitarbeiter mit genau den Fähigkeiten, die aktuell benötigt werden) sowie der Einkauf von unternehmensfremdem Know-how.

Gibt es für eine offene Stelle mehrere Bewerber, so ist eine **Personalauswahl** vorzunehmen. Dabei gilt es, den geeignetsten Bewerber zu identifizieren; es soll also jener Bewerber gefunden werden, der dem Anforderungsprofil der Stelle am besten entspricht. Zur Personalauswahl stehen folgende **Instrumente** zur Verfügung, die häufig konsekutiv eingesetzt werden:[50]

- **Analyse der Bewerbungsunterlagen**: Diese dient fast immer nur der Vorselektion (Beispiel: Ausschluss aller Bewerber mit einer überdurchschnittlich langen Studiendauer). Zu den Bewerbungsunterlagen[51] zählen Bewerbungsschreiben, Lebenslauf, Porträtfoto, Ausbildungsnachweise bzw -zeugnisse und Arbeitszeugnisse.
- **Durchführung von Eignungstests**: Zum Einsatz kommen sowohl **Fähigkeitstests**, die das fachliche bzw das generelle Leistungsvermögen abprüfen (zu diesen zählen auch die so-

[49] Vgl zB *Olfert* (2012a) 132 ff.
[50] Vgl dazu etwa *Jung* (2011) 153 ff oder auch *Daum/Petzold/Pletke* (2012) 289 ff.
[51] Vgl zB *Olfert* (2012a) 155 ff.

genannten Intelligenztests), als auch **Persönlichkeitstests**, die der Analyse von Persönlichkeitsmerkmalen (zB zum Erkennen von Führungsqualitäten) dienen.

- **Bewerbungsgespräche**: Sie sind idR das entscheidende Auswahlinstrument, da letztlich meist der persönliche Eindruck, den ein Bewerber vermittelt, für die endgültige Auswahlentscheidung ausschlaggebend ist. Bewerbungsgespräche werden üblicherweise mit den zukünftigen Vorgesetzten, eventuell unter Beiziehung von Mitarbeitern der Personalabteilung geführt.

  Beachte! Aufgrund gesetzlicher Schutzbestimmungen besteht gegenüber Bewerbern nur ein **beschränktes Fragerecht** (zB sind Fragen hinsichtlich einer geplanten Schwangerschaft unzulässig und müssen daher von Bewerbern nicht oder alternativ nicht wahrheitsgemäß beantwortet werden).

- **Assessment Center (AC)**: Dabei handelt es sich um eine Kombination aus situativen Übungen (zB Bearbeitung des Posteingangs einer Führungskraft), Rollenspielen, Gruppendiskussionen und -arbeiten, Präsentationen sowie Testverfahren. An einem AC, das idR mindestens einen Tag dauert, nehmen üblicherweise mehrere Bewerber gleichzeitig teil, die von einer permanent anwesenden Expertenjury bewertet werden. Die Durchführung eines AC stellt einen erheblichen Aufwand dar. Eingesetzt wird dieses Instrument häufig für die Auswahl von Nachwuchsführungskräften.

1.4.2.3. Personalabbauplanung

Die Personalabbauplanung dient dem **Abbau von Personalüberhängen**. Man unterscheidet dabei folgende mögliche **Vorgangsweisen**:[52]

a) **Aufrechterhaltung bestehender Arbeitsverhältnisse** (mildeste Vorgangsweise): Der Personalabbau erfolgt hier durch
   - Abbau von Überstunden (bei kurzfristigen Personalüberhängen),
   - Verlegung (Vorziehen) von Urlauben (bei kurzfristigen Personalüberhängen) oder
   - Nutzung der gewöhnlichen Fluktuation (Personalabgänge durch Kündigung seitens der Mitarbeiter, Ablauf befristeter Arbeitsverhältnisse, Pensionierung oder Arbeitsunfähigkeit) in Kombination mit einer Aufnahmesperre (bei längerfristigen Personalüberhängen).

b) **Änderung bestehender Arbeitsverhältnisse:** Der Personalabbau erfolgt dabei durch
   - Versetzungen in Unternehmensbereiche mit Personalbedarf,
   - vorübergehende Arbeitnehmerüberlassungen an andere Unternehmen oder
   - Arbeitszeitverkürzungen mit entsprechender Verminderung des Entgelts (Kurzarbeit).

c) **Beendigung bestehender Arbeitsverhältnisse** (schärfste Vorgangsweise): Der Personalabbau erfolgt dabei durch
   - Änderungskündigungen (Kündigungen mit neuem Vertragsangebot) oder
   - Kündigungen.

Bei der **Auswahl** einer geeigneten Vorgangsweise spielt neben den Kosten für das Unternehmen eine möglichst geringe emotionale Belastung der (betroffenen) Mitarbeiter eine wesentliche Rolle.

---

[52] Vgl *Wöhe/Döring* (2010) 137.

1.4.2.4. Personaleinsatzplanung

Ziel der Personaleinsatzplanung ist es, einen **effizienten Personaleinsatz** zu gewährleisten. Dies geschieht durch eine bestmögliche quantitative, qualitative, zeitliche und örtliche Zuordnung der Mitarbeiter zu den zu erfüllenden Aufgaben.

Die Personaleinsatzplanung umfasst folgende **Bereiche**:[53]

a) **Integration neuer Mitarbeiter**: Wichtig ist es, neue Mitarbeiter möglichst rasch in das Unternehmen zu integrieren. Dies geschieht einerseits durch eine allgemeine Einführung in das Unternehmen (**Personaleinführung**: Informationen bezüglich Aufbau und Tätigkeit des Unternehmens, Unternehmensphilosophie sowie interner Verhaltensregeln) und andererseits durch eine Einführung in die zukünftig zu erledigenden Aufgaben (**Personaleinarbeitung**).

b) **Arbeitsplatzgestaltung**: Zur Arbeitsplatzgestaltung gehören die Bereitstellung geeigneter Räumlichkeiten mit einem entsprechenden Arbeitsumfeld (va bezüglich Licht, Lärm und Klima), die Zurverfügungstellung benötigter Arbeitsmittel (zB Arbeitsplatz-PC) und die Gewährleistung der erforderlichen Arbeitssicherheit (zB Bereitstellung benötigter Schutzkleidung).

c) **Arbeitszeitgestaltung**: Diesbezüglich sind gesetzliche (zB Arbeitszeitgesetz) und vertragliche Bestimmungen relevant. Man unterscheidet:[54]
   - **Feste Arbeitszeit**: Bei ihr sind Arbeitsbeginn und Arbeitsende festgelegt (Beispiel: tägliche Arbeitszeit von 8.00 Uhr bis 16.00 Uhr).
   - **Gestaffelte Arbeitszeit**: Dabei kann zwischen verschiedenen festen Arbeitszeiten ausgewählt werden (Beispiel: tägliche Arbeitszeit von 8.00 Uhr bis 16.00 Uhr oder von 9.00 Uhr bis 17.00 Uhr).
   - **Gleitende Arbeitszeit**: Hier besteht die Arbeitszeit aus einer fixen Kernzeit mit Anwesenheitspflicht sowie einer flexiblen Gleitzeit innerhalb eines bestimmten Rahmens (Beispiel: Eine tägliche Kernzeit von 9.00 Uhr bis 14.00 Uhr sowie ein Gleitzeitrahmen von 6.00 Uhr bis 16.00 Uhr bedeuten, dass der Arbeitsbeginn zwischen 6.00 Uhr und 9.00 Uhr und das Arbeitsende zwischen 14.00 Uhr und 16.00 Uhr frei gewählt werden können, solange im relevanten Durchrechnungszeitraum, etwa eine Woche, die vereinbarte Arbeitszeit, etwa 40 Stunden, erbracht wird).
   - **Dynamische Arbeitszeit**: In diesem Fall besteht die Arbeitszeit ausschließlich aus Gleitzeit; die vereinbarte Arbeitszeit ist über einen mehr oder weniger langen Durchrechnungszeitraum zu erbringen.
   - **Arbeitszeitautonomie**: Dabei kann die Arbeitszeit gänzlich frei gewählt werden und wird idR überhaupt nicht erfasst. Relevant ist hier nicht die geleistete Arbeitszeit, sondern die erbrachte Arbeitsleistung. Arbeitszeitautonomie gilt va für Führungskräfte.

d) **Arbeitsorganisation (Arbeitsinhalte)**: Je größer ein Unternehmen, umso stärker tritt idR das **Prinzip der Arbeitsteilung (Spezialisierung)** in Erscheinung. Dabei wird eine Gesamtaufgabe in Teilaufgaben zerlegt, wobei die Erledigung einzelner Teilaufgaben bestimmten Mitarbeitern übertragen wird, die diese Aufgaben wiederholt erledigen. Dieses Vorgehen gewährleistet eine hohe Effizienz und eine kurze Einarbeitungsphase, hat allerdings die Nachteile, dass die Mitarbeiter wenig Bezug zur Gesamtleistung des Unternehmens haben und oftmals zu einseitig belastet werden (va bei körperlicher Arbeit). Um diese Nachteile abzuschwächen, wurden verschiedene **Konzepte zur Humanisierung** entwickelt:[55]
   - **Job rotation**: Darunter versteht man einen Arbeitsplatzwechsel zwischen gleichwertigen Stellen, wobei die Aufgaben, die den einzelnen Stellen zugeordnet sind, und

[53] Vgl *Thommen/Achleitner* (2012) 753 ff.
[54] Vgl zB *Olfert* (2012a) 231 ff.
[55] Vgl beispielsweise *Jung* (2011) 212 ff.

somit auch die Arbeitsteilung unverändert bleiben (Beispiel: In einem Produktionsunternehmen kommt es zu einem regelmäßigen Arbeitsplatzwechsel zwischen Stellen mit stehenden und Stellen mit sitzenden Tätigkeiten, zB zwischen Stellen, bei denen eine Maschine stehend, und Stellen, bei denen eine Maschine sitzend bedient werden muss).

- **Job enlargement**: Hier werden die Aufgaben einer Stelle um gleichwertige Aufgaben erweitert, was zu einer Verringerung der (horizontalen) Arbeitsteilung führt (Fortsetzung des Beispiels: Im Produktionsunternehmen werden neue Stellen eingerichtet, bei welchen eine größere Anzahl unterschiedlicher Tätigkeiten als bisher verrichtet werden muss. Das können beispielsweise Stellen sein, bei welchen der jeweilige Stelleninhaber eine Maschine stehend und eine andere Maschine sitzend bedienen muss.).
- **Job enrichment**: Hier werden die Aufgaben einer Stelle um höherwertige Aufgaben erweitert, es kommt also zu einer Aufgabenbereicherung. Dies führt zu einer Verringerung der (vertikalen) Arbeitsteilung (Fortsetzung des Beispiels: Im Produktionsunternehmen werden neue Stellen eingerichtet, bei welchen der jeweilige Stelleninhaber eine Maschine stehend bedient und diese zusätzlich laufend warten muss).
- **Teilautonome Arbeitsgruppen**: Hier wird einer Gruppe von Mitarbeitern eine geschlossene Gesamtaufgabe übertragen. Hinsichtlich der Arbeitsteilung innerhalb der Gruppe gibt es keine Vorgaben, die Gruppe kann dies autonom und flexibel regeln. Es können dabei alle bisher genannten Konzepte zur Humanisierung zum Tragen kommen (Fortsetzung des Beispiels: Im Produktionsunternehmen hat es bisher zehn Stellen gegeben, deren Stelleninhaber ein bestimmtes Produkt erzeugt haben. Nun werden diese zehn Stellen zu einer teilautonomen Arbeitsgruppe zusammengefasst, welcher die Gesamtaufgabe „Erzeugung des Produktes" übertragen wird).

1.4.2.5. Personalentwicklungsplanung

Die Personalentwicklung hat va die Aufgabe, die **beruflichen Fähigkeiten** der Mitarbeiter zu **gewährleisten** und zu **verbessern**. Demzufolge stellt die Planung von Maßnahmen zur Personalbildung den Schwerpunkt ihrer Tätigkeit dar. Die **Personalbildung (Berufsbildung)** lässt sich wiederum in drei Bereiche untergliedern:[56]

- **Ausbildung**: Darunter ist entweder die berufliche Erstausbildung am Arbeitsplatz, beispielsweise in Form einer Lehre oder eines Trainee-Programms, oder die Ausbildung zu einem bestimmten Beruf, zB in Form eines FH-Studiums, zu verstehen.
- **Fortbildung**: Darunter versteht man die berufliche Weiterbildung in Form einer Wissenserweiterung (Erweiterungsfortbildung; zB Vermittlung von Sprachkenntnissen), eines Wissenserhalts (Erhaltungsfortbildung; zB Auffrischung der in der Schule erworbenen Buchhaltungskenntnisse) oder einer Wissensanpassung (Anpassungsfortbildung; zB Vorstellung einer überarbeiteten Software). Die meisten Personalentwicklungsmaßnahmen sind Fortbildungsmaßnahmen.
- **Umschulung**: Darunter versteht man eine berufliche Zweitausbildung in Form einer Vermittlung neuer Fähigkeiten, die ein neues Tätigkeitsfeld (einen neuen Beruf) ermöglichen. Eine Umschulung kann notwendig werden, wenn die bisher ausgeübten Tätigkeiten alters-, unfall- bzw krankheitsbedingt nicht mehr ausgeübt werden können oder überhaupt wegfallen (zB durch den Einsatz neuer Technologien).

[56] Vgl *Olfert* (2012b) 197 ff.

Eine weitere Aufgabe der Personalentwicklung liegt in der **Personalförderung**, also der Förderung (der Entwicklung) der Mitarbeiter im Unternehmen. Personalförderung kann ua in folgenden Formen in Erscheinung treten:[57]

- **Coaching**: Beim Coaching wird Mitarbeitern Hilfestellung zur besseren Bewältigung ihrer Arbeitsaufgaben geboten, wobei als Coaches Vorgesetzte, auf das Coaching spezialisierte Mitarbeiter des Unternehmens oder auch externe Spezialisten fungieren können. Anlassfälle für ein Coaching können beispielsweise neue berufliche Aufgaben, neue Managementkonzepte, berufliche Konflikte oder auch individuelle Defizite sein.
- **Mentoring**: Dieses stellt eine besondere Form der Nachwuchsförderung dar, bei welcher in der Einarbeitungsphase besondere Unterstützung gewährt wird, um neue Mitarbeiter möglichst rasch zu etablieren. Bei den Mentoren kann es sich um Kollegen, Vorgesetzte, sonstige Führungskräfte oder auch Mitarbeiter der Personalabteilung handeln.
- **Laufbahnmodelle (Karrieremodelle)**: Dabei wird Mitarbeitern ein beruflicher Aufstieg zugesagt, sofern sie bestimmte Erwartungen erfüllen und entsprechende Positionen frei sind. Damit sollen qualifizierte Mitarbeiter stärker an das Unternehmen gebunden werden. Im Rahmen dieser Modelle werden die Mitarbeiter gezielt auf künftige Führungsaufgaben vorbereitet.
- **Weitere Förderungsmaßnahmen**: Dazu werden beispielsweise Traineeprogramme oder auch der individuelle Einsatz von Konzepten der Humanisierung (va Job enlargement und Job enrichment) gezählt.

1.4.3. Personalführung

1.4.3.1. Führung durch Motivation

Eine zentrale Überlegung hierbei ist, dass zufriedene Mitarbeiter motivierter sind und daher bessere Arbeitsergebnisse liefern als unzufriedene. Daher ist es für Unternehmen wichtig, sich mit den Bedürfnissen der Mitarbeiter auseinanderzusetzen. Eine grundlegende Basis für diese Auseinandersetzung stellt die in Abbildung 1-8 enthaltene **Bedürfnispyramide nach Maslow** dar, in der die menschlichen Bedürfnisse hierarchisch geordnet in fünf Kategorien unterteilt sind. Die Basis bilden physiologische Bedürfnisse, an der Spitze stehen Selbstverwirklichungsbedürfnisse. Selbstverwirklichung bedeutet etwa im Hinblick auf die Arbeitstätigkeit, dass Menschen nach einer Beschäftigung streben, die nicht nur ihren erworbenen Fähigkeiten entspricht, sondern auch ihren persönlichen Neigungen entgegenkommt. Eine kurze Erläuterung der übrigen Bedürfnisse ist der Abbildung zu entnehmen, wobei sich die jeweils in Klammer genannten Beispiele zuerst auf den Privat- und anschließend auf den Arbeitsbereich beziehen. Die Kenntnis des hierarchischen Aufbaus der Bedürfnishierarchie ist insofern bedeutend für die Ableitung motivierender (bedürfnisdeckender) Maßnahmen, als höhere Bedürfnisse erst auftreten, wenn die darunter liegenden erfüllt sind.

---

[57] Vgl *Olfert* (2012a) 481 ff.

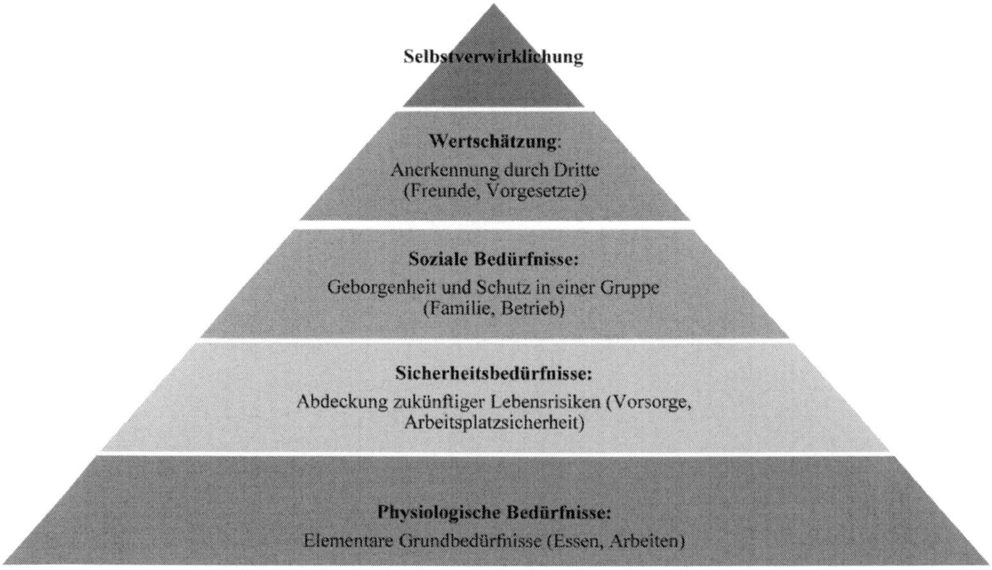

Abbildung 1-8: Bedürfnispyramide nach Maslow[58]

Beachte! Selbstverwirklichungsbedürfnisse werden als **Wachstumsbedürfnisse** bezeichnet, da sie mit zunehmendem Erfüllungsgrad noch stärker werden. Die übrigen vier Kategorien werden dagegen als **Defizitbedürfnisse** bezeichnet, da im Falle eines entsprechenden Erfüllungsgrades das Mangelgefühl verschwindet.

Abbildung 1-9: Motivationsinstrumente[59]

Durch den Einsatz geeigneter **Motivationsinstrumente** seitens der Unternehmensleitung wird versucht, den Unternehmenserfolg über eine Steigerung der Arbeitszufriedenheit und eine damit verbundene Erhöhung der individuellen Leistungsbereitschaft zu verbessern. Ab-

---

58 Vgl zB *Schreyögg* (2008) 188 ff.
59 Vgl *Thommen/Achleitner* (2012) 764.

bildung 1-9 gibt einen Überblick über mögliche betriebliche Motivationsinstrumente. Dabei wird zwischen monetären und nicht-monetären Anreizen unterschieden. Zu den **monetären Anreizen** zählen:[60]

- das **Arbeitsentgelt**:[61] Dieses ist sicherlich das zentrale Motivationsinstrument für den Großteil der Arbeitnehmer. Das Arbeitsentgelt kann **zeitabhängig** (Entgeltbasis: Dauer der Arbeitsleistung) und/oder **leistungsabhängig** (Entgeltbasis: Inhalt bzw Erfolg der Arbeitsleistung) festgelegt werden. Für Führungskräfte ist eine leistungsabhängige Bezahlung, die idR mit einer Arbeitszeitautonomie (vgl 1.4.2.4.) verbunden ist, durchaus üblich, während für andere Dienstverhältnisse zeitabhängige Entlohnungsformen vorherrschend sind. Zeitabhängig entlohnte Mitarbeiter, die nicht die erwarteten Leistungen erbringen, werden üblicherweise gekündigt bzw bei offensichtlicher Arbeitsunwilligkeit entlassen. Das zeitabhängige Arbeitsentgelt wird meist monatlich und retrospektiv, dh nach erbrachter Arbeitsleistung (im Nachhinein), ausbezahlt. Zusätzlich können noch unterschiedliche Sonderzahlungen (zB Weihnachtsgeld, Urlaubsgeld, aber auch Prämien für besondere Arbeitsleistungen) Bestandteile eines zeitabhängigen Entgelts sein.
- **Freiwillige betriebliche Sozialleistungen**: Dazu zählen beispielsweise Betriebspensionen, bestimmte Sonderzahlungen (zB einmalige Zahlungen bei Geburt eines Kindes), spezielle Kranken(zusatz)versicherungsangebote (zB betriebliche Zahnversicherung), Fahrtkostenzuschüsse (neuerdings auch Übernahme der gesamten Fahrtkosten bei Nutzung öffentlicher Verkehrsmittel), vergünstigte Verpflegungsmöglichkeiten (zB geförderte Betriebskantine) bzw Essensgutscheine, betriebliche Kinderbetreuungsangebote oder auch vergünstigte Freizeitangebote (zB Zuschuss zu Kino- oder Theaterkarten).
- **Erfolgsbeteiligungen**:[62] Diese können beispielsweise in Form von Umsatzbeteiligungen, Gewinnbeteiligungen oder auch Aktienoptionen gewährt werden.

Hinsichtlich der in Abbildung 1-9 genannten **nicht monetären Anreize** sei bezüglich Arbeitsplatzgestaltung, Arbeitszeitgestaltung sowie Arbeitsinhalte auf die Ausführungen zur Personaleinsatzplanung (vgl 1.4.2.4.) und bezüglich Personalbildung und Personalförderung auf die Ausführungen zur Personalentwicklungsplanung (vgl 1.4.2.5.) verwiesen. Was den **Führungsstil** betrifft, so lässt sich dieser als Verhalten von Vorgesetzten gegenüber Mitarbeitern definieren. Es wird zwischen folgenden (idealtypischen) Führungsstilen unterschieden, die nach absteigendem Entscheidungsspielraum der Vorgesetzten aufgelistet sind:[63]

- **Autoritärer Führungsstil**: Hier entscheidet der Vorgesetzte allein und trifft Anordnungen, die weder begründet noch mit den Mitarbeitern diskutiert werden. Der autoritäre Führungsstil ermöglicht eine hohe Entscheidungsgeschwindigkeit, führt allerdings bei Mitarbeitern häufig zu Motivationsproblemen.
- **Patriarchalischer Führungsstil**: Dieser orientiert sich an patriarchalischen Familienordnungen, bei denen der Vater als autoritäres, aber auch fürsorgliches Familienoberhaupt auftritt. Auch hier entscheidet der Vorgesetzte allein, versucht aber die Mitarbeiter von seinen Entscheidungen zu überzeugen. Zusätzlich geht der Vorgesetzte von einer bestehenden Treue- und Versorgungspflicht gegenüber seinen Mitarbeitern aus.
- **Beratender Führungsstil**: Auch hier wird die Entscheidung vom Vorgesetzten allein getroffen, jedoch nach einer Beratung mit den Mitarbeitern.
- **Kooperativer Führungsstil**: Dabei entscheidet der Vorgesetzte nicht allein, sondern die Mitarbeiter sind an den Führungsentscheidungen unmittelbar beteiligt. Wird der kooperative Führungsstil **partizipativ** ausgeübt, wählt der Vorgesetzte aus einer Reihe von Lösungs-

---

60 Für Details vgl zB *Kasper/Mayrhofer* (2009) 501 ff.
61 Vgl dazu etwa *Lechner/Egger/Schauer* (2010) 144 ff.
62 Für Details vgl *Drumm* (2008) 519 ff.
63 Vgl zB *Olfert* (2012a) 316 ff oder *Straub* (2012) 487 ff.

vorschlägen, die von den Mitarbeitern erarbeitet wurden, einen Lösungsvorschlag aus; wird der kooperative Führungsstil **demokratisch** ausgeübt, so wird auch die letztgültige Entscheidung von allen Mitarbeitern gemeinsam in Form eines Mehrheitsbeschlusses getroffen.

Beachte! Es gibt keinen allgemein richtigen bzw falschen Führungsstil. Die richtige Wahl ist immer von den jeweiligen Gegebenheiten abhängig; dh, ein **situativer Ansatz** ist empfehlenswert.

Unabhängig vom Führungsstil verfügen Vorgesetzte über verschiedene **Führungsmittel**, die sie gegenüber ihren Mitarbeitern einsetzen können. Zu diesen zählen Gespräche und Besprechungen (zB Mitarbeiterbesprechungen und Mitarbeitergespräche), Anerkennung und Lob für gute Leistungen sowie Kritik und Tadel für schlechte Leistungen.

1.4.3.2. Führungsprinzipien (Managementtechniken)

Während sich die Führungsstile auf das individuelle Verhalten von Vorgesetzten gegenüber Mitarbeitern beziehen, beschreiben die Führungsprinzipien vorgegebene Managementtechniken auf Unternehmensebene. Diese sogenannten **„Management-by"-Konzepte** werden häufig im Rahmen der Organisation behandelt, da sie Lösungen für organisatorische Probleme bieten. Hier sind sie infolge ihrer personalpolitischen Bedeutung als zentrale Elemente der Personalführung der Personalwirtschaft zugeordnet. Nachfolgend werden fünf dieser Führungsprinzipien vorgestellt, wobei zu betonen ist, dass sich diese nicht unbedingt gegenseitig ausschließen, sondern durchaus auch kombiniert eingesetzt werden können:[64]

- **Management by Exception** heißt Führung durch **Abweichungskontrolle**: Die Mitarbeiter erfüllen Standardaufgaben bei gleichzeitiger Vorgabe von Sollwerten selbstständig, die Führungskräfte greifen nur in Ausnahmefällen, wie zB Abweichungen von Sollwerten, ein. Vorteilhaft ist dabei die Entlastung der Führungskräfte von Routinetätigkeiten, als nachteilig wird die fehlende Förderung von Eigeninitiative seitens der Mitarbeiter empfunden, was auf letztere demotivierend wirken kann.
- **Management by Delegation** heißt Führung durch **Delegation und Erfolgskontrolle**: Die Führungskräfte übertragen über Standardaufgaben hinausgehende Tätigkeiten an die Mitarbeiter, die diese selbstständig und eigenverantwortlich wahrnehmen. Dabei werden nicht mehr konkrete Zielvorgaben getätigt, sondern eher Meilensteine definiert. Die Führungskräfte kontrollieren nur das Ergebnis bzw den Ergebnisfortschritt. Als Vorteile sind hier die bessere Ausnutzung des Mitarbeiterpotenzials und die Entlastung der Führungskräfte zu nennen. Nachteilig kann sich jedoch ein allenfalls zu wenig zielgerichtetes Handeln der Mitarbeiter auswirken.
- **Management by Objectives** heißt Führung durch **Zielvereinbarung**: Die gemeinsam mit den Mitarbeitern entwickelten Zielvorgaben sollen in der Folge von diesen unter Gewährung voller Gestaltungsfreiheit erreicht werden. Die Führungskräfte kontrollieren nur, ob die vereinbarten Ziele erreicht wurden. Vorteilhaft sind die Entlastung der Führungskräfte, die idR zielorientierte Handlungsweise der Mitarbeiter sowie die Förderung der Motivation, nachteilig sind eventuell vorhandene inkonsistente Teilziele („Abteilungsegoismus") sowie die mögliche Vernachlässigung qualitativer Ziele infolge der Konzentration auf messbare Ziele.
- **Management by Systems** heißt Führung durch **Systemsteuerung**: Hier erfolgt eine ganzheitliche Führung der Mitarbeiter mithilfe computergestützter Planungs-, Kontroll- und Informationssysteme. Vorteilhaft sind die Möglichkeit einer Totalplanung mit konsistenten

[64] Vgl zB *Jung* (2011) 497 ff.

Teilzielen und eine noch stärkere Entlastung der Führungskräfte, nachteilig eventuell auftretende Delegations- und Motivationsprobleme und die relative hohe Störanfälligkeit derartiger Systeme.

- **Management by Motivation** heißt Führung durch **Leistungsanreize**: Dabei sollen die Mitarbeiter durch geeignete Leistungsanreize zu einer möglichst hohen Arbeitsleistung motiviert werden. Die Anreize können monetärer und nicht monetärer Art sein. Vorteilhaft ist die erforderliche Orientierung an den Mitarbeiterbedürfnissen bei der Setzung von Leistungsanreizen, problematisch kann das Fehlen ungedeckter Bedürfnisse aufseiten der Mitarbeiter sein.

1.5. Übungsbeispiele zum Management

1.5.1. Fragestellungen

1.) Welche der nachfolgend genannten Fächer könnten zum Lehrinhalt der ersten Handelshochschulen gehört haben?
Fächer: Bilanzierung, Buchhaltung, Bürgerliches Recht, Finanzwissenschaft, Handelsrecht (Unternehmensrecht), Makrotheorie, Strafrecht, Urheberrecht.

2.) Welcher frühe Vertreter der BWL könnte sich eher mit dem „Shareholder-Value-Ansatz" anfreunden: *Nicklisch* oder *Schmalenbach*?

3.) Ordnen Sie die Aussagen A1 bis A5 dem entsprechenden betriebswirtschaftlichen Ansatz zu:
A1: Ein Unternehmen ist eine Institution, die eine Vielzahl von Verträgen abschließt, bei denen Verfügungsrechte übertragen werden.
A2: Information ist als Produktionsfaktor zu berücksichtigen.
A3: Saubere Luft darf nicht länger ein öffentliches Gut darstellen.
A4: Käufer von überteuerten Markenartikeln verhalten sich irrational.
A5: Entscheidungssituationen lassen sich optimal lösen, sofern alle Einflussfaktoren berücksichtigt werden.

4.) Um welche Art eines Betriebes (Sachleistungs- oder Dienstleistungsbetrieb) handelt es sich bei a) einem Reisebüro, b) einem Reiseveranstalter und c) einer Buchdruckerei?

5.) Sie wollen eine Pizzeria gründen. Nennen Sie für jeden der folgenden Produktionsfaktoren ein konkretes Beispiel: a) ausführende Arbeit, b) dispositive Arbeit, c) Betriebsmittel, d) Rohstoffe, e) Hilfsstoffe, f) Betriebsstoffe.

6.) In einer Unternehmensberatung werden ua die folgenden Produktionsfaktoren eingesetzt: Büromaterial, Büroräumlichkeiten, Arbeitskraft in Form von Sekretariatstätigkeiten (zB Entgegennahme von Telefonanrufen), Kalkulationstätigkeiten (zB Kalkulation von Beratungsaufträgen) und standardisierten Erhebungstätigkeiten (zB Erhebung von Basisdaten analysierter Unternehmen), Schreibtische, Treibstoff für die Firmen-Pkw. Um welche Arten von Produktionsfaktoren handelt es sich dabei jeweils?

7.) A behauptet: „Das Kostendeckungsprinzip und das erwerbswirtschaftliche Prinzip schließen einander aus." B behauptet: „Das erwerbswirtschaftliche Prinzip und das Zuschussprinzip schließen einander aus." Wer hat recht?

8.) Wodurch unterscheidet sich das Erfahrungsobjekt der BWL von jenem der Betriebssoziologie?

9.) Sie betreiben eine Anwaltskanzlei. Der zentrale Input ist die Arbeitsleistung aller Kanzleimitarbeiter, der zentrale Output die Anzahl der erfolgreich abgeschlossenen Fälle. Illustrieren Sie in diesem Zusammenhang das Minimumprinzip und das Maximumprinzip.

10.) Ermitteln Sie auf Basis der nachfolgenden Daten (Jahr T) für die unter 9.) beschriebene Anwaltskanzlei folgende Kennzahlen: a) Produktivität; b) Wirtschaftlichkeit; c) Gewinn und d) Eigenkapitalrentabilität.
- Gesamtarbeitsleistung der Kanzleimitarbeiter: 10.000 Arbeitsstunden
- Anzahl der erfolgreich abgeschlossenen Fälle: 100
- Aufwand/Arbeitsstunde: 30,–
- Ertrag/erfolgreich abgeschlossenen Fall: 3.500,–
- Sie haben 1.000.000,– an Eigenkapital in die Kanzlei investiert.

11.) Wie erfolgt die genetische Gliederung der BWL?

12.) Geben Sie an, welcher Gliederung der BWL die Universität X bei Einrichtung von Instituten an der Wirtschaftswissenschaftlichen Fakultät am stärksten gefolgt ist, wenn folgende Institute eingerichtet sind: 1. Institut für Bankbetriebslehre, 2. Institut für Industriebetriebslehre, 3. Institut für Internes Rechnungswesen, 4. Institut für Logistikmanagement, 5. Institut für Marketing, 6. Institut für Organisation, 7. Institut für Tourismusmanagement, 8. Institut für Unternehmensführung und Personalwirtschaft, 9. Institut für Unternehmensgründung, 10. Institut für Unternehmensrechnung und Wirtschaftsprüfung.

13.) Nennen Sie ein Beispiel für eine neue Geschäftsidee im Bereich der Lebensmittelindustrie, die sich auf ein materielles Gut (Sachgut) bezieht und eine Weiterentwicklung zum Gegenstand hat!

14.) Sie wollen ein Unternehmen (Spezialbuchhandlung für juridische Literatur) gründen. Erstellen Sie für dieses geplante Unternehmen jenen Teil des Businessplans, der sich auf ihr „Produkt“ bezieht (Treffen Sie dafür geeignete Annahmen)!

15.) Welche Standortfaktoren könnten für das unter 14.) genannte Unternehmen von Bedeutung sein? Als Standorte kommen Städte, in denen es eine juridische Fakultät sowie ein Oberlandesgericht gibt, in Betracht.

16.) Welchen Standort würden Sie wählen, wenn Sie sich im Hinblick auf das unter 14.) genannte Unternehmen zwischen folgenden zwei Standorten entscheiden müssen?

Standort 1:
- Ortsübliche Miete für Geschäftslokale: 10,–/m^2
- Nächstgelegener Großhändler (Bezug der Bücher): 100 km (über Bundesstraßen erreichbar)
- Ortsübliches Gehalt für Buchhändler: 1.500,–/Monat

Standort 2:
- Ortsübliche Miete für Geschäftslokale: 8,–/m^2
- Nächstgelegener Großhändler (Bezug der Bücher): 200 km (über Autobahn erreichbar)
- Ortsübliches Gehalt für Buchhändler: 2.000,–/Monat

Folgende Informationen sind zudem zu berücksichtigen:
- Sie wollen allein arbeiten (keine Mitarbeiter).
- Sie besitzen ein leerstehendes Geschäftslokal am Standort 1, das Sie jederzeit zum marktüblichen Preis vermieten können. Dieses (leere) Geschäftslokal würde sich für eine Buchhandlung eignen.
- Die Transportkosten vom Großhändler zum Geschäftslokal übernimmt der Großhändler.

17.) Welche Rechtsform würden Sie für das unter 14.) genannte Unternehmen wählen, wenn Sie wenig Eigenkapital haben und Ihr Risiko minimieren möchten?

18.) Worin besteht der wesentliche Vorteil einer GmbH & Co KG gegenüber einer KG? Welchen „Preis“ haben Sie für diesen Vorteil zu bezahlen?

19.) Inwiefern lässt sich die Organisation als Teil der Unternehmensführung einordnen?

20.) Welche der folgenden Aussagen/Schlagwörter sind dem Themenkomplex der Organisation zuzuordnen?
- Schaffung einer (betrieblichen) Ordnung
- Temporäre Vorgaben
- Abbau von Hierarchien
- Umstrukturierung von Arbeitsabläufen
- Produktionsplanung

21.) Sie sollen für ein Produktionsunternehmen eine verrichtungsorientierte Aufgabenanalyse durchführen. Was bedeutet das?

22.) Wie viele Mitarbeiter beschäftigen Sie in Ihrem eigenen Unternehmen bei einer Leitungsspanne (einheitlich) von drei und einer Leitungstiefe von drei?

23.) Wie viele Mitarbeiter des Unternehmens in 22.) haben Leitungsstellen inne, wie viele haben Linienstellen inne (Annahme: Unternehmen ist ausschließlich nach dem Einliniensystem organisiert)?

24.) Zeichnen Sie für das Unternehmen in 22.) ein Organigramm (funktionale Gliederung; Einliniensystem) und erweitern Sie dieses um folgende Stellen:
- Assistenz der Geschäftsführung (Stabsstelle)
- Rechtsreferent (Zentralstelle)
- Assistenz des Rechtsreferenten (Stabsstelle)
- „Oberbuchhalter" (Zentralstelle)

25.) Die Unternehmen X und Y sind gemäß einer Spartenorganisation gegliedert: X nach Absatzgebieten, Y nach Kundengruppen. X hat eine Leitungsspanne von drei, Y eine Leitungsspanne von zwei. Erstellen Sie für X und Y je ein Organigramm mit zwei Hierarchieebenen.

26.) Sie gründen eine Anwaltskanzlei mit drei Mitarbeitern. Nennen Sie drei mögliche Stakeholder und geben Sie an, welche Beiträge (+) diese zum Unternehmen leisten bzw welche Ansprüche (–) diese an das Unternehmen stellen.

27.) Nennen Sie drei Gründe für die Dominanz des Shareholder-Ansatzes in der Praxis und führen Sie für jeden Grund ein konkretes Beispiel an, das sich auf das Unternehmen in 26.) bezieht.

28.) Eine Anwältin gründet eine Anwaltskanzlei mit 50 Mitarbeitern (Anwälte und sonstige Mitarbeiter) in Form einer GmbH. Sie ist „mit Leib und Seele" Anwältin. Wird es sich dabei um ein eigentümergeführtes oder ein managementgeführtes Unternehmen handeln?

29.) Gegeben sei ein Produktionsunternehmen mit den Hauptbereichen „Beschaffung", „Produktion" und „Absatz". Wie könnte für dieses Unternehmen eine zeitliche und sachliche Teilplanung aussehen?

30.) In einem Unternehmen werden die Produktionspläne der zehn Produktionsteams (à zehn Mitarbeiter) der Produktionsabteilung A zu einem Produktionsplan der Abteilung A zusammengefasst. Handelt es sich dabei um retrograde oder progressive Planung?

31.) Handelt es sich bei den nachfolgend genannten Zielpaaren jeweils um komplementäre, konkurrierende oder indifferente Ziele?
a) Verringerung der Arbeitszeit und Erhöhung der Freizeit.
b) Verringerung der Lebenshaltungskosten und Erhöhung des Wohnkomforts.
c) Verbesserung der Kundenberatung und Verringerung des Energieverbrauches.

32.) Handelt es sich jeweils um Grundsatzplanung, strategische, taktische oder operative Planung, wenn in einem Architekturbüro (GmbH; 20 Mitarbeiter) folgende Aktivitäten geplant werden?
a) Gewinnung von Kunden im Ausland: Innerhalb von zwei Jahren soll der Auslandskundenanteil 20 % betragen.

b) Für einen erkrankten Sekretär (voraussichtliche Krankenstanddauer: drei Monate) muss sofort Ersatz besorgt werden.
c) Ab sofort sollen alle Mitarbeiter des Büros Zugang zu allen, in der Unternehmensdatenbank gespeicherten Informationen erhalten. Bisher hat es einen stark limitierten Zugang gegeben.
d) Das Unternehmen (die Geschäftsführung) will ins Ausland expandieren, um neue Märkte zu erschließen.

33.) Jemand behauptet: „Die normative Entscheidungstheorie beruht auf der Annahme, dass sich Menschen nicht immer rational verhalten." Stimmt diese Behauptung?

34.) Ist „unvollkommene Information" ein Kennzeichen von Entscheidungen unter Risiko oder von Entscheidungen bei Unsicherheit?

35.) Für welche Handlungsalternative würden Sie sich unter Heranziehung der μ-Regel entscheiden, wenn Sie über folgende Informationen verfügen? Gegeben seien folgende drei Handlungsalternativen H für das kommende Jahr:
H1: Einen zusätzlichen Mitarbeiter anstellen
H2: Zwei zusätzliche Mitarbeiter anstellen
H3: Keinen zusätzlichen Mitarbeiter anstellen
Kosten pro Mitarbeiter/Jahr: 50.000,–
Erlös pro Mitarbeiter/Jahr: 100.000,– (bei Vollbeschäftigung).
Mit einer Wahrscheinlichkeit von 30 % gibt es im folgenden Jahr keinen zusätzlichen Arbeitsbedarf, mit einer Wahrscheinlichkeit von 50 % kommen Zusatzaufträge für einen Mitarbeiter herein und mit einer Wahrscheinlichkeit von 20 % sind sogar Zusatzaufträge für zwei Mitarbeiter zu erwarten.

36.) Für welche Handlungsalternative würden Sie sich unter Heranziehung der μ-Regel entscheiden, wenn Sie über folgende Informationen verfügen? Für die kommenden zwei Monate stehen folgende zwei Handlungsalternativen H zur Auswahl:
H1: Eine zusätzliche Maschine mieten
H2: Zwei zusätzliche Maschinen mieten
Kosten pro Maschine/Monat: 25.000,–
Mit jeder Maschine können 10.000 Produkte/Monat erzeugt werden. Jedes verkaufte Produkt erbringt einen Erlös von 5,– und verursacht Materialkosten in der Produktion von 2,–.
Mit einer Wahrscheinlichkeit von 50 % gibt es im Betrachtungszeitraum (zwei Monate) keinen zusätzlichen Absatz, mit einer Wahrscheinlichkeit von 40 % einen zusätzlichen Absatz von 25.000 Stück und mit einer Wahrscheinlichkeit von 10 % einen zusätzlichen Absatz von 50.000 Stück.

37.) Welche Ausrichtung der Personalwirtschaft beschäftigt sich mit den Mitarbeiterbedürfnissen?

38.) Wie lässt sich das Motivationsproblem, das Gegenstand der Personalwirtschaftslehre ist, idealtypisch lösen?

39.) In einem Unternehmen beträgt der aktuelle Personalbestand 115 VZÄ. Im kommenden Jahr werden fünf vollbeschäftigte Mitarbeiter in Pension gehen, die ungeplanten Personalabgänge liegen im langjährigen Durchschnitt bei zehn VZÄ/Jahr. Im kommenden Jahr sollen fünf derzeit als Lehrlinge beschäftigte Mitarbeiter als vollbeschäftigte Mitarbeiter übernommen werden. Eine Soll-Bedarfsplanung hat ergeben, dass das Unternehmen am Ende des kommenden Jahres nur mehr 110 VZÄ benötigen wird. Wird eine Personalbeschaffungs- oder eine Personalabbauplanung erforderlich sein?

40.) Wie hoch ist bei dem unter 39.) geschilderten Unternehmen der Bruttopersonalbedarf bzw der Nettopersonalbedarf am Ende des Planungszeitraumes, wenn die Planung insofern adaptiert werden muss, als nur drei statt der ursprünglich geplanten fünf Mitarbeiter in Pension gehen werden?

41.) Sie betreiben eine Arztpraxis und brauchen eine Sprechstundenhilfe. Auf ihre diesbezügliche Stellenanzeige haben sich fünf Bewerber gemeldet. Welche Instrumente werden Sie zur Personalauswahl einsetzen?

42.) Welche der folgenden Unterlagen würden Sie einer Initiativbewerbung (angestrebte Stelle: juristische Mitarbeiterin der Rechtsabteilung eines Großkonzerns) beilegen?
- Lebenslauf in Form eines Aufsatzes
- Tabellarischer Lebenslauf
- Standardisiertes Anschreiben
- Individualisiertes Anschreiben
- Arbeitszeugnisse (drei Monate als Taxifahrerin und sechs Monate als Kellnerin)
- Schulzeugnisse (sehr gute Noten)
- Sponsionsbestätigung
- Selbst verfasster wissenschaftlicher Aufsatz
- Familienfoto (Sie und Ihre Eltern bei der Sponsion)
- Ferialarbeitszeugnisse (viermal drei Monate bei verschiedenen Anwälten).

43.) Wie lässt sich ein Personalabbau ohne Änderung von Arbeitsverhältnissen durchführen? Nennen Sie drei Beispiele.

44.) Geben Sie an, ob es sich bei den nachfolgend genannten Maßnahmen jeweils um Job rotation, Job enlargement oder Job enrichment handelt:
   a) Eine Institutssekretärin an einer Universität wechselt als Sekretärin zu einem anderen Institut dieser Universität, wo sie vergleichbare Aufgaben erfüllt.
   b) Eine nicht juristische Mitarbeiterin einer Anwaltskanzlei, die bisher nur Sekretariatstätigkeiten ausgeübt hat, soll zukünftig auch einfache juristische Recherchen durchführen.
   c) Ein Busfahrer, der bisher ausschließlich als Fahrzeuglenker tätig war, soll zukünftig an Haltestellen auch Fahrkarten an Fahrgäste verkaufen.

45.) Nennen Sie drei Aspekte der arbeitsumfeldbezogenen Arbeitsplatzgestaltung.

46.) Handelt es sich bei den folgenden Maßnahmen um Ausbildung, Fortbildung oder Umschulung?
   a) Lehrling A besucht die Berufsschule.
   b) Studentin B betreibt ein betriebswirtschaftliches Studium.
   c) Universitätslehrer C besucht einen wissenschaftlichen Kongress.
   d) Biologe D, der derzeit arbeitslos ist, besucht eine vom Arbeitsmarktservice bezahlte Schulung (Inhalt: „Lohnverrechnerkurs“).
   e) Juristin E, die als Richterin arbeitet, besucht eine Veranstaltung an der Universität zum Thema „Recht und Gerechtigkeit“.

47.) Ordnen Sie die nachfolgend genannten Bedürfnisse (Aussagen) den entsprechenden Ebenen der Bedürfnispyramide nach Maslow zu:
   a) Die Arbeit soll mit den Freizeitinteressen zu tun haben.
   b) Wunsch nach betrieblicher Pensionsvorsorge
   c) Einkommen
   d) Wunsch nach verlässlichen Kollegen
   e) Streben nach einer Belobigung

48.) Nennen Sie den verbreitetsten Anreiz von Arbeit.

49.) Sie betreiben eine Anwaltskanzlei mit drei Mitarbeitern (zwei Anwälte, ein Sekretär). Welchen Führungsstil werden Sie bevorzugen?

50.) Eine Führungskraft gewährt den Mitarbeitern vollkommene Entscheidungsfreiheit, solange die zu Jahresbeginn vereinbarten Ziele erreicht werden. Um welche Managementtechnik handelt es sich dabei?

1.5.2. Lösungen

1.) Lösung: Buchhaltung, Bilanzierung, Bürgerliches Recht und Handelsrecht.
Erläuterung: Die Lehrpläne der ersten Handelshochschulen umfassten va zwei Bereiche, die „Kaufmännischen Techniken“ im Sinne von Buchhaltung und Bilanzierung sowie „Recht“ mit den Schwerpunkten Bürgerliches Recht und Handelsrecht.

2.) Lösung: *Schmalenbach.*
Erläuterung: Der „Shareholder-Value-Ansatz“ basiert auf dem erwerbswirtschaftlichen Prinzip, das *Schmalenbach* in den Mittelpunkt seiner Überlegungen stellte, während *Nicklisch* eher den Gemeinnutz in den Vordergrund stellte.

3.) Lösung: A1: Institutionenökonomischer Ansatz; A2: Produktivitätsorientierter Ansatz; A3: Umweltorientierter Ansatz; A4: Verhaltensorientierter Ansatz; A5: Entscheidungsorientierter Ansatz.
Erläuterung: Folgende Schlüsselwörter stellen die Basis für die Zuordnung dar: A1: „Verfügungsrechte“; A2: „Produktionsfaktor“; A3: Schutz der „sauberen Luft“; A4: „Irrationales Verhalten“; A5: „Optimale Lösung“ von Entscheidungssituationen.

4.) Lösung: Dienstleistungsbetrieb: a) und b); Sachleistungsbetrieb: c).
Erläuterung: a) Ein Reisebüro vermittelt Dienstleistungen (Reisen); b) Ein Reiseveranstalter organisiert diese Dienstleistungen (häufig über Reisebüros); c) Eine Druckerei erstellt und verwertet (materielle) Güter (zB Bücher).

5.) Lösung: a) ausführende Arbeit: Zubereitung einer Pizza; b) dispositive Arbeit: Zusammenstellung des Speisenangebotes; c) Betriebsmittel: Pizzaofen; d) Rohstoff: Mehl für den Pizzateig; e) Hilfsstoff: Gewürze; f) Betriebsstoff: Holz bzw Strom für den Betrieb des Pizzaofens.

Beachte! Die Zuordnung zu Roh- oder Hilfsstoffen bietet gewissen Interpretationsspielraum.

6.) Lösung:
- Ausführende Arbeit: Sekretariatstätigkeiten, standardisierte Erhebungstätigkeiten
- Dispositive Arbeit: Kalkulationstätigkeiten
- Betriebsmittel: Büroräumlichkeiten, Schreibtische
- Betriebsstoffe: Büromaterial, Treibstoff für die Firmen-Pkw

7.) Lösung: A hat zum Teil, B hat vollständig recht.
Erläuterung: Wenn man das Kostendeckungsprinzip verfolgt, sind keine Gewinne geplant. Dies widerspricht dem erwerbswirtschaftlichen Prinzip. Insofern hat A recht. Verfolgt man das erwerbswirtschaftliche Prinzip, setzt dieses jedenfalls auch eine Kostendeckung voraus. Insofern hat A unrecht. B hat dagegen aus beiden Perspektiven recht: Wer das erwerbswirtschaftliche Prinzip verfolgt, kalkuliert nicht mit Zuschüssen, und wer auf Zuschüsse angewiesen ist (Zuschussprinzip), rechnet nicht einmal mit einer Kostendeckung, geschweige denn mit einem Gewinn.

8.) Lösung: durch nichts.
Erläuterung: In beiden Fällen bildet der Betrieb das Erfahrungsobjekt.

9.) Lösung: Minimumprinzip: Bei gegebener Anzahl der erfolgreich abgeschlossenen Fälle soll die Arbeitsleistung minimiert werden; Maximumprinzip: Bei gegebener Arbeitsleistung soll die Anzahl der erfolgreich abgeschlossenen Fälle maximiert werden.

10.) Lösung: a) 0,01; b) 1,167; c) 50.000,–; d) 5 %.

Erläuterung: a) Produktivität = 100 gewonnene Fälle/10.000 Arbeitsstunden = 0,01 gewonnene Fälle je eingesetzter Arbeitsstunde; b) Wirtschaftlichkeit = (100 gewonnene Fälle·3.500,–)/(10.000 Arbeitsstunden·30,–) = 1,167; c) Gewinn = (100 gewonnene Fälle·3.500,–) – (10.000 Arbeitsstunden·30,–) = 50.000,–; d) Eigenkapitalrentabilität = 50.000,– Gewinn/1.000.000,– Eigenkapital = 0,05 → 5 %.

11.) Lösung: Nach dem Lebenszyklus eines Betriebes, der aus den drei Phasen „Gründung", „Betrieb" und „Beendigung" besteht.

12.) Lösung: Der funktionalen Gliederung.
Erläuterung: Von den zehn Instituten folgen sechs (3., 4., 5., 6., 8., 10.) einer funktionalen, drei (1., 2., 7.) einer institutionellen und eines einer genetischen Gliederung (9.).

13.) Lösung: Getränk (zB Orangensaft) mit verbessertem Geschmack.

14.) (Eine mögliche) Lösung: Gegenstand des geplanten Unternehmens ist der Handel mit juridischer Fachliteratur in Gestalt einer traditionellen Buchhandlung. Eventuell wird die angebotene Literatur parallel über das Internet vertrieben. Ein möglichst großer Teil des Angebots soll jedenfalls in den Räumlichkeiten der Buchhandlung, die besonders ansprechend gestaltet werden, zur Ansicht bereitliegen, um den Kunden die Auswahl zu erleichtern. Zusätzlich soll eine umfassende Beratung durch ausgebildete Buchhändler mit besonderen juristischen Vorkenntnissen gewährleistet sein. Durch diese Beratung und die sofortige Verfügbarkeit der gewünschten Literatur sollen die Kunden dazu animiert werden, eine rasche Kaufentscheidung zu treffen. Der Kundennutzen der geplanten Geschäftstätigkeit liegt in der Neuartigkeit des Angebots (wenn es am geplanten Standort noch keine einschlägige Buchhandlung gibt) bzw in der Verbesserung eines bereits bestehenden Angebots (zB durch bessere Beratung, ansprechendere Präsentation, höhere Verfügbarkeit, kompetente Beratung durch Personal mit juristischer Vorbildung). Ein Kundennutzen in Form einer Verbilligung ist durch die Buchpreisbindung in Österreich praktisch nicht möglich.
Erläuterung: In diesem Teil des Businessplans soll das geplante „Produkt", also eine Dienstleistung (Handel mit Fachliteratur), detailliert vorgestellt werden. Dabei ist darauf einzugehen, wie bei der Leistungserbringung konkret vorgegangen werden soll. Die Aspekte der Marktreife sowie die Problematik möglicher Nachahmung spielen hier keine Rolle. Der Kundennutzen der geplanten Dienstleistung ist hingegen sehr wohl darzulegen.

15.) Lösung: Arbeitskräfte, Anlagegüter, staatliche Leistungen (Subventionen), Gebühren und Abgaben, Kunden, Konkurrenz.
Erläuterung: Arbeitskräfte: Die Verfügbarkeit von qualifiziertem Personal (ausgebildete Buchhändler, die einschlägige Kenntnisse aufweisen) könnte eine Rolle spielen; Anlagegüter: Die Verfügbarkeit geeigneter Geschäftsräumlichkeiten wird für die Standortwahl von entscheidender Bedeutung sein; Subventionen: Es ist eher unwahrscheinlich, aber nicht ausgeschlossen, dass es an einem der möglichen Standorte (Ballungszentren) Subventionen für die Ansiedlung einer Spezialbuchhandlung gibt; Gebühren und Abgaben: Landes- und Gemeindeabgaben sind innerhalb Österreichs sehr unterschiedlich; Kunden: Eine möglichst kundenorientierte Standortwahl erscheint günstig (Kundenorientierung kommt für den Fall einer Ansiedlung in einer Stadt mit möglichst vielen potenziellen Kunden zum Ausdruck: Dies würde zB für Wien sprechen, da es dort am meisten Studierende der Rechtswissenschaften sowie Angehörige von Rechtsberufen gibt. Kundenorientierung könnte aber auch bedeuten, sich möglichst in geografischer Nähe von Gerichten, Universitäten und einschlägigen Kanzleien anzusiedeln); Konkurrenz: keine eindeutige Lösung (günstig ist sicher, wenn es in der Stadt, in der man sich ansiedeln möchte, noch überhaupt keine Konkurrenz gibt).

16.) Lösung: Standort 2.
Erläuterung: Aus den Zusatzinformationen ergibt sich, dass das ortsübliche Gehalt für Buchhändler für die Entscheidung keine Rolle spielt, da Sie keine Mitarbeiter einstellen wollen. Gleiches gilt für die Entfernung zum nächstgelegenen Großhändler, da dieser die Transportkosten übernimmt. Die Information, dass Sie ein leerstehendes Geschäftslokal am Standort 1 besitzen, das Sie für die Buchhandlung nutzen könnten, ist für die Entscheidung insofern relevant, als Sie dieses zu einem höheren Preis vermieten können, als Sie am Standort 2 Miete zu bezahlen haben.

17.) Lösung: KG (Kommanditist), GmbH, GmbH & Co KG.
Erläuterung: Liegt wenig Eigenkapitel vor, kann dies als Indiz für die Beteiligung eines Geschäftspartners gesehen werden, der Wunsch nach Minimierung des Risikos als Hinweis auf die Wahl einer Rechtsform mit beschränkter Haftung.

18.) Lösung: Als Vorteil ist die Gesamtbeschränkung der Haftung (GmbH ist Komplementär) zu sehen, der „Preis“ dafür sind die Gründungskosten und der Kapitalbedarf der GmbH (10.000,– Euro).

19.) Lösung: Organisation ist ein Element der Unternehmensführung im weiteren Sinn.

20.) Lösung: Schaffung einer (betrieblichen) Ordnung, Abbau von Hierarchien, Umstrukturierung von Arbeitsabläufen.
Erläuterung: Temporäre Vorgaben sind der Disposition zuzurechnen, Produktionsplanung ist der Planung zuzuordnen.

21.) Lösung: Sie orientieren sich bei der Aufgabenanalyse an der funktionalen Gliederung.
Erläuterung: Die Gesamtaufgabe wird gemäß einer funktionalen Gliederung (zB Einkauf, Produktion, Vertrieb) in Elementaraufgaben zerlegt.

22.) Lösung: 39 Mitarbeiter.
Erläuterung: Eine Leitungstiefe von drei bedeutet drei Hierarchieebenen (unterhalb der Unternehmensleitung); eine einheitliche Leitungsspanne von drei bedeutet, dass jeder Vorgesetzte (jede übergeordnete Stelle) genau drei Mitarbeiter (untergeordnete Stellen) hat. Dh, auf der ersten Hierarchieebene sind drei Mitarbeiter tätig, auf der zweiten Ebene neun und auf der dritten Ebene 27.

23.) Lösung: Leitungsstellen: 12 Mitarbeiter; Linienstellen: 39 Mitarbeiter.
Erläuterung: Alle Stellen, die nachgeordnete Stellen haben, sind Leitungsstellen (also alle Stellen der ersten und zweiten Hierarchieebene). Nachdem es keine Hinweise auf Stabs- oder Zentralstellen gibt, wird es sich bei allen 39 Stellen um Linienstellen handeln.

24.) Lösung:

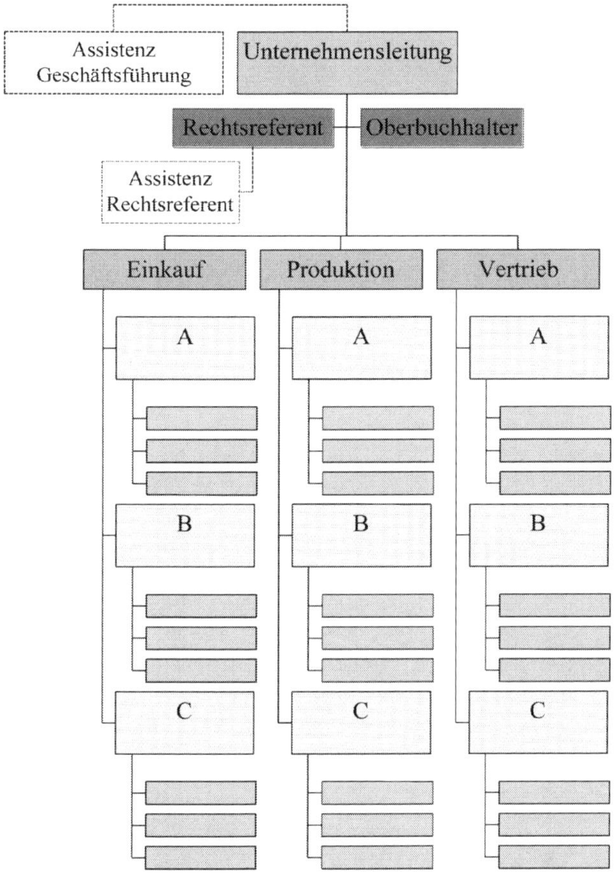

25.) Lösung:

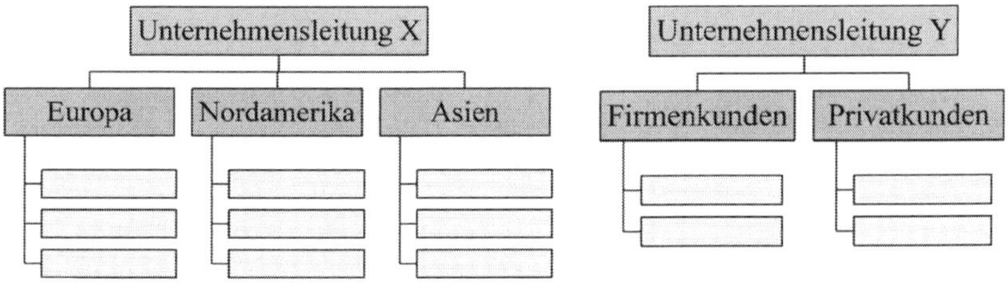

26.) Lösung: Stakeholder 1: Anwalt (Sie), Kapital/eigene Arbeitsleistung (+), Kapitalmehrung/Gehalt (–); Stakeholder 2: drei Mitarbeiter, Arbeitsleistung (+), Gehalt/gute Arbeitsbedingungen (–); Stakeholder 3: Kunden, Inanspruchnahme und Bezahlung der Beratungsleistungen (+), gute Beratung, rasche Bearbeitung (–).

27.) Lösung: 1) Risikoübernahme durch die Eigenkapitalgeber: Der Kanzleiinhaber trägt das gesamte Unternehmensrisiko; 2) Sicherung von Stakeholder-Interessen durch gesetzliche Rahmenbedingungen: Die drei Mitarbeiter sind durch die Bestimmungen des Arbeitszeitgesetzes geschützt; 3) Sicherung von Stakeholder-Interessen durch den marktwirtschaftlichen Wettbewerb: Die drei Mitarbeiter können den Arbeitgeber wechseln.

28.) Lösung: Hier wird ein managementgeführtes Unternehmen vorliegen.
Erläuterung: Als Grund für die Gewaltenteilung kommt nicht nur das fehlende Interesse der Eigentümerin an typischen Managementaktivitäten in Betracht (die Anwältin konzentriert sich offensichtlich lieber auf ihre Aktivitäten als Rechtsbeistand), sondern eventuell auch ihre mangelnden betriebswirtschaftlichen Kompetenzen (das geht jedoch aus der Angabe nicht hervor) zur Führung eines Unternehmens mit 50 Mitarbeitern.

29.) Lösung: zB kurzfristige Beschaffungsplanung, mittelfristige Produktionsplanung, langfristige Absatzplanung.
Erläuterung: Während die zeitliche Teilplanung die Unterteilung in kurz-, mittel- und langfristige Planung vorsieht, geht es bei der sachlichen Teilplanung um die Unterteilung in Beschaffungs-, Produktions- und Absatzplanung. Eine zeitliche und sachliche Teilplanung liegt vor, wenn zeitliche und sachliche Teilplanung kombiniert werden.

30.) Lösung: Progressive Planung.
Erläuterung: Es werden zuerst die untergeordneten Pläne entwickelt (zehn Teamproduktionspläne), die dann zu einem übergeordneten Plan verdichtet werden (ein Abteilungsproduktionsplan).

31.) Lösung: a) komplementäre Ziele; b) konkurrierende Ziele; c) indifferente Ziele.
Erläuterung: a) Wer weniger arbeitet, hat dadurch mehr Freizeit; b) Eine teurere Wohnung führt zu einer Steigerung der Lebenshaltungskosten; c) Eine Verbesserung der Kundenberatung hat keine Auswirkungen auf den Energieverbrauch, und eine Verringerung des Energieverbrauchs hat keine Auswirkungen auf die Qualität der Kundenberatung.

32.) Lösung: a) taktische Planung; b) operative Planung; c) Grundsatzplanung; d) strategische Planung.
Erläuterung: Entscheidend für die Zuordnung sind die folgenden Stichworte: a) Zeithorizont von zwei Jahren; b) Ersatz muss sofort besorgt werden, dh der Zeithorizont ist extrem kurz (die Krankenstanddauer spielt hier keine Rolle); c) unbefristeter Zeithorizont (ab sofort, kein Ende vorgesehen) und Planungsinhalt (Änderung der Informationspolitik); d) Zuständigkeit (oberste Führungsebene) und Planungsinhalt (Schaffung neuer Erfolgspotenziale im Sinne der Erschließung neuer Märkte).

33.) Lösung: Nein.
Erläuterung: Die normative Entscheidungstheorie geht – im Gegensatz zur deskriptiven Entscheidungstheorie – von uneingeschränkter Rationalität aller Beteiligten aus.

34.) Lösung: von beiden.
Erläuterung: Unvollkommene Information bedeutet, dass man die Zukunft nicht kennt. Dies ist sowohl bei Entscheidungen unter Risiko (hier kennt man bzw schätzt man Eintrittswahrscheinlichkeiten für die möglichen zukünftigen Entwicklungen) als auch bei Entscheidungen unter Unsicherheit (hier lassen sich nicht einmal Eintrittswahrscheinlichkeiten für mögliche zukünftige Entwicklungen abschätzen) der Fall.

35.) Lösung: H_1, da $\mu(H_1) > \mu(H_3) > \mu(H_2)$
Erläuterung: Im ersten Schritt werden die Ausprägungen der drei Handlungsalternativen H in Abhängigkeit von den Umweltzuständen Z wie folgt ermittelt:
Handlungsalternative H_1:
$H_1(Z_1) = -50.000,- + 0,- = -50.000,-$
$H_1(Z_2) = -50.000,- + 100.000,- = +50.000,-$
$H_1(Z_3) = -50.000,- + 100.000,- = +50.000,-$
Handlungsalternative H_2:
$H_2(Z_1) = -100.000,- + 0,- = -100.000,-$
$H_2(Z_2) = -100.000,- + 100.000,- = 0,-$
$H_2(Z_3) = -100.000,- + 200.000,- = +100.000,-$

Bei Handlungsalternative H_3 fallen weder zusätzliche Kosten noch zusätzliche Erlöse an. Im zweiten Schritt werden dann die Erwartungswerte für die drei Handlungsalternativen wie folgt berechnet:

$\mu(H_1) = -50.000 \cdot 0{,}30 + 50.000 \cdot 0{,}50 + 50.000 \cdot 0{,}20 = 20.000,-$

$\mu(H_2) = -100.000 \cdot 0{,}30 + 0 \cdot 0{,}50 + 100.000 \cdot 0{,}20 = -10.000,-$

$\mu(H_3) = 0 \cdot 0{,}30 + 0 \cdot 0{,}50 + 0 \cdot 0{,}20 = 0,-$

Damit hat die Entscheidungstabelle folgendes Aussehen:

		H_j		
Z_i	p_i	H_1	H_2	H_3
Z_1	0,30	–50.000,–	–100.000,–	0,–
Z_2	0,50	+50.000,–	0,–	0,–
Z_3	0,20	+50.000,–	+100.000,–	0,–
μ		20.000,–	–10.000,–	0,–

36.) Lösung: Unterlassung, dh, es soll keine Maschine angemietet werden, da (Unterlassung) $> \mu(H_1) > \mu(H_2)$.

Erläuterung: Im ersten Schritt werden die Ausprägungen der beiden Handlungsalternativen H in Abhängigkeit von den Umweltzuständen Z ermittelt, wobei zu beachten ist, dass die Kosten und Erlöse pro Monat und Maschine gegeben sind und sich die Handlungsalternativen (dh die Stückzahlen) auf einen Planungszeitraum von zwei Monaten beziehen.

Handlungsalternative H_1:

$H_1(Z_1) = -1 \cdot 25.000 \cdot 2 \cdot + 0 \cdot 3 \cdot 2 = -50.000,-$

$H_1(Z_2) = -1 \cdot 25.000 \cdot 2 + 10.000 \cdot 3 \cdot 2 = +10.000,-$

$H_1(Z_3) = -1 \cdot 25.000 \cdot 2 + 10.000 \cdot 3 \cdot 2 = +10.000,-$

Handlungsalternative H_2:

$H_2(Z_1) = -2 \cdot 25.000 \cdot 2 \cdot + 0 \cdot 3 \cdot 2 = -100.000,-$

$H_2(Z_2) = -2 \cdot 25.000 \cdot 2 \cdot + 25.000 \cdot 3 = -25.000,-$

$H_2(Z_3) = -2 \cdot 25.000 \cdot 2 \cdot + 20.000 \cdot 3 \cdot 2 = +20.000,-$

Bei Handlungsalternative H_1 wird bei keinem Umweltzustand die Absatzrestriktion schlagend, da die mit einer Maschine produzierbare Stückanzahl bei keinem der beiden Umweltzustände höher ist als die maximal absetzbare Stückzahl.

Bei Handlungsalternative H_2 wird bei Umweltzustand Z_2 die Absatzrestriktion in der Höhe von 25.000 Stück schlagend, da die beiden Maschinen im zweimonatigen Planungshorizont eine Kapazität in der Höhe von 40.000 Stück aufweisen.

Im zweiten Schritt werden dann die Erwartungswerte für die beiden Handlungsalternativen wie folgt berechnet:

$\mu(H_1) = -50.000 \cdot 0{,}50 + 10.000 \cdot 0{,}40 + 10.000 \cdot 0{,}10 = -20.000,-$

$\mu(H_2) = -100.000 \cdot 0{,}50 - 25.000 \cdot 0{,}40 + 20.000 \cdot 0{,}10 = -58.000,-$

Damit hat die Entscheidungstabelle folgendes Aussehen:

		Hj	
Z_i	p_i	H_1	H_2
Z_1	0,50	–50.000,–	–100.000,–
Z_2	0,40	+10.000,–	–25.000,–
Z_3	0,10	+10.000,–	+20.000,–
μ		–20.000,–	–58.000,–

Die Handlungsalternative H_3, dh die Unterlassung, die weder zu zusätzlichen Kosten noch zu zusätzlichen Erlösen führt, ist hier somit am vorteilhaftesten.

37.) Lösung: Die verhaltenswissenschaftliche Ausrichtung.

38.) Lösung: Durch die Harmonisierung wirtschaftlicher Ziele, welche die Unternehmensinteressen reflektieren, und sozialer Ziele, welche die Mitarbeiterinteressen widerspiegeln.
Erläuterung: Eine Zielharmonisierung kann in Form der Festsetzung komplementärer wirtschaftlicher und sozialer Ziele erreicht werden.

39.) Lösung: Es wird eine Personalbeschaffungsplanung notwendig sein, da der Nettopersonalbedarf positiv ist.
Erläuterung: Bruttopersonalbedarf (110) – aktueller Personalbestand (115) + Personalabgänge (15) – Personalzugänge (null oder fünf, je nachdem, ob Lehrlinge im aktuellen Personalbestand erfasst sind oder nicht) = Nettopersonalbedarf (+10 oder +5).

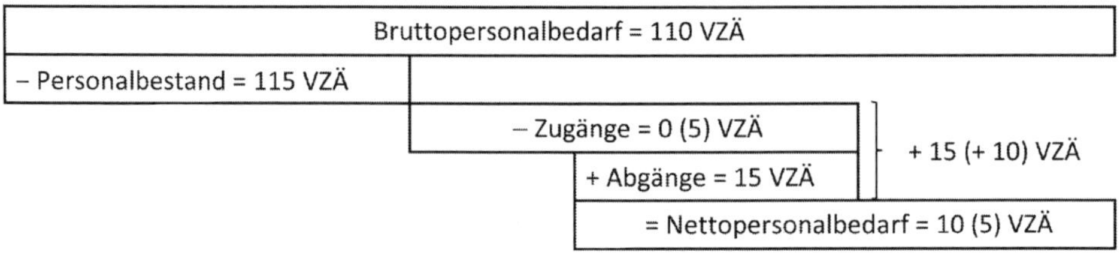

40.) Lösung: Es wird nach wie vor eine Personalbeschaffungsplanung notwendig sein, da der Nettopersonalbedarf noch immer positiv ist.
Erläuterung: Der Bruttopersonalbedarf bleibt unverändert, der Nettopersonalbedarf reduziert sich um diese zwei nicht stattgefundenen Abgänge (VZÄ) auf acht bzw drei VZÄ.

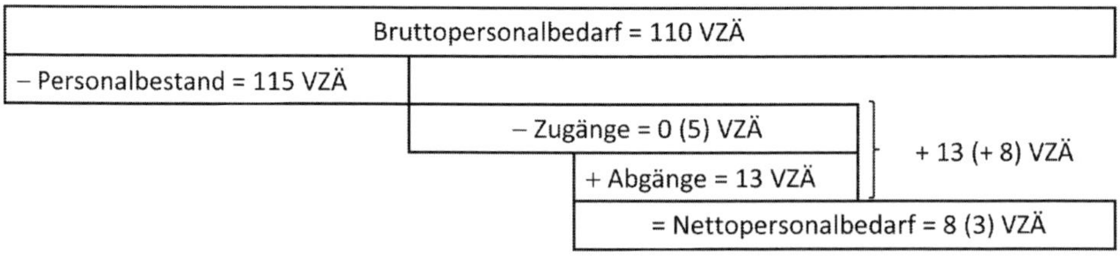

41.) Lösung: Analyse der Bewerbungsunterlagen, eventuell Fähigkeitstest, Bewerbungsgespräche.
Erläuterung: Trotz geringer Bewerberanzahl ist es sinnvoll, in einem ersten Schritt die Bewerbungsunterlagen zu analysieren, um vollkommen unpassende bzw ungewollte Bewerber auszusortieren (Beispiel: Sie wollen keine zu junge Sprechstundenhilfe, da Sie diesbezüglich bereits negative Erfahrungen gesammelt haben). Die verbleibenden Bewerber (dies können auch alle fünf Bewerber sein) können zu einem Fähigkeitstest (zB Verfassung eines hypothetischen Briefes an einen Patienten) eingeladen werden. Die endgültige Auswahlentscheidung sollte jedenfalls auf Basis von Bewerbungsgesprächen vorgenommen werden. Dazu können alle Bewerber eingeladen werden, die den Fähigkeitstest bestanden haben. Sollten dies wiederum alle fünf Bewerber sein, könnten die Gespräche auch auf die besten drei Testteilnehmer beschränkt werden, um den Aufwand zu reduzieren.

42.) Lösung: Tabellarischer Lebenslauf, individualisiertes Anschreiben, Sponsionsbestätigung, selbst verfasster wissenschaftlicher Aufsatz, Ferialarbeitszeugnisse.
Erläuterung: Lebensläufe sollten grundsätzlich tabellarisch verfasst werden, da dies die Übersichtlichkeit erhöht. Standardisierte Anschreiben sind leicht als solche zu identifizieren und werden häufig als Zeichen mangelnden Engagements gedeutet; sie sind daher

generell zu vermeiden. Arbeitszeugnisse, die für die angestrebte Tätigkeit unerheblich sind, sollten nicht Bestandteil der Bewerbungsunterlagen sein: Dies gilt für beide vorhandenen Arbeitszeugnisse. Besteht die höchste abgeschlossene Ausbildung in einem Studium, spielen Schulzeugnisse keine Rolle, Studienzeugnisse und va eine Abschlussbescheinigung (Sponsionsbestätigung) sind dagegen äußerst relevant. Der selbst verfasste wissenschaftliche Aufsatz kann Aufschluss über die Fachkenntnisse geben, sofern er im Hinblick auf die angestrebte Tätigkeit einschlägig ist. Privatfotos sind für Bewerbungen ein absolutes Tabu. Einschlägige Ferialarbeitszeugnisse können durchaus relevant sein, da sie von Engagement im angestrebten Tätigkeitsfeld zeugen und auch eine gewisse Praxiserfahrung dokumentieren.

43.) Lösung: Abbau von Überstunden, Urlaubsverlegungen, Personalabgänge ohne Nachbesetzung.

44.) Lösung: a) Job rotation; b) Job enrichment; c) Job enlargement.
Erläuterung: a) Arbeitsplatzwechsel zwischen gleichwertigen Stellen; b) Die Aufgaben einer Stelle (Sekretariatstätigkeiten) werden um höherwertige Aufgaben (einfache juristische Recherchen) ergänzt; es liegt also eine Aufgabenbereicherung vor; c) Der Verkauf von Fahrkarten ist als gleichwertig zur Lenkung des Fahrzeuges zu werten; es liegt also eine Aufgabenerweiterung vor.

45.) Lösung: Licht, Lärm, Klima.

46.) Lösung: a) Ausbildung; b) Ausbildung; c) Fortbildung; d) Umschulung; e) Fortbildung.
Erläuterung: a) Eine Lehre, zu der auch der Besuch der Berufsschule zählt, stellt idR eine berufliche Erstausbildung dar; b) Ein Universitätsstudium ist eine (wissenschaftliche) Ausbildung (Vorbildung) für einschlägige Berufe (zB Rechtsanwalt); c) Ein Kongressbesuch dient jedenfalls der Wissenserweiterung für die berufliche Tätigkeit; d) Eine Tätigkeit als Lohnverrechner stellt für einen Biologen sicherlich ein neues Tätigkeitsfeld dar, für das entsprechende Fähigkeiten neu vermittelt werden müssen; e) Nachdem das Thema der Veranstaltung einen starken Konnex zur beruflichen Tätigkeit der Richterin aufweist, handelt es sich bei der Maßnahme eindeutig um berufliche Weiterbildung.

47.) Lösung: a) Selbstverwirklichung; b) Sicherheitsbedürfnisse; c) Physiologische Bedürfnisse; d) Soziale Bedürfnisse; e) Wertschätzung.

48.) Lösung: Arbeitsentgelt.

49.) Lösung: Nicht eindeutig.
Erläuterung: Ein autoritärer Führungsstil erscheint hier eher ungeeignet, ein patriarchalischer wäre eventuell möglich; ebenso ein beratender oder ein kooperativer Führungsstil (allerdings eher nicht demokratisch, sondern partizipativ ausgeübt).

50.) Lösung: Management by Objectives.

1.6. Literatur zum Management

Bellinger, B.: Geschichte der Betriebswirtschaftslehre, Stuttgart: Poeschel 1967.

Brockhoff, K.: Geschichte der Betriebswirtschaftslehre, Wiesbaden: Gabler 2000.

Camphausen, B. (Hrsg): Grundlagen der Betriebswirtschaftslehre: Bachelor Kompaktwissen, 2. Aufl, München: Oldenbourg 2011.

Carl, N./Fiedler, R./Jorasz, W./Kiesel, M.: BWL kompakt und verständlich: Für IT-Professionals, praktisch tätige Ingenieure und alle Fach- und Führungskräfte ohne BWL-Studium, 3. Aufl, Wiesbaden: Vieweg 2008.

Daum, A./Petzold, J./Pletke, M.: BWL für Juristen: Eine praxisnahe Einführung in die betriebswirtschaftlichen Grundlagen, 2. Aufl, Wiesbaden: Gabler 2012.

Domschke, W./Scholl, A.: Grundlagen der Betriebswirtschaftslehre: Eine Einführung aus entscheidungsorientierter Sicht, 3. Aufl, Berlin/Heidelberg/New York: Springer 2005.

Drosse, V./Vossebein, U.: Allgemeine Betriebswirtschaftslehre: Intensivtraining, 2. Aufl, Wiesbaden: Gabler 1998.

Drumm, H.: Personalwirtschaft, 6. Aufl, Berlin ua: Springer 2008.

Eckardstein von, D.: Personalmanagement, in: *Kasper, H./Mayrhofer, W.* (Hrsg): Personalmanagement, Führung, Organisation, 3. Aufl, Wien: Linde 2002, S. 361–404.

Götze, U.: Standortplanung, in: *Küpper, H./Wagenhofer, A.* (Hrsg): Handwörterbuch Unternehmensrechnung und Controlling, 4. Aufl, Stuttgart: Schäffer-Poeschel 2002, 1819–1829.

Gutenberg, E.: Grundlagen der Betriebswirtschaftslehre – Band 1: Die Produktion, Berlin: Springer 1983.

Hutzschenreuter, T.: Allgemeine Betriebswirtschaftslehre: Grundlagen mit zahlreichen Praxisbeispielen, 4. Aufl, Wiesbaden: Gabler 2011.

Jung, H.: Personalwirtschaft, 9. Aufl, München/Wien: Oldenbourg 2011.

Jung, H.: Allgemeine Betriebswirtschaftslehre, 12. Aufl, München/Wien: Oldenbourg 2010.

Kailer, N./Weiß, G./Gruber-Mücke, T.: Gründungsmanagement kompakt – Von der Idee zum Businessplan, 4. Aufl, Wien: Linde 2012.

Kasper, H./Mayrhofer, W. (Hrsg): Personalmanagement, Führung, Organisation, 4. Aufl, Wien: Linde 2009.

Kreuzer, C.: BWL kompakt: Die 100 wichtigsten Themen der Betriebswirtschaft für Praktiker, 3. Aufl, Wien: Linde 2010.

Laux, H./Gillenkirch, R./Schenk-Mathes, H.: Entscheidungstheorie, 8. Aufl, Berlin/Heidelberg: Springer 2012.

Laux, H./Liermann, F.: Grundlagen der Organisation: Die Steuerung von Entscheidungen als Grundproblem der Betriebswirtschaftslehre, 6. Aufl, Berlin/Heidelberg/New York: Springer 2005.

Lechner, K./Egger, A./Schauer, R.: Einführung in die allgemeine Betriebswirtschaftslehre, 25. Aufl, Wien: Linde 2010.

Mihalic, V.: ABC der Betriebswirtschaft: Die etwas andere Einführung in die Welt betriebswirtschaftlicher Grundlagen und unternehmerischen Denkens, 8. Aufl, Wien: Linde 2012.

Nagl, A.: Der Businessplan: Geschäftspläne professionell erstellen; mit Checklisten und Fallbeispielen, 6. Aufl, Wiesbaden: Gabler 2011.

Olfert, K. (2012a): Personalwirtschaft, 15. Aufl, Ludwigshafen am Rhein: Kiehl 2012.

Olfert, K. (2012b): Kompakt-Training Personalwirtschaft, 8. Aufl, Ludwigshafen am Rhein: Kiehl 2012.

Schauer, R.: Betriebswirtschaftslehre: Grundlagen, 3. Aufl, Wien: Linde 2011.

Schierenbeck, H./Wöhle, C.: Grundzüge der Betriebswirtschaftslehre, 18. Aufl, München: Oldenbourg 2012.

Schmalen, H./Pechtl, H.: Grundlagen und Probleme der Betriebswirtschaft, 14. Aufl, Stuttgart: Schäffer-Poeschel 2009.

Schmalen, H./Pechtl, H.: Grundlagen und Probleme der Betriebswirtschaft – Übungsbuch, 5. Aufl, Stuttgart: Schäffer-Poeschel, 2007.

Schmalenbach, E: Die Privatwirtschaftslehre als Kunstwissenschaft, in: ZfhF, 6. Jg (1911/12), S. 304–316.

Schmidt, G.: Methoden und Techniken der Organisation, 12. Aufl, Gießen: Schmidt 2000.

Schneider, D.: Allgemeine Betriebswirtschaftslehre, 3. Aufl, München: Oldenbourg 1987.

Schreyögg, G.: Organisation: Grundlagen moderner Organisationsgestaltung; mit Fallstudien, 5. Aufl, Wiesbaden: Gabler 2008.

Schwetje, G./Vaseghi, S.: Der Businessplan – Wie Sie Kapitalgeber überzeugen, 2. Aufl, Berlin: Springer 2006.

Stepan, A./Fischer, E.: Betriebswirtschaftliche Optimierung, 8. Auflage, München: Oldenbourg 2009.

Straub, T.: Einführung in die Allgemeine Betriebswirtschaftslehre, München: Pearson 2012.

Thommen, J./Achleitner, A.: Allgemeine Betriebswirtschaftslehre: Umfassende Einführung aus managementorientierter Sicht, 7. Aufl, Wiesbaden: Gabler 2012.

Thommen, J./Achleitner, A.: Allgemeine Betriebswirtschaftslehre – Arbeitsbuch: Repetitionsfragen, Aufgaben, Lösungen, 6. Aufl, Wiesbaden: Gabler 2009.

Vahs, D./Schäfer-Kunz, J.: Einführung in die Betriebswirtschaftslehre, 6. Aufl, Stuttgart: Schäffer-Poeschel 2012.

Wöhe, G./Döring, U.: Einführung in die allgemeine Betriebswirtschaftslehre, 24. Aufl, München: Vahlen 2010.

Wöhe, G./Kaiser, H./Döring, U.: Übungsbuch zur Einführung in die allgemeine Betriebswirtschaftslehre, 13. Aufl, München: Vahlen 2010.

2. Rechnungswesen

Das Rechnungswesen ist sicherlich **ein Kernbereich der BWL**, bei dem es darum geht, das betriebliche Geschehen zu dokumentieren und zu analysieren. Letztlich sollen Informationen bereitgestellt werden, die es ermöglichen, das Unternehmen sinnvoll (von außen) beurteilen und bewerten sowie (von innen) überwachen und steuern zu können. Inhaltlich umfasst das Rechnungswesen alle zahlenmäßigen, dh alle mengenmäßigen (zB Verkaufsmenge = 1.000 Stück) und wertmäßigen (zB Verkaufserlös der 1.000 verkauften Stück = 1.000.000,–) Informationen hinsichtlich des betrieblichen Geschehens. Wichtig ist diesbezüglich die Unterscheidung zwischen externem und internem Rechnungswesen:[1] Das **externe Rechnungswesen** wird auf Basis von gesetzlichen Bestimmungen durchgeführt, dient va der Dokumentation und Rechenschaftslegung und ist damit tendenziell vergangenheitsorientiert, soll in erster Linie Informationen für unternehmensexterne Interessenten (zB Kunden, Lieferanten, Banken, Staat) zur Verfügung stellen und umfasst die Bereiche Buchhaltung sowie Bilanzierung, die zusammen die sogenannte Finanzrechnung (Finanzbuchhaltung) bilden. Das **interne Rechnungswesen** wird dagegen vorwiegend auf Basis von betriebsinternen Anforderungen durchgeführt, dient va der Planung und Steuerung und ist somit tendenziell zukunftsorientiert, soll in erster Linie Informationen für unternehmensinterne Interessenten (zB Unternehmensleitung, Abteilungsleitung) zur Verfügung stellen und umfasst die Bereiche Kostenrechnung (diese wird auch als Betriebsrechnung oder Betriebsbuchhaltung bezeichnet) und Controlling (als Form einer Sonderrechnung).

Beachte! Die **Investitionsrechnung** wird idR ebenfalls als Bestandteil des internen Rechnungswesens gesehen (als weitere Form einer Sonderrechnung), meist aber getrennt vom Rechnungswesen im Zuge der Finanzwirtschaft behandelt; so auch im Rahmen dieses Buches (vgl 3.2.).

In diesem Kapitel werden folgende Inhalte vorgestellt: Im ersten Abschnitt werden die Grundzüge der **Buchhaltung und Bilanzierung** besprochen. Ziel ist es dabei, einen Überblick über die Systematik des externen Rechnungswesens zu geben, der es ermöglicht, (einfache) Bilanzen lesen zu können. Ergänzt werden diese Ausführungen um ausgewählte Finanzierungs- und Liquiditätskennzahlen im Rahmen der Bilanzanalyse. Der zweite Abschnitt ist der **Kostenrechnung** gewidmet, wobei va vermittelt werden soll, wie bei der Kalkulation eines Produkts (einer Dienstleistung) vorgegangen werden kann. In diesem Zusammenhang werden auch einige grundsätzliche Aspekte der Preispolitik behandelt. Im dritten Abschnitt, der sich mit dem **Controlling** beschäftigt, werden jene Instrumente des operativen und strategischen Controllings vorgestellt, die in der Praxis entsprechende Verbreitung gefunden haben. Den Abschluss des Kapitels bilden wiederum die entsprechenden Übungsbeispiele sowie ein Literaturverzeichnis.

2.1. Buchhaltung und Bilanzierung

Im ersten Teil dieses Abschnitts (**Allgemeines**) werden zunächst die zentralen Aufgaben des externen Rechnungswesens vorgestellt, bevor auf wichtige Grundbegriffe, die für das gesamte (externe und interne) Rechnungswesen von Bedeutung sind, eingegangen wird. Die Ausführungen zur **Buchhaltung** konzentrieren sich auf eine Darstellung der Einnahmen-Ausgaben-Rechnung und der doppelten Buchhaltung, wobei der Schwerpunkt infolge der deutlich höheren Qualität an ableitbaren Informationen auf der doppelten Buchhaltung liegt. Der dritte Teil dieses Abschnitts hat die **Bilanzierung**, also den sogenannten Jahresabschluss, zum

[1] Vgl zB *Coenenberg et al* (2012) 7 ff bzw *Denk* et al (2010) 21 ff.

Gegenstand. Der Jahresabschluss besteht mindestens aus der Bilanz und der Gewinn- und Verlustrechnung (GuV), bei Kapitalgesellschaften sind diese verpflichtend um den Anhang und den Lagebericht, fakultativ um Zusatzangaben, wie etwa eine Kapitalflussrechnung, zu ergänzen. Im dritten Teil wird zudem auf den Buchungskreislauf, der eigentlich zur Buchhaltung gehört, zu dessen Verständnis aber Kenntnisse aus der Bilanzierung erforderlich sind, kurz eingegangen. Im vierten Teil wird ein Einblick in die **Bilanzanalyse** gegeben, die sich ua in Vermögens-, Kapital-, Liquiditäts- und Rentabilitätsanalyse untergliedern lässt. Für jeden dieser vier Teilbereiche werden ausgewählte Kennzahlen präsentiert.

Beachte! Die Bilanzanalyse wird hier aufgrund des engen Konnexes im Rahmen von Buchhaltung und Bilanzierung behandelt, gehört aber terminologisch zum **operativen Controlling** (vgl 2.3.1.).

Beachte! Die nachfolgenden Ausführungen bleiben auf die österreichische Rechnungslegung auf Basis des **UGB** (Unternehmensgesetzbuch) beschränkt. Diese entspricht weitgehend der deutschen Rechnungslegung auf Basis des deutschen HGB (Handelsgesetzbuch). Von zunehmender Bedeutung ist allerdings die internationale Rechnungslegung auf Basis der **IFRS** (International Financial Reporting Standards). Diesbezüglich sei auf die zahlreiche einschlägige Literatur verwiesen.[2]

2.1.1. Allgemeines

2.1.1.1. Aufgaben

Das externe Rechnungswesen erfüllt die folgenden **drei zentralen Funktionen**:[3]

a) **Dokumentationsfunktion**: Dabei werden alle wertmäßigen Veränderungen des Vermögens und des Kapitals im Rahmen der Buchhaltung aufgezeichnet.
b) **Erfolgsfeststellungsfunktion**: Das dokumentierte Zahlenmaterial wird dabei am Ende einer Rechnungsperiode (idR 1 Jahr) im Rahmen des Jahresabschlusses (Bilanzierung) zusammengefasst.
c) **Informationsfunktion**: Die aufgezeichneten und verarbeiteten Daten werden hierbei verschiedenen Stakeholdern zur Verfügung gestellt. Zu diesen zählen ua die Eigentümer, das Management, die Arbeitnehmer, die Gläubiger und die Kunden des Unternehmens sowie die Steuerbehörde.

2.1.1.2. Grundbegriffe

Im Rahmen des Rechnungswesens werden je nach Anwendungsbereich die vier Begriffspaare **Einzahlung/Auszahlung**, **Einnahme/Ausgabe**, **Aufwand/Ertrag** sowie **Kosten/Erlös** verwendet. Die Kenntnis der Unterschiede zwischen diesen Begriffspaaren ist für ein Verständnis des Rechnungswesens unumgänglich, weshalb im Folgenden auf diese Begriffspaare und deren inhaltliche Abgrenzung näher eingegangen wird.[4]

- **Einzahlung/Auszahlung**: Die **Veränderung des Zahlungsmittelbestandes** wird im Falle einer Erhöhung als **Einzahlung** (= Geldmittelzufluss; Beispiel: Ein Betrieb verkauft erzeugte Güter und diese werden sofort bezahlt, wobei die sofortige Bezahlung eine Einzahlung darstellt) bzw im Falle einer Verminderung als **Auszahlung** (= Geldmittelabfluss; Beispiel: Ein Betrieb kauft Rohstoffe und bezahlt diese sofort, wobei die sofortige Be-

[2] Vgl dazu beispielsweise *Grünberger* (2011), *Petersen/Bansbach/Dornbach* (2013), *Rohatschek/Maukner* (2012) oder auch *Wagenhofer* (2009).
[3] Vgl *Bertl/Deutsch-Goldoni/Hirschler* (2011) 3.
[4] Vgl zB *Weber/Weißenberger* (2010) 37 ff, *Denk et al* (2010) 25 ff oder auch *Fischer* (2009) 7 ff.

zahlung eine Auszahlung darstellt.) bezeichnet. Der **Zahlungsmittelbestand** umfasst die sogenannten liquiden Mittel, also den Kassenbestand sowie alle jederzeit verfügbaren Bankguthaben, sodass einzahlungs- bzw auszahlungswirksame Transaktionen Bargeldtransfers sowie Überweisungen auf bzw von derartigen Bankguthaben sein können. Relevant ist dieses Begriffspaar für die Einnahmen-Ausgaben-Rechnung (vgl 2.1.2.1.), die Kapitalflussrechnung (vgl 2.1.3.3.) sowie die Investitionsrechnung (vgl 3.2.).

- **Einnahme/Ausgabe**: Die **Veränderung des Geldvermögens** wird im Falle einer Erhöhung als **Einnahme** bzw im Falle einer Verminderung als **Ausgabe** bezeichnet. Das **Geldvermögen** umfasst neben dem Zahlungsmittelbestand (liquide Mittel) die Forderungen, die das Geldvermögen erhöhen, sowie die Verbindlichkeiten (Schulden), die das Geldvermögen vermindern. Somit können Einnahmen als Einzahlungen, Forderungszunahmen oder Schuldenabnahmen in Erscheinung treten (Beispiel: Ein Betrieb verkauft erzeugte Güter auf Ziel, dh diese werden erst später bezahlt, wobei zum Zeitpunkt des Verkaufs eine Einnahme in Form einer Forderungszunahme erfolgt.). Ausgaben können dagegen Auszahlungen, Forderungsabnahmen oder Schuldenzunahmen sein (Beispiel: Ein Betrieb kauft Rohstoffe auf Kredit, wobei zum Zeitpunkt des Kaufs eine Ausgabe in Form einer Schuldenzunahme erfolgt.). Relevant ist dieses Begriffspaar va für die Bestimmung des Geldvermögens.

  <u>Beachte!</u> **Unterschiede zwischen Auszahlungen** (Einzahlungen) **und Ausgaben** (Einnahmen) lassen sich auf zeitliche Diskrepanzen zurückführen: Auszahlungen (Einzahlungen) sind nur dann gleichzeitig Ausgaben (Einnahmen), wenn der Zugang (Abgang) der Waren (die Erhöhung (Verminderung) des Geldvermögens) in derselben Periode erfolgt wie der Abfluss (Zufluss) der liquiden Mittel (Beispiel 1: Ein Betrieb kauft einen Rohstoff und bezahlt diesen sofort, wobei der Kauf aufgrund der Verminderung des Geldvermögens ausgabenrelevant und infolge der sofortigen Bezahlung auch auszahlungsrelevant ist. Beispiel 2: Ein Betrieb bezahlt die vor einem Monat auf Kredit gekauften Rohstoffe: Dem Abfluss der liquiden Mittel, also der Auszahlung, in der aktuellen Periode steht jedoch keine Ausgabe gegenüber; die Ausgabe erfolgte bereits zum Zeitpunkt des Kaufs der Rohstoffe vor einem Monat.).

- **Ertrag/Aufwand**: Die **Veränderung des Reinvermögens** wird im Falle einer Erhöhung als **Ertrag** bzw im Falle einer Verminderung als **Aufwand** bezeichnet. Der Ertrag spiegelt jeglichen Wertzuwachs bzw jede Vermögensmehrung (Beispiel: Ertrag aus dem Verkauf von erzeugten Gütern), der Aufwand jeglichen Werteverzehr bzw jeden Vermögenseinsatz (Beispiel: Einsatz von Rohstoffen zur Herstellung eines Produkts) einer Periode wider. Das **Reinvermögen** umfasst neben dem Geldvermögen (vgl Einnahmen bzw Ausgaben) auch das Sachvermögen. Relevant ist dieses Begriffspaar für die Gewinn- und Verlustrechnung, also für die Erfolgsermittlung im Rahmen des Jahresabschlusses (vgl 2.1.3.): Übersteigen die gesamten Erträge die gesamten Aufwendungen, so liegt ein positives **Gesamtergebnis** (= Gewinn bzw Reinvermögensmehrung) vor.

  <u>Beachte!</u> **Unterschiede zwischen Ausgaben** (Einnahmen) **und Aufwendungen** (Erträgen) lassen sich auf zeitliche und/oder sachliche Diskrepanzen zurückführen. Zeitliche Diskrepanz liegt vor, wenn die Verringerung (Erhöhung) des Reinvermögens nicht in derselben Periode wie die Verringerung (Erhöhung) des Geldvermögens erfolgt (Beispiel: Einkauf von Rohstoffen, die in der Folgeperiode im Produktionsprozess eingesetzt werden; zum Zeitpunkt des Einkaufs liegt aufgrund der Verminderung des Geldvermögens eine Ausgabe vor, der Aufwand findet jedoch erst bei Verbrauch des Rohstoffs im Rahmen des Produktionsprozesses statt). Sachliche Diskrepanz tritt auf, wenn einer Ausgabe (Einnahme) niemals ein Aufwand (Ertrag) gegenübersteht (Beispiel: Kauf eines nicht abnutzbaren Wirtschaftsgutes).

- **Erlös/Kosten:** Die **Veränderung des betriebsbedingten Reinvermögens** wird im Falle einer Erhöhung als **Erlös** bzw im Falle einer Verminderung als **Kosten** bezeichnet. Der Erlös gibt damit jeden betriebsbedingten Wertzuwachs (Beispiel: Der Ertrag aus dem Verkauf von erzeugten Gütern stellt einen Erlös dar, da dieser zweifelsohne betriebsbedingt ist), die Kosten geben jeden betriebsbedingten Werteverzehr (Beispiel: Der Einsatz von Rohstoffen im Rahmen der Produktion stellt einen Materialaufwand dar, welcher gleichzeitig Materialkosten entspricht, da dieser Wertverzehr betriebsbedingt ist.) wieder. Relevant ist dieses Begriffspaar für die Kostenrechnung und damit für die interne Unternehmenssteuerung: Übersteigen die gesamten Erlöse die gesamten Kosten, so liegt ein positives **Betriebsergebnis** vor.

Zum **Verhältnis zwischen Aufwendungen und Kosten**, das für die Kostenrechnung größte Bedeutung hat (vgl 2.2.1.), ist Folgendes anzumerken:[5]

- Es gibt Aufwendungen, welche gleichzeitig Kosten darstellen. Man spricht in diesem Fall von **Zweckaufwendungen bzw Grundkosten** (Beispiel: Der Einsatz von Rohstoffen zur Produktion).
- Es gibt Aufwendungen, welchen keine Kosten gegenüberstehen. Man bezeichnet solche Aufwendungen als **neutrale Aufwendungen**. Darunter fallen
  - **Betriebsfremde Aufwendungen**: Diese haben keinerlei Bezug zur betrieblichen Leistungserstellung (Beispiele: Spenden an wohltätige Einrichtungen, Spekulationsverluste).
  - **Außergewöhnliche Aufwendungen**: Diese stehen zwar in Bezug zur betrieblichen Leistungserstellung, sind aber nicht üblich und/oder vorhersehbar (Beispiele: Naturkatastrophen, wie Überschwemmung des Betriebsgeländes oder Brand eines Betriebsgebäudes; Verluste aus Bürgschaften; unerwarteter Forderungsausfall infolge Insolvenz eines Großkunden).
  - **Periodenfremde Aufwendungen**: Diese fallen in eine andere Abrechnungsperiode als die ihnen gegenüberstehenden Kosten (Beispiel: Die Gehaltsvorauszahlungen für den ersten Monat des Folgejahres stellen in der aktuellen Abrechnungsperiode einen periodenfremden Aufwand dar, da die Kosten erst im Folgejahr entstehen).
- Es gibt Aufwendungen, welchen Kosten in anderer Höhe gegenüberstehen. Man spricht hier von **Anderskosten** (Beispiele: Für stark schwankende oder nur selten auftretende Aufwendungen, wie etwa Forderungsausfälle, Garantieleistungen oder auch Gerichtsverfahren, werden in der Kostenrechnung kalkulatorische Wagnisse in Höhe der langjährigen Durchschnittswerte angesetzt; für einen steuerlich vorgeschriebenen, aber nicht den betrieblichen Tatsachen entsprechenden Abschreibungsaufwand wird eine kalkulatorische Abschreibung angesetzt).
- Es gibt Kosten, welchen keine Aufwendungen gegenüberstehen. Diese werden als **Zusatzkosten** bzw **Opportunitätskosten** bezeichnet, da sie den Nutzenverzicht durch nicht realisierte Alternativen repräsentieren (Beispiele: Für die Arbeitskraft der Gesellschafter, die kein Einkommen beziehen, wird ein **kalkulatorischer Unternehmerlohn** angesetzt, welcher bei Tätigkeit in einem anderen Unternehmen erzielbar wäre; für die unentgeltliche Überlassung von Betriebsgebäuden durch die Eigentümer wird eine **kalkulatorische Miete** in Höhe der erzielbaren Mieterträge bei Vermietung an ein anderes Unternehmen angesetzt; für das bereitgestellte Eigenkapital werden **kalkulatorische Zinsen** in Höhe der Verzinsung des Eigenkapitals bei Alternativveranlagung, beispielsweise bei einer Bank, berücksichtigt).

Beachte! Anderskosten und Zusatzkosten bilden zusammen die **kalkulatorischen Kosten**.

[5] Vgl etwa *Prell-Leopoldseder* (2010) 33 ff.

Beispiel 2-1

Fragestellung: Geben Sie an, ob es sich bei den nachfolgend angeführten Geschäftsvorfällen eines Betriebes um Auszahlungen/Einzahlungen, Ausgaben/Einnahmen, Aufwendungen/Erträge bzw Kosten/Erlöse handelt: a) Büromaterial wird gekauft und sofort bezahlt; b) Rohstoffe werden auf Kredit gekauft; c) Büromaterial wird verbraucht; d) Ein Feuer vernichtet einen Teil der gelagerten Handelswaren.

Lösung: a) Auszahlung und Ausgabe; b) Ausgabe; c) Aufwand und Kosten; d) Aufwand.

Erläuterung: a) Der Kauf ist aufgrund der Verringerung des Geldvermögens ausgabenrelevant, die sofortige Bezahlung aufgrund der Verringerung der liquiden Mittel auszahlungsrelevant; b) Der Kauf ist aufgrund der Verringerung des Geldvermögens ausgabenrelevant, da in derselben Periode jedoch kein Abgang an liquiden Mitteln stattfindet, ist dieser nicht auszahlungsrelevant; c) Aufgrund des betriebsbedingten Wertverzehrs handelt es sich um einen kostengleichen Aufwand, dh einen Zweckaufwand bzw Grundkosten; d) Es handelt sich dabei um einen neutralen (außergewöhnlichen) Aufwand infolge eines außergewöhnlichen Ereignisses.

2.1.2. Buchhaltung

Buchhaltung und Buchführung sind Begriffe, die – wie auch in diesem Lehrbuch – häufig synonym verwendet werden, obgleich die **Buchhaltung** streng genommen als Organisationseinheit in einem Unternehmen zu verstehen ist, welche die **Buchführung** durchführt. Aus diesem Grund findet sich in einschlägigen gesetzlichen Vorschriften auch immer der Verweis auf die Buchführung.

Beachte! Die **Verpflichtung zur Anwendung eines bestimmten Buchführungssystems** ergibt sich aus den einschlägigen Bestimmungen der Bundesabgabenordnung (§§ 124 und 125 BAO) sowie des Einkommensteuergesetzes (§§ 4, 5 und 17 EStG) in Verbindung mit dem Unternehmensgesetzbuch (§ 189 UGB).

2.1.2.1. Einnahmen-Ausgaben-Rechnung

Die Einnahmen-Ausgaben-Rechnung stellt ein einfaches Buchführungssystem dar, das nur für **Kleinunternehmen** – das sind Einzelunternehmen und Personengesellschaften (ausgenommen die GmbH & Co KG) mit einem Jahresumsatz von bis zu 700.000,– Euro – sowie **Angehörige der freien Berufe** ohne Umsatzgrenze (ausgenommen diese sind in Form einer Kapitalgesellschaft oder GmbH & Co KG tätig) zulässig ist. Die wesentlichen **Merkmale** der Einnahmen-Ausgaben-Rechnung sind:[6]

a) Alle **Einnahmen und Ausgaben** sind während der Abrechnungsperiode (ein Jahr) systematisch **aufzuzeichnen**. Da die Einnahmen-Ausgaben-Rechnung auf dem Zu- und Abflussprinzip basiert, werden genau genommen nicht Einnahmen und Ausgaben, sondern Einzahlungen und Auszahlungen erfasst.
b) Der Überschuss der Einnahmen über die Ausgaben ist durch **Gegenüberstellung der Zu- und Abflüsse liquider Mittel** am Ende der Abrechnungsperiode unter Berücksichtigung des Wertverlusts des sogenannten Anlagevermögens in Höhe der **Abschreibungen** zu ermitteln. Die Einnahmen-Ausgaben-Rechnung wird auch als Überschussrechnung bezeichnet.

[6] Vgl zB *Denk et al* (2010) 44 f.

Die Einnahmen-Ausgaben-Rechnung umfasst folgende **Aufzeichnungen** (Bücher):[7]

- **Kassabuch**: Darin werden alle baren Ein- und Auszahlungen erfasst.
- **Bankbuch**: Darin werden alle (unbaren) Ein- und Auszahlungen, die über ein Bankkonto laufen, erfasst.
- **Anlagenverzeichnis**: Darin sind alle Anlagegüter (= Anlagevermögen) einzutragen.

  Beachte! Für jedes Anlagegut müssen im Anlagenverzeichnis folgende **Daten** erfasst werden: Anschaffungszeitpunkt, Anschaffungspreis, Nutzungsdauer, Abschreibungsbeträge und Restbuchwert.

- **Wareneingangsbuch**: (ein solches ist nur von gewerblichen Unternehmern, die Waren verkaufen, zu führen): Darin sind Einkäufe von Handelswaren, Roh- und Hilfsstoffen zu erfassen.

  Beachte! Private Warenentnahmen sind bei der Ermittlung des Überschusses der Einnahmen über die Ausgaben zu berücksichtigen.

Der größte **Vorteil** der Einnahmen-Ausgaben-Rechnung liegt in ihrer Einfachheit, der größte **Nachteil** in ihren gravierenden Informationsmängeln: Da der Stand der Forderungen (va Guthaben bei Kunden, die bereits Waren erhalten, aber noch nicht bezahlt haben) und der Verbindlichkeiten (zB Schulden bei Banken und Lieferanten) keine Berücksichtigung findet, lässt sich die finanzielle Lage eines Unternehmens anhand einer Einnahmen-Ausgaben-Rechnung aus liquiditätsorientierter Sicht kaum beurteilen.

2.1.2.2. Doppelte Buchhaltung (Doppik)

Jede **Kapitalgesellschaft**, jede **GmbH & Co KG** sowie jene Einzelunternehmen und Personengesellschaften, deren **Jahresumsatz 700.000,– Euro übersteigt** (ausgenommen Angehörige der freien Berufe), sind zur doppelten Buchhaltung verpflichtet. Alle Unternehmen, für die diese Verpflichtung nicht gilt, können freiwillig eine doppelte Buchhaltung führen. Die wesentlichen **Merkmale** der doppelten Buchhaltung sind:[8]

a) Die **doppelte Erfassung jedes Geschäftsfalls**: Jeder Geschäftsfall wird im Journal (vgl unten) chronologisch, dh in der Reihenfolge des zeitlichen Anfalls, und im Hauptbuch (vgl unten) systematisch, dh nach der Art des Geschäftsfalles, erfasst.
b) Die **doppelte Erfassung jedes Betrags**: Jeder Geschäftsfall wird wertmäßig in zweifacher Weise über Konten erfasst. Ein **Konto** (vgl Abbildung 2-1) ist ein zweiseitiges Verrechnungsfeld, auf dem der Wert (Betrag) eines Geschäftsfalls eingetragen, dh verbucht, wird. Die linke Seite eines Kontos wird als **Soll**, die rechte als **Haben** bezeichnet. Die doppelte Erfassung eines Geschäftsfalls erfolgt nun derart, dass jeder Betrag einmal im Soll eines Kontos und einmal im Haben eines zweiten sogenannten Gegenkontos verbucht wird. Die Verbuchung eines Geschäftsfalles auf der linken Seite eines Kontos stellt somit eine Sollbuchung und jene auf der rechten Seite eine Habenbuchung dar.
   Geschäftsfälle, die wertmäßig addiert werden sollen, werden auf der gleichen Kontoseite eingetragen, Geschäftsfälle, die wertmäßig subtrahiert werden sollen, auf der Gegenseite. Der Kontostand eines Kontos ergibt sich, indem zunächst alle Sollbuchungen und alle Habenbuchungen addiert werden und anschließend die Differenz berechnet wird. Diese Differenz wird als **Saldo** bezeichnet und ist auf der wertmäßig niedrigeren Seite des Kontos einzutragen. Die Bezeichnung dieses Saldos richtet sich allerdings nach der wertmäßig höheren Seite; dh ist der Betrag im Haben höher als jener im Soll, wird der Habensaldo auf

7 Vgl beispielsweise *Bertl/Deutsch-Goldoni/Hirschler* (2011) 19.
8 Vgl zB *Bertl/Deutsch-Goldoni/Hirschler* (2011) 20 ff oder auch *Urianek* (2009) 122.

der linken Seite des Kontos eingetragen. Nach Saldierung eines Kontos muss die Summe der Sollbuchungen mit der Summe der Habenbuchungen identisch sein (Beispiel: Das in Abbildung 2-1 dargestellte Konto spiegelt den Kassenbestand wider. Der Anfangsbestand wird hier auf der Sollseite eingetragen. Somit sind auch alle Einzahlungen als Sollbuchungen zu erfassen, da sie zum Anfangsbestand addiert werden. Die Auszahlungen sind dagegen als Habenbuchungen auszuführen, da sie den Kassenbestand vermindern. Am Jahresende werden dann alle Sollbuchungen (= 1.600,–) und alle Habenbuchungen addiert (= 900,–), um als Differenz den Saldo zu bilden (= 700,–). Dieser Saldo wird auf der wertmäßig kleineren Seite, also der Habenseite, eingetragen und als Sollsaldo bezeichnet. Durch die Saldierung des Kontos ergibt sich die Summengleichheit).

Soll		Haben	
Anfangsbestand	1.000,–	Auszahlung 1	500,–
Einzahlung 1	200,–	Auszahlung 2	400,–
Einzahlung 2	400,–	**Saldo**	**700,–**
	1.600,–		1.600,–

Abbildung 2-1: Konto (Kassa)

c) Die **doppelte Ermittlung des Gewinns**: Der Gewinn (Verlust) lässt sich einerseits **direkt** als Saldo der GuV (vgl 2.1.3.2.) ermitteln, wobei ein Überschuss der Erträge über die Aufwendungen einen Gewinn und der umgekehrte Fall einen Verlust darstellt. Andererseits lässt sich der Gewinn **indirekt** über einen Reinvermögensvergleich auf Basis der Bilanz (vgl 2.1.3.1.) ermitteln, bei welchem das Reinvermögen (Eigenkapital) laut Bilanz des Vorjahres vom Reinvermögen laut Bilanz des aktuellen Jahres abgezogen wird. Ist diese Differenz positiv, so liegt eine Reinvermögensmehrung, dh ein Gewinn vor, ist sie negativ, so liegt eine Reinvermögensminderung, dh ein Verlust, vor.

Die doppelte Buchhaltung besteht im Wesentlichen aus **zwei Teilen**, der Buchhaltung und der Bilanzierung. Während im Rahmen der **Buchhaltung** die Geschäftsfälle eines Jahres dokumentiert werden, erfolgt die Zusammenfassung der Dokumentation am Jahresende in Form von GuV sowie Bilanz im Rahmen der **Bilanzierung**. Im Zuge einer doppelten Buchhaltung werden folgende **Aufzeichnungen** (Bücher) geführt:[9]

- **Grundbuch (Journal)**: Dieses dient der chronologischen Erfassung der Geschäftsfälle.
- **Hauptbuch**: Dieses dient der systematischen Erfassung der Geschäftsfälle, wobei gleichartige Geschäftsfälle auf einem Konto verbucht werden. Das Hauptbuch besteht aus der Gesamtheit aller geführten Konten eines Unternehmens und bildet das Kernstück der doppelten Buchhaltung.
- **Nebenbücher** (fallweise): Diese haben eine über die Erfassung im Grund- und Hauptbuch hinausgehende ergänzende Dokumentationsfunktion. In den Nebenbüchern werden bestimmte Vorgänge einfach detaillierter erfasst. Beispiele für Nebenbücher sind Kunden- und Lieferantenkarteien, Lohn- und Gehaltsaufzeichnungen oder auch eine Lagerbuchhaltung.
- **Hilfsbücher** (fallweise): Diese erfüllen Dokumentationsfunktionen, welche im Rahmen der drei anderen Bücher nicht oder nicht in ausreichendem Maße erfüllt werden. Welche Hilfsbücher zweckmäßig sind, hängt dabei stark von der Branche, aber auch der Unter-

[9] Vgl zB *Jehle* (2012) 226 ff.

nehmensgröße ab. Beispiele für Hilfsbücher sind Auftragsbücher von Vertretern, Spesenverteiler oder auch Rechnungseingangs- und -ausgangsbücher.

Es gibt verschiedene Möglichkeiten, wie eine doppelte Buchhaltung in der Praxis durchgeführt werden kann. Von diesen Möglichkeiten, die als **Buchführungsverfahren**[10] bezeichnet werden, hat sich mittlerweile die elektronische Buchführung, also die Buchführung mithilfe von **Software**, durchgesetzt. Die meisten Unternehmen greifen dabei auf vorhandene Softwareprodukte zurück.

Beachte! „Händische" Buchführungsverfahren, wie etwa die **Übertragungsbuchführung** (dabei werden alle Geschäftsfälle zuerst in das Journal eingetragen und von dort in das Hauptbuch übertragen) oder die **Durchschreibebuchführung** (dabei erfolgen die chronologische und die systematische Verbuchung mittels „Durchschreibung" gleichzeitig), werden kaum mehr eingesetzt.

Jedes Unternehmen kann weitestgehend frei entscheiden, welche Konten es führen möchte, und wie diese Konten bezeichnet werden sollen. Die Übersicht über alle in einem Unternehmen verwendeten Konten wird **Kontenplan** genannt. In der Praxis existieren Empfehlungen für derartige Kontenpläne, die als **Kontenrahmen** bezeichnet werden. Die gemeinsame Empfehlung der Kammer der Wirtschaftstreuhänder und des Österreichischen Zentrums für Produktivität und Wirtschaftlichkeit (ÖPWZ[11]), der sogenannte ÖPWZ-Kontenrahmen, wird in Österreich von sehr vielen Unternehmen verwendet.

Beachte! Der **ÖPWZ-Kontenrahmen** sieht eine Gliederung in 10 Kontenklassen vor, die von 0 bis 9 reicht. Die Kontenklassen 0 bis 3 umfassen dabei die Bestandskonten, die mit dem sogenannten **Schlussbilanzkonto** abgerechnet werden, bei den Kontenklassen 4 bis 8 handelt es sich um die Erfolgskonten, die mit dem **Gewinn- und Verlustkonto** abgerechnet werden. Schlussbilanzkonto sowie Gewinn- und Verlustkonto sind neben dem **Eröffnungsbilanzkonto** und dem **Eigenkapitalkonto** in der Kontenklasse 9 zusammengefasst.[12]

Die wesentlichen **Vorteile** der doppelten Buchhaltung sind deren hohe Qualität (durch die Doppelerfassung fallen Fehler rasch auf) sowie deren guter Informationsgehalt (man erhält einen realistischen Überblick über die finanzielle Lage eines Unternehmens). Der größte **Nachteil** besteht im höheren Aufwand, der jedoch durch den mittlerweile üblichen Einsatz elektronischer Buchführungsverfahren deutlich reduziert worden ist.

2.1.3. Bilanzierung

2.1.3.1. Bilanz

Die **Bilanz** (vgl Abbildung 2-2 bzw § 198 UGB) ist die **Gegenüberstellung sämtlicher Vermögens- und Kapitalpositionen** eines Unternehmens in Kontenform zu einem Bilanzstichtag. Es handelt sich damit um eine statische, dh **zeitpunktbezogene Betrachtung**. Zusätzlich zur stichtagsbezogenen Gegenüberstellung von Vermögen und Kapital erfolgt im Zuge der Erstellung der Bilanz auch eine **periodengerechte Abgrenzung** der Einnahmen/Ausgaben von den Erträgen/Aufwendungen in Form der aktiven/passiven Rechnungsabgrenzung (siehe unten). Die linke Seite der Bilanz umfasst alle **Aktiva** des Unternehmens und gibt Auskunft über die Mittelverwendung, während die rechte Seite der Bilanz alle **Passiva** umfasst und Auskunft über die Mittelherkunft gibt. Das Eigenkapital stellt als Differenz zwischen Vermögen und Fremdkapital eine Saldogröße dar. Dadurch ist die **Bilanzgleichung**, die besagt,

[10] Für Details vgl zB *Lechner/Egger/Schauer* (2010) 604 ff.
[11] Vgl dazu die Homepage des ÖPWZ unter http://www.opwz.com/; 11. 7. 2013.
[12] Vgl zB *Denk et al* (2010) 487 ff.

dass die Summe der Aktiva gleich der Summe der Passiva sein muss (= identische Bilanzsumme), gewährleistet.

Aktiva	**Passiva**
Anlagevermögen	*Eigenkapital (Reinvermögen)*
Immaterielle Vermögensgegenstände	
Sachanlagen	
Finanzanlagen	
	Unversteuerte Rücklagen
Umlaufvermögen	*Fremdkapital*
Vorräte	Rückstellungen
Forderungen und sonstige Vermögensgegenstände	Verbindlichkeiten
Wertpapiere und Anteile	
Kassenbestand, Schecks, Guthaben bei Kreditinstituten	
Aktive Rechnungsabgrenzungsposten	*Passive Rechnungsabgrenzungsposten*
Bilanzsumme	Bilanzsumme

Abbildung 2-2: Bilanz (Aufbau)

Neben den bereits erwähnten Vorschriften zur Bewertung von Vermögen und Kapital zum Abschlussstichtag (**Grundsatz der Einzelbewertung zum Abschlussstichtag**) sowie zur periodengerechten Abgrenzung (**Grundsatz der Periodenabgrenzung**) gibt es mit den Grundsätzen der Bilanzkontinuität, der Unternehmensfortführung, der Vorsicht, der Bilanzidentität und dem Anschaffungswertprinzip weitere gesetzlich vorgeschriebene Bilanzierungsgrundsätze, die sich aus den Grundsätzen ordnungsgemäßer Buchführung ergeben (vgl dazu insbesondere §§ 201 und 203 UGB).[13]

Der **Grundsatz der Bilanzkontinuität** besagt, dass hinsichtlich der Erstellung des Jahresabschlusses einmal gewählte Bewertungsansätze beizubehalten sind. Der **Grundsatz der Unternehmensfortführung** sagt aus, dass bei der Bewertung von Vermögen und Kapital von einer Fortführung des Unternehmens auszugehen ist, sofern nicht rechtliche Gründe eine Fortführung verhindern. Der **Grundsatz der Vorsicht** besagt, dass sich Unternehmen eher zu arm als zu reich darstellen müssen, was dazu führt, dass Bilanzen oftmals umfangreiche stille Reserven (vgl unten) enthalten.

Beachte! Das Vorsichtsprinzip tritt in zwei Formen in Erscheinung: Das **Realisationsprinzip** untersagt die Berücksichtigung erwarteter, aber noch nicht realisierter Gewinne (Beispiel: Wertpapiere dürfen bei steigenden Kursen zum Bilanzstichtag nicht aufgewertet werden, da die Kurse bis zum Verkauf wieder fallen könnten; erst beim Verkauf gilt der Kursgewinn als realisiert, die Aufwertung ist erst zu diesem Zeitpunkt zulässig). Das **Imparitätsprinzip** verlangt hingegen die Berücksichtigung drohender, aber noch nicht realisierter Verluste (Beispiel: Wertpapiere müssen bei sinkenden Kursen zum Bilanzstichtag abgewertet werden, obgleich die Kurse bis zum Verkauf wieder steigen könnten; obwohl der Kursverlust (noch) nicht realisiert ist, muss die Abwertung erfolgen).

Der **Grundsatz der Bilanzidentität** drückt aus, dass die Eröffnungsbilanz des aktuellen Geschäftsjahres mit der Schlussbilanz des vorangegangenen Geschäftsjahres übereinstimmen

[13] Vgl zB *Bertl/Deutsch-Goldoni/Hirschler* (2011) 311 ff oder auch *Grünberger* (2006) 60 ff.

muss. Das **Anschaffungswertprinzip** wiederum verbietet eine Aufwertung von Vermögensgegenständen über die ursprünglichen Anschaffungskosten (Herstellungskosten[14]) bzw eine Abwertung von Schulden unter die ursprünglichen Höhe der Schulden. Bei der Erstellung einer Bilanz sind lt § 196 UGB grundsätzlich sämtliche Vermögensgegenstände, Rückstellungen und Verbindlichkeiten sowie Rechnungsabgrenzungsposten wertmäßig zu erfassen. Hinsichtlich der einzelnen **Bilanzpositionen** gibt es nur für Kapitalgesellschaften detaillierte gesetzliche Vorgaben (Bilanzgliederung gem § 224 UGB). Bei Beachtung der sonstigen einschlägigen Vorschriften (§§ 195 ff UGB) kommt es allerdings zu einer starken Angleichung der Bilanzen sonstiger Unternehmensformen an jene von Kapitalgesellschaften. Diesem üblichen Bilanzbild entspricht auch Abbildung 2-2. Demnach existieren idR folgende Bilanzpositionen:[15]

a) **Anlagevermögen**: Dieses lässt sich in immaterielles Anlagevermögen (Beispiele: Patente, Lizenzen, Rechte), Sachanlagevermögen (Beispiele: Grundstücke, Gebäude, Maschinen, Fahrzeuge) und Finanzanlagevermögen (Beispiele: Unternehmensbeteiligungen, langfristige Wertpapiere) **untergliedern**.
   - **Charakteristika**: Zum Anlagevermögen gehören alle Vermögensgegenstände, die dem Unternehmen **dauerhaft**, darunter wird idR eine Dauer von mehr als einem Jahr verstanden, zur Verfügung stehen.
   - **Bewertung**: Diese erfolgt auf Basis der Anschaffungskosten bzw bei selbst erstelltem, materiellem Anlagevermögen auf Basis der Herstellungskosten. Dabei gilt das **gemilderte Niederstwertprinzip**, wonach Gegenstände des Anlagevermögens im Falle einer Wertminderung nur dann zwingend abzuwerten sind, wenn die Wertminderung dauerhaft ist. Diesbezüglich ist zu unterscheiden, ob es sich beim Anlagevermögen um abnutzbares oder nicht abnutzbares handelt: **Abnutzbares Anlagevermögen** unterliegt einer (dauerhaften) Wertminderung durch Nutzung, die technischer oder zeitlicher Natur sein kann (Beispiele: Gebrauch einer Maschine, Nutzung einer befristeten Lizenz), und ist daher jedenfalls über die voraussichtliche Nutzungsdauer **planmäßig abzuschreiben**. Dabei werden die Anschaffungskosten – idR linear – über die voraussichtliche Nutzungsdauer verteilt (Beispiel: Eine Maschine wird für 100.000,– angeschafft und kann voraussichtlich fünf Jahre lang genutzt werden. Somit ist die Maschine über fünf Jahre abzuschreiben, dh sie wird jährlich um 20.000,– abgewertet. Dies führt zu einem Buchwert, der sich jährlich um diese 20.000,– vermindert). Dagegen unterliegt **nicht abnutzbares Anlagevermögen** keiner laufenden Wertminderung durch Nutzung (Beispiel: Nutzung von unbegrenzten Rechten, Grundstücken oder Finanzanlagevermögen). Kommt es jedoch zu einer außergewöhnlichen Wertminderung (eine solche kann es auch beim abnutzbaren Anlagevermögen geben), so ist gemäß gemildertem Niederstwertprinzip eine **außerplanmäßige Abschreibung** vorzunehmen, sofern diese Wertminderung dauerhaft ist (Beispiel: Wird ein Baugrundstück einmalig überflutet und kann dieses nur für kurze Zeit nicht als Bauland genutzt werden, so ist keine Abwertung erforderlich. Ist das Grundstück hingegen als Bauland nicht mehr geeignet, so ist eine entsprechende Abwertung vorzunehmen).

Beachte! Unternehmensrechtlich ist die planmäßige Abschreibung so vorzunehmen, wie dies der betrieblichen Realität entspricht (Beispiel: Wenn Firmenfahrzeuge fünf Jahre genutzt werden, dann sind sie unternehmensrechtlich über diesen Zeitraum abzuschreiben), steuerrechtlich gibt es dagegen häufig strengere Vorgaben bezüglich der Nutzungsdauer, die oft nicht der betrieblichen Realität entsprechen (Beispiel: Steuerlich sind Firmenfahr-

[14] Die Herstellungskosten (§ 203 Abs 3 UGB) sind von den Herstellkosten (vgl 2.2.2.2) zu unterscheiden.
[15] Für Details vgl zB *Grünberger* (2011) 171 ff, *Denk et al* (2010) 143 ff oder auch *Messner/Kreidl/Wala* (2011) 104 ff.

zeuge verpflichtend über acht Jahre abzuschreiben). Die daraus resultierenden Differenzen sind in der sogenannten **Mehr-Weniger-Rechnung** auszuweisen.[16]

b) **Umlaufvermögen**: Dieses lässt sich in Vorräte (Beispiele: Handelswaren, Werkstoffe, erzeugte Produkte), Forderungen (Beispiele: Lieferforderungen, Forderungen gegenüber verbundenen Unternehmen), Wertpapiere und Anteile (Beispiele: kurzfristige Wertpapiere, kurzfristige Anteile an verbundenen Unternehmen) sowie Kassen- und Bankbestand (Guthaben bei Banken) **untergliedern**.
   - **Charakteristikum**: Zum Umlaufvermögen gehören alle Vermögensgegenstände, die dem Unternehmen nur **kurzfristig**, dh bis zu einem Jahr, dienen.
   - **Bewertung**: Diese erfolgt auf Basis der Anschaffungskosten bzw bei selbst erstelltem Umlaufvermögen auf Basis der Herstellungskosten. Für das Umlaufvermögen gilt das **strenge Niederstwertprinzip**; demnach sind Gegenstände des Umlaufvermögens im Falle jeglicher, also auch nicht dauerhafter, Wertminderung abzuwerten. (Beispiel: Forderungen, die trotz mehrmaliger Mahnung nicht bezahlt wurden, sind abzuwerten).

c) **Aktive und passive Rechnungsabgrenzungsposten**: Diese umfassen Ausgaben bzw Einnahmen, die erst in Folgeperioden einen Aufwand bzw einen Ertrag darstellen (Beispiel: Anmietung einer Lagerhalle von September bis Februar; Zahlung der sechs Monatsmieten im Vorhinein. Entspricht das Geschäftsjahr dem Kalenderjahr, so erfolgt im aktuellen Geschäftsjahr eine Ausgabe in Höhe von zwei Monatsmieten, die erst im folgenden Geschäftsjahr einen Aufwand darstellt. Zur periodengerechten Abgrenzung sind diese zwei Monatsmieten im Rahmen der aktiven Rechnungsabgrenzung zum Bilanzstichtag 31. 12. zu berücksichtigen. Erfolgt im umgekehrten Fall eine Vermietung zu obigen Konditionen, so werden im aktuellen Geschäftsjahr Einnahmen in Höhe von zwei Monatsmieten realisiert, die erst im folgenden Geschäftsjahr einen Ertrag darstellt. Diese zwei Monatsmieten sind dann im Rahmen der passiven Rechnungsabgrenzung zum Bilanzstichtag 31. 12. zu berücksichtigen).
   - **Charakteristikum**: Rechnungsabgrenzungsposten sind eigene und fremde Vorauszahlungen, sogenannte **Transitorien**, wobei diesbezüglich die Kenntnis der zeitlichen Verteilung des Aufwands bzw des Ertrags vorausgesetzt wird.
   - **Bewertung**: Diese erfolgt in Höhe der geleisteten bzw erhaltenen Vorauszahlung.

   Beachte! Eigene bzw fremde Rückstände, sog **Antizipationen**, sind Aufwendungen bzw Erträge, denen erst in Folgeperioden Ausgaben bzw Einnahmen gegenüberstehen. Eigene Rückstände sind als Fremdkapital im Rahmen der Verbindlichkeiten (siehe unten) zu erfassen, während fremde Rückstände im Rahmen des Umlaufvermögens als Forderung zu berücksichtigen sind. (Beispiel: Bei obiger Anmietung bzw Vermietung und Zahlung der sechs Monatsmieten im Nachhinein ist am Bilanzstichtag aufseiten des Mieters eine sonstige Verbindlichkeit bzw aufseiten des Vermieters eine sonstige Forderung in Höhe von vier Monatsmieten anzusetzen).

d) **Fremdkapital**: Dieses umfasst Verbindlichkeiten und Rückstellungen. **Verbindlichkeiten** sind Schulden, die nach Höhe und Fälligkeit genau bestimmbar sind (Beispiele: Kredite bei Banken, Kundenanzahlungen, Lieferverbindlichkeiten, Verbindlichkeiten gegenüber verbundenen Unternehmen, Steuer- und Sozialversicherungsschulden). **Rückstellungen** hingegen sind Schulden, deren Höhe noch ungewiss ist bzw für die noch gar kein Rechtstitel vorhanden ist (Beispiele: Pensionsrückstellungen für Betriebspensionen, Steuerrückstellungen für Steuernachzahlungen, Prozessrückstellungen für laufende Prozesse, Garantierückstellungen für mögliche Garantieleistungen).
   - **Charakteristikum**: Das Fremdkapital umfasst, vereinfacht ausgedrückt, sämtliche **Schulden** eines Unternehmens.

[16] Vgl dazu zB *Denk et al* (2010) 67 ff. oder auch *Bertl/Deutsch-Goldoni/Hirschler* (2011) 549 ff.

- **Bewertung**: Diese erfolgt auf Basis des zukünftigen (Rück-)Zahlungsbetrags. Es gilt das **Höchstwertprinzip**, dh alle Schulden sind im Falle jeglicher Werterhöhung aufzuwerten. (Beispiel: Ein Kredit, der in einer Fremdwährung aufgenommen wurde, ist im Falle von steigenden Wechselkursen aufzuwerten).

e) **Unversteuerte Rücklagen**: Bei diesen handelt es sich um Eigenkapital, das nicht als Nennkapital, Kapitalrücklage, Gewinnrücklage oder Bilanzgewinn/-verlust (siehe unten) ausgewiesen wird.
   - **Charakteristikum**: Unversteuerte Rücklagen werden im Gegensatz zu Kapital- und Gewinnrücklagen **außerhalb der Eigenkapitalposition erfasst**, da diese aufgrund steuerrechtlicher Begünstigungen nicht oder noch nicht der Besteuerung unterliegen und somit noch versteckte (latente) Steuern enthalten können. Die unversteuerten Rücklagen sind in die Bewertungsreserve aufgrund von Sonderabschreibungen (BWR) sowie die sonstigen unversteuerten Rücklagen zu **untergliedern**.
   - **Bewertung**: Diese erfolgt in Höhe des relevanten (steueraufschiebenden bzw steuerbefreiten) Betrags.

f) **Eigenkapital**: Das Eigenkapital kann als Differenz zwischen Vermögen und Schulden, dh als **Saldogröße**, ermittelt werden. Im Hinblick auf den Ausweis des Eigenkapitals unterliegen Kapitalgesellschaften strengen gesetzlichen Regelungen: Neben der Führung einer **fixen Eigenkapitalposition** in Form des Nennkapitals sind diese auch verpflichtet, **variable Eigenkapitalpositionen**, wie die Kapitalrücklage (zB Ausgabe von Aktien über dem Nennbetrag), die Gewinnrücklage (AGs sind zB verpflichtet, der Gewinnrücklage 5 % des Jahresüberschusses zuzuführen, bis 10 % des Nennkapitals erreicht sind; vgl dazu § 150 AktG), den Gewinn- bzw Verlustvortrag aus dem Vorjahr und den Bilanzgewinn bzw -verlust (nach Zuführung zu Kapital- und Gewinnrücklagen) des aktuellen Jahres, welcher sich wiederum aus dem Jahresüberschuss in der GuV ergibt, gesondert auszuweisen.

   Beachte! Stille Reserven, die durch Unterbewertung von Aktiva und Überbewertung von Passiva entstehen (und eventuell aus der sehr rigorosen Beachtung des Vorsichtsprinzips resultieren), mindern das ausgewiesene Eigenkapital.
   Dem Eigenkapital kommt eine besondere **Bedeutung** zu: Eigenkapital ist idR unkündbar und langfristig verfügbar, hat also den Charakter von **Risikokapital**. Allfällige Verluste werden somit zunächst vom Eigenkapital bzw den Eigenkapitalgebern „aufgefangen" und schlagen erst danach auf das Fremdkapital bzw die Fremdkapitalgeber durch. Ist das Vermögen eines Unternehmens geringer als das Fremdkapital, liegt buchmäßige Überschuldung vor, die sich in einem **negativen Eigenkapital** manifestiert. Negatives Eigenkapital ist auf der Aktivseite der Bilanz auszuweisen und ein starkes Indiz für eine insolvenzrechtliche Überschuldung. Liegt eine solche tatsächlich vor, ist ein Insolvenzantrag zu stellen.

   Beachte! Ist das Eigenkapital negativ, erfolgt eine zweistufige **Überschuldungsprüfung**, um festzustellen, ob eine insolvenzrechtliche Überschuldung vorliegt.[17] Im ersten Schritt ist der **Vermögensstatus** des Unternehmens zu erheben. Dazu werden alle Vermögensgegenstände und alle Schulden des Unternehmens unter der Annahme der Unternehmensauflösung (Liquidation) bewertet, wodurch stille Reserven aufgedeckt werden. Ergibt sich daraus ein positiver Vermögensstatus, was in der Praxis sehr selten der Fall ist, liegt keine insolvenzrechtliche Überschuldung vor. Bei einem negativen Vermögensstatus ist in einem zweiten Schritt eine **Fortbestandsprognose** für mindestens ein Jahr zu erstellen. Dabei wird abgeschätzt, ob das Unternehmen wieder Gewinne erwirtschaften und auch stets liquide bleiben kann. Fällt auch die Fortbestandsprognose negativ aus, ist ein Insolvenzantrag zu stellen.

[17] Vgl *Denk et al* (2010) 306 f.

Beispiel 2-2

Fragestellung: Erstellen Sie für das Einzelunternehmen X anhand der zum Bilanzstichtag vorliegenden Informationen eine Bilanz:

- Das Unternehmen X besitzt ein Grundstück, das in der Bilanz des Vorjahres mit 500.000,– (= Anschaffungswert) angesetzt wurde. Mittlerweile sind die Preise für vergleichbare Grundstücke um 10 % gestiegen.
- Das Unternehmen hat vor drei Jahren ein langfristiges Wertpapier (Anleihe) um 10.000,– gekauft, das derzeit zu einem Kurs von 97 (97 % des Kaufpreises) verkauft werden könnte. Am Ende der Laufzeit (fünf Jahre) wird die Anleihe jedenfalls zum Ausgabepreis zurückgenommen.
- Für einen Firmen-Pkw, der vor zwei Jahren für 30.000,– angeschafft und in Betrieb genommen wurde, beträgt die Nutzungsdauer zehn Jahre.
- Das Unternehmen hat Rohstoffe auf Lager, die vor sechs Monaten um 5.000,– gekauft wurden. Derzeit könnte man diese Rohstoffe um 3.000,– erwerben.
- Der aktuelle Kassenbestand beträgt 1.000,–.
- Ein Großkunde schuldet dem Unternehmen aktuell 10.000,–.
- Für den Kauf obigen Grundstücks wurde vor fünf Jahren ein Darlehen in Höhe von 400.000,– aufgenommen, von dem bisher insgesamt 100.000,– getilgt wurden.
- Für einen laufenden Prozess wurden Rückstellungen in Höhe von 20.000,– gebildet.

Lösung:

Aktiva		Passiva	
Anlagevermögen		Eigenkapital (Saldo)	228.000,–
Grundstücke	500.000,–		
Pkw	24.000,–		
Wertpapiere	10.000,–		
Umlaufvermögen		Fremdkapital	
Rohstoffe	3.000,–	Rückstellungen	20.000,–
Forderungen	10.000,–	Darlehen	300.000,–
Kassa	1.000,–		
Bilanzsumme	548.000,–	Bilanzsumme	548.000,–

Erläuterung: Bei der Erstellung der Bilanz wird dem in Abbildung 2-2 dargestellten Aufbau gefolgt: Nachdem es kein immaterielles Anlagevermögen gibt, wird mit dem Sachanlagevermögen begonnen: Dieses umfasst das Grundstück sowie den Firmen-Pkw. Beim Grundstück handelt es sich um nicht abnutzbares Anlagevermögen. Infolge des Vorsichtsprinzips (Anschaffungswertprinzip) darf das Grundstück trotz allgemeiner Preissteigerung nicht über den Anschaffungswert hinaus aufgewertet werden. Beim Firmen-Pkw handelt es sich um abnutzbares Anlagevermögen, welches linear über die Nutzungsdauer (10 Jahre), dh in Höhe von 3.000,– jährlich, abzuschreiben ist. Nachdem der Pkw bereits seit zwei Jahren genutzt wird, beträgt die bisher angefallene Abschreibung 6.000,–, sodass der Buchwert des Pkw aktuell 24.000,– beträgt. Finanzanlagevermögen existiert in Form der Anleihe, bei der es sich um nicht abnutzbares Anlagevermögen handelt. Es gilt das gemilderte Niederstwertprinzip, wonach die Anleihe nur bei einer dauernden Wertminderung abzuwerten wäre, die aber infolge des Rückkaufes zum Ausgabewert am Ende der Laufzeit nicht vorliegt.

Unter der Position Umlaufvermögen sind zunächst die Vorräte in Form von Rohstoffen zu berücksichtigen. Da für diese das strenge Niederstwertprinzip gilt, sind die Rohstoffe mit ihrem aktuellen Wert in Höhe von 3.000,– anzusetzen. Weiters existiert Umlaufvermögen in Form von Forderungen gegenüber einem Großkunden (Lieferforderungen) in Höhe von 10.000,–. Kurzfristige Wertpapiere sind keine vorhanden, sodass der Kassenbestand die letzte Position des Umlaufvermögens bildet.

Auf der Passivseite ist das Fremdkapital in Form der Rückstellungen für den laufenden Prozess sowie in Form der Verbindlichkeiten für das Darlehen zu berücksichtigen. Da von diesem Darlehen bisher erst 100.000,– zurückgezahlt wurden, existiert derzeit eine Verbindlichkeit in Höhe von 300.000,–.Das Eigenkapital erhält man, indem man von der Summe der Aktiva (= 548.000,–) das Fremdkapital (= 320.000,–) abzieht.

2.1.3.2. Gewinn- und Verlustrechnung (GuV)

Die **GuV** (vgl Abbildung 2-3 bzw § 200 UGB), die häufig auch als **Erfolgsrechnung** bezeichnet wird, ist die **Gegenüberstellung von Aufwendungen und Erträgen** in Kontenform oder in Staffelform, wobei Letztere für Kapitalgesellschaften verpflichtend ist (§ 231 UGB). Bei der GuV handelt es sich um eine dynamische, dh **zeitraumbezogene Betrachtung**, da Aufwendungen und Erträge, die zwischen zwei Bilanzstichtagen, dh während eines Geschäftsjahres, anfallen, erfasst werden. Inhaltlich umfasst die GuV (die Salden) alle(r) Erfolgskonten.

Einzelunternehmen und Personengesellschaften können die GuV in **Kontenform** durchführen, bei welcher auf der linken Seite sämtliche Aufwendungen in Form der saldierten Aufwandskonten und auf der rechten Seite sämtliche Erträge in Form der saldierten Ertragskonten aufgelistet werden. Die GuV zeigt dabei den wirtschaftlichen Erfolg eines Unternehmens in Form der Saldogröße, also der Differenz zwischen den gesamten Erträgen und Aufwendungen.

Bei der für Kapitalgesellschaften vorgeschriebenen **Staffelform** (vgl Abbildung 2-3) sind aufgrund der Aufspaltung der Erfolgskonten detaillierte Informationen zum Unternehmenserfolg leichter ablesbar als bei der Kontenform. Anhand der Staffelform lassen sich auf den ersten Blick die Ursachen für einen Gewinn (Verlust) erkennen: Aus dem **Betriebsergebnis**, in das auf der Ertragsseite va Umsatzerlöse und sonstige betriebliche Erträge und auf der Aufwandsseite va Personal- und Materialaufwendungen, Abschreibungen und sonstige betriebliche Aufwendungen einfließen, kann der Erfolg der betrieblichen Kerntätigkeit abgelesen werden. Das **Finanzergebnis**, in das va Erträge aus Beteiligungen und Wertpapieren (zB Dividenden, Gewinnanteile, Zinsen) sowie Abschreibungen auf Finanzanlagen und Zinszahlungen einfließen, erlaubt einen Überblick über den Erfolg der Finanzaktivitäten eines Unternehmens.

Eine wichtige Erfolgsgröße in der Unternehmenspraxis ist die Summe aus Betriebs- und Finanzergebnis, das **Ergebnis der gewöhnlichen Geschäftstätigkeit (EGT)**. Addiert man zum EGT das **außerordentliche (ao) Ergebnis**, welches ao Erträge (zB aus der Veräußerung von Reservegrundstücken oder aufgrund des (positiven) Ausganges eines Prozesses) und ao Aufwendungen (zB für die Beseitigung von Schäden durch Naturkatastrophen oder als Folge von Enteignungen) aus Aktivitäten außerhalb der gewöhnlichen Geschäftstätigkeit umfasst, so erhält man den **Jahresüberschuss vor Steuern** bzw im Falle eines negativen Wertes den **Jahresfehlbetrag** vor Steuern. Diese Kennzahl stellt die Basis für die Ermittlung der Einkommens- bzw Ertragssteuern dar. Zieht man davon die geschätzten Steuern (zum Zeitpunkt der Erstellung der GuV steht die endgültige Steuerschuld noch nicht fest) ab, so erhält man den **Jahresüberschuss** bzw **Jahresfehlbetrag nach Steuern**. Korrigiert man diesen noch um Dotierung und Auflösung von Rücklagen sowie um einen etwaigen Gewinn- bzw Verlustvortrag aus den Vorjahren, so erhält man den **Bilanzgewinn** bzw **Bilanzverlust**, welcher der Position Bilanzgewinn bzw Bilanzverlust in der Bilanz entsprechen muss.

betriebliche Erträge – betriebliche Aufwendungen		Finanzerträge – Finanzaufwendungen		
Betriebsergebnis	+	**Finanzergebnis**		
				ao. Erträge – ao. Aufwendungen
= Ergebnis der gewöhnlichen Geschäftstätigkeit (EGT)			+	**ao. Ergebnis**

Jahresüberschuss/Jahresfehlbetrag vor Steuern

– Steuern vom Einkommen und Ertrag

Jahresüberschuss/Jahresfehlbetrag

+ Auflösung von Rücklagen/– Bildung von Rücklagen

+ Gewinnvortrag/– Verlustvortrag

Bilanzgewinn/Bilanzverlust

Abbildung 2-3: GuV (Staffelform)

Beachte! Zwei weitere Erfolgsgrößen von Unternehmen, die in der Praxis von Bedeutung sind, stellen das EBIT und das EBITDA dar.[18] Ausgangspunkt dieser Kennzahlen ist der Jahresüberschuss bzw Jahresfehlbetrag nach Steuern. Für die Berechnung des **EBIT** (= Earnings before interest and taxes), auch Bruttogewinn genannt, muss man zum Jahresüberschuss/ Jahresfehlbetrag nach Steuern die (zuvor abgezogenen) Steuern und Fremdkapitalzinsen[19] wieder hinzuzählen und das ao Ergebnis wieder abziehen. Das EBIT kann als Entgelt für die Kapitalbereitstellung durch Eigen- und Fremdkapitalgeber interpretiert werden und erleichtert Vergleiche über unterschiedliche Branchen oder über die Zeit, da Einflussgrößen, wie schwankende Steuersätze, unterschiedliche Gewinnverwendungspolitik, differierende Kapitalstruktur oder außerordentliche Faktoren, ausgeschaltet werden. Zum **EBITDA** (= Earnings before interest, taxes, depreciation and amortization) gelangt man, indem man zum EBIT die (zuvor abgezogenen) Abschreibungen auf Sachanlagen (depreciation) und immaterielle Vermögensgegenstände (amortization) wieder hinzurechnet. Damit werden unterschiedliche Abschreibungsmethoden und variierende Nutzungsdauern ausgeglichen.

[18] Vgl zB *Wöhe/Döring* (2010) 808 f.

[19] Anstelle der Korrektur um die Fremdkapitalzinsen kann der Jahresüberschuss bzw. -fehlbetrag auch um das gesamte Finanzergebnis bereinigt werden. In diesem Fall entspricht das EBIT dem EGT.

Beispiel 2-3

Fragestellung: Für ein Unternehmen liegen die folgenden Aufwendungen und Erträge für das laufende Geschäftsjahr vor: Umsatzerlöse = 900.000,–; Personalaufwand = 400.000,–; Materialaufwand = 50.000,–; Abschreibungen auf Sachanlagen = 150.000,–; Zinserträge aus Wertpapieren = 10.000,–; Zinsaufwand = 5.000,–; Ertrag aus der Veräußerung eines nicht mehr benötigten Betriebsgebäudes = 300.000,–; Berechnen Sie a) Betriebsergebnis, b) Finanzergebnis, c) außerordentliches Ergebnis, d) EGT, e) EBIT und f) EBITDA.

Lösung: a) 300.000,–; b) 5.000,–; c) 300.000,–; d) 305.000,–; e) 310.000,–; f) 460.000,–

Erläuterung:

Umsatzerlöse	900.000,–		Wertpapiererträge	10.000,–			
Personal	–400.000,–		Zinsaufwand	–5.000,–			
Material	–50.000,–						
Abschreibungen	–150.000,–						
Betriebsergebnis	**300.000,–**	+	**Finanzergebnis**	**5.000,–**			
						ao. Ertrag	300.000,–
						ao. Aufwand	0,–
Ergebnis der gewöhnlichen Geschäftstätigkeit (EGT)				**305.000,–**	+	**ao. Ergebnis**	**300.000,–**
Jahresüberschuss/Jahresfehlbetrag vor Steuern							**605.000,–**
– ao. Ergebnis							–300.000,–
+ Zinsaufwand							5.000,–
EBIT							**310.000,–**
+ Abschreibungen auf Sachanlagenvermögen							150.000,–
EBITDA							**460.000,–**

Während bei Einzelunternehmen und Personengesellschaften der **Jahresabschluss** aus **Bilanz** und **GuV** besteht, ist bei Kapitalgesellschaften zusätzlich noch ein **Anhang** erforderlich, dessen Inhalt durch das UGB vorgegeben wird (§§ 236 ff UGB). Der Anhang dient dazu, die verdichteten Informationen aus Bilanz und GuV zu erläutern, sodass ein möglichst getreues Bild der wirtschaftlichen Lage des Unternehmens vermittelt wird (zB Angabe der Bilanzierungs- und Bewertungsmethoden, Aufgliederung der Umsatzerlöse, Informationen über die Fristigkeit von Verbindlichkeiten, Angaben zu den Organen und Arbeitnehmern der Gesellschaft). Zudem sind Kapitalgesellschaften auch noch zur Erstellung eines **Lageberichts** verpflichtet, welcher der Ergänzung des gesamten Jahresabschlusses dient (§ 243 UGB). In diesem sind va die gegenwärtige und die zukünftige Unternehmenssituation zu analysieren (zB Analyse des Geschäftsverlaufes, Prognose der Geschäftsentwicklung).

2.1.3.3. Kapitalflussrechnung (Cashflow-Rechnung)

In der Praxis ist es üblich, dass **Kapitalgesellschaften** (freiwillig) Zusatzinformationen für Bilanzadressaten (va Kapitalgeber) bereitstellen, um diesen einen besseren Einblick in die Unternehmenssituation zu gewähren. Zu diesen Zusatzinformationen gehört die **Kapitalflussrechnung (Cashflow-Rechnung)**, die für börsennotierte Kapitalgesellschaften mittlerweile vorgeschrieben ist (und zwar die retrospektive Kapitalflussrechnung: vgl unten) und daher große Verbreitung erlangt hat. Diese soll die mangelnde Liquiditätsorientierung des Jahresabschlusses (in der GuV werden nicht Ein- und Auszahlungen, sondern Erträge und Aufwendungen gegenübergestellt) ausgleichen und den Zahlungsmittelstrom eines Unternehmens offenlegen.

Man unterscheidet zwischen retrospektiver und prospektiver Kapitalflussrechnung:[20] Die **retrospektive Kapitalflussrechnung** basiert auf Jahresabschlussinformationen, ist damit objektiv nachprüfbar und zeigt die Veränderungen des Liquiditätspotenzials des Unternehmens im abgelaufenen Geschäftsjahr samt deren Ursachen. Durch die Vergangenheitsorientierung eignet sie sich allerdings nicht zur Beurteilung der zukünftigen Liquidität eines Unternehmens, ist also für die Finanzplanung nicht einsetzbar. Für diesen Zweck ist eine **prospektive Kapitalflussrechnung** auf Basis subjektiv geschätzter Zukunftsdaten in Form von Plan-Bilanz und Plan-GuV durchzuführen.

Zentraler Bestandteil der (retrospektiven) Kapitalflussrechnung ist die Ermittlung des Kapitalflusses (Cashflows) des abgelaufenen Geschäftsjahres. Dieser kann direkt oder indirekt berechnet werden:[21] Bei der **direkten Ermittlung** wird der Cashflow als Differenz zwischen zahlungswirksamen Einnahmen und zahlungswirksamen Ausgaben berechnet, dh, alle Geschäftsfälle sind auf deren Zahlungswirksamkeit hin zu überprüfen. Da dies in der Praxis nur unternehmensintern möglich ist, wird häufig auf die **indirekte (derivative) Ermittlung** der Cashflows zurückgegriffen. Ausgangspunkt stellt dabei der Jahresüberschuss bzw Jahresfehlbetrag nach Steuern dar, welcher zunächst um nicht zahlungswirksame Aufwendungen erhöht und um nicht zahlungswirksame Erträge vermindert wird, bevor nicht erfolgswirksame Einzahlungen addiert und nicht erfolgswirksame Auszahlungen abgezogen werden, um ein möglichst unverfälschtes Bild der Finanzkraft eines Unternehmens zu erhalten. Somit kann die derivative Cashflow-Rechnung gemäß Abbildung 2-4 zusammengefasst werden.

Jahresüberschuss nach Steuern

\+ Aufwendungen, die in derselben Periode keine Auszahlungen darstellen

– Erträge, die in derselben Periode keine Einzahlungen darstellen

– Auszahlungen, die in derselben Periode keine Aufwendungen darstellen

\+ Einzahlungen, die in derselben Periode keine Erträge darstellen

---

Cashflow

Abbildung 2-4: Derivative Cashflow-Berechnung

Um ein genaues Bild über den Cashflow und seine Quellen zu erhalten, wird die **Kapitalflussrechnung getrennt** für den Geschäftsbereich, den Investitionsbereich und den Finanzierungsbereich **durchgeführt**:

---

[20] Vgl *Wöhe/Döring* (2010) 811 ff.

[21] Vgl zB *Bertl/Deutsch-Goldoni/Hirschler* (2011) 587 ff.

a) **Cashflow aus der Geschäftstätigkeit**: Ausgehend vom Jahresüberschuss nach Steuern werden zunächst nicht zahlungswirksame Aufwendungen, wie zB für Abschreibungen oder die Dotierung von Rückstellungen addiert und nicht zahlungswirksame Erträge, wie zB Erträge aus der Auflösung von Rückstellungen oder der Erhöhung der Forderungen, subtrahiert. Danach werden nicht erfolgswirksame Einzahlungen, wie zB die Verminderung der Forderungen, addiert und nicht erfolgswirksame Auszahlungen, wie zB die Verminderung der Verbindlichkeiten, subtrahiert.[22]
b) **Cashflow aus der Investitionstätigkeit**: Für die Ermittlung des Cashflows aus dem Investitionsbereich werden Einzahlungen aus Abgängen von Sach- und Finanzanlagevermögen, dh aus sogenannten Desinvestitionen, addiert, und Auszahlungen für Sach- und Finanzanlagevermögen subtrahiert.
c) **Cashflow aus der Finanzierungstätigkeit**: Für die Ermittlung des Cashflows aus dem Finanzierungsbereich werden Einzahlungen von Eigen- und Fremdkapitalgebern, wie zB Gesellschaftereinlagen oder die Auszahlung von Darlehen, addiert, und Auszahlungen an Eigen- und Fremdkapitalgeber, wie zB Gewinnausschüttungen oder Tilgungs- und Zinszahlungen, subtrahiert.

Summiert man die Cashflows aus diesen drei Bereichen, so erhält man die zahlungswirksame Veränderung des Finanzmittelbestandes, dh den **Cashflow dieser Periode**. Addiert man den Cashflow der Periode und den Finanzmittelbestand am Periodenanfang, so erhält man den **Finanzmittelbestand am Periodenende**.

Beispiel 2-4

Fragestellung: Für ein Unternehmen liegen folgende Informationen vor: Jahresüberschuss nach Steuern: 100.000,–; Finanzmittelbestand am Periodenanfang: 10.000,–; Abschreibungen auf das Anlagevermögen: 20.000,–; Verminderung der Lieferverbindlichkeiten: 15.000,–; Auszahlungen für Investitionen in das Anlagevermögen: 50.000,–; Einzahlungen aus Darlehen: 20.000,–; Auszahlungen in Form von Eigenkapitalentnahmen: 45.000,–.

Berechnen Sie den Finanzmittelbestand am Periodenende.

Lösung: Der Finanzmittelbestand am Periodenende beträgt 40.000,–.

Jahresüberschuss nach Steuern	100.000,–
(I) Aufwendungen, die keine Auszahlungen sind	
+ Abschreibungen auf das Anlagevermögen	+20.000,–
(II) Erträge, die keine Einzahlungen sind	0,–
(III) Einzahlungen, die keine Erträge sind	0,–
(IV) Auszahlungen, die keine Aufwendungen sind	
– Verminderung der Lieferverbindlichkeiten	–15.000,–
Cashflow aus der Geschäftstätigkeit	**+105.000,–**
– Auszahlungen für Investitionen	–50.000,–
Cashflow aus der Investitionstätigkeit	**–50.000,–**
+ Einzahlungen aus Darlehen	+20.000,–
– Auszahlungen an Eigenkapitalgeber	–45.000,–
Cashflow aus der Finanzierungstätigkeit	**–25.000,–**
Cashflow der Periode	**+30.000,–**
Finanzmittelbestand am Periodenbeginn	+10.000,–
Finanzmittelbestand am Periodenende	**+40.000,–**

[22] Für Details vgl *Drukarczyk* (2003) 72 ff.

2.1.3.4. Buchungskreislauf

Es gibt zwei zentrale Regeln der Verbuchung: (1) Keine Buchung ohne Beleg; (2) **Keine Buchung ohne Gegenbuchung**, dh jeder Betrag wird einmal im Soll und einmal im Haben gebucht.[23] Während die erste Regel keiner zusätzlichen Erklärung bedarf, soll die zweite Regel einschließlich deren Funktionsweise näher beleuchtet werden.

Buchungen werden verkürzt in Form von **Buchungssätzen** dargestellt:[24] Diese sind grundsätzlich nach dem Schema „Soll an Haben" unter Angabe des Buchungsbetrags aufgebaut, wobei „Soll" durch das Konto, auf welchem der Betrag im Soll erfasst wird, und „Haben" durch das Konto, auf welchem der Betrag im Haben erfasst wird, zu ersetzen ist.

Wie bereits erwähnt, kann grundsätzlich zwischen Bestandskonten, Erfolgskonten und dem Eigenkapitalkonto unterschieden werden (vgl 2.1.2.2.). Bei den **Bestandskonten** (vgl die Kontenklassen 0–3 des ÖPWZ-Kontenrahmens) ist zwischen aktiven und passiven Bestandskonten zu unterscheiden. Aktive Bestandskonten geben Aufschluss über das Vermögen, passive über die Schulden. Bestandskonten weisen einen Anfangsbestand auf, welcher bei aktiven Bestandskosten im Soll und bei passiven im Haben steht. Um dem Grundsatz der doppelten Buchhaltung Rechnung zu tragen, wird **am Beginn des Jahres** der Anfangsbestand, der sich aus der Schlussbilanz des Vorjahres (= Eröffnungsbilanz des aktuellen Jahres) ergibt, nicht direkt, sondern indirekt über ein Hilfskonto, das sogenannte **Eröffnungsbilanzkonto** (EBK; vgl die Kontenklasse 9 des ÖPWZ-Kontenrahmens), auf die Bestandskonten gebucht. Abbildung 2-5 fasst die Eröffnungsbuchungen zusammen.

Eröffnungsbilanz

Aktiva	Passiva
Anfangsbestand Aktiva	Anfangsbestand Passiva

EBK

Soll	Haben
Anfangsbestand Passiva	Anfangsbestand Aktiva

Aktive Bestandskonten

Soll	Haben
Anfangsbestand Aktiva Zugänge	Abgänge

Passive Bestandskonten

Soll	Haben
Abgänge	Anfangsbestand Passiva Zugänge

Abbildung 2-5: Buchungen am Beginn und während des Jahres

Während des Jahres werden Zugänge auf der Seite des Anfangsbestandes, Abgänge auf der gegenüberliegenden Seite gebucht (vgl Abbildung 2-5). Es gibt eine Vielzahl von Geschäftsfällen, die ausschließlich Bestandskonten betreffen. Man spricht in diesem Fall von **erfolgsneutralen Buchungen**, die folgende Wirkungen haben können:

- **Bilanzverlängerung**: Das bedeutet eine Vermehrung der Aktiva und Passiva, wie zB beim Kauf von Rohstoffen auf Ziel. Die entsprechende Buchung lautet „Rohstoffe an Verbindlichkeiten aus Lieferungen und Leistungen (L&L)", wodurch sich sowohl die Aktiva als auch die Passiva erhöhen.

---

[23] Für eine grafische Darstellung des Buchungskreislaufs vgl *Kreidl/Messner* (2010) 25.

[24] Für eine Zusammenfassung üblicher Buchungssätze vgl *Jehle* (2012) 527 ff.

- **Bilanzverkürzung**: Dabei kommt es zu einer Verminderung der Passiva und der Aktiva, wie zB bei Begleichung von Lieferverbindlichkeiten in bar. Die entsprechende Buchung lautet „Verbindlichkeiten aus L&L an Kassa", wodurch sowohl die Passiva als auch die Aktiva sinken.
- **Aktivtausch**: Beim Aktivtausch betreffen die Buchungen ausschließlich die Aktivseite der Bilanz, wie zB bei beim Barkauf von Rohstoffen. Die entsprechende Buchung lautet „Rohstoffe an Kassa", wodurch sich ausschließlich die Zusammensetzung der Aktiva verändert.
- **Passivtausch**: Beim Passivtausch betreffen die Buchungen ausschließlich die Passivseite der Bilanz, wie zB bei Begleichung einer Lieferverbindlichkeiten über einen Kontokorrentkredit. Die entsprechende Buchung lautet „Verbindlichkeiten aus L&L an Verbindlichkeiten an Bank", wodurch sich ausschließlich die Zusammensetzung der Passiva verändert.

Am Ende des Jahres werden die Bestandskonten über das **Schlussbilanzkonto** (SBK; vgl die Kontenklasse 9 des ÖPWZ-Kontenrahmens) wie folgt abgeschlossen: Zunächst werden für jedes Konto die Beträge auf der Soll- und Habenseite addiert. Auf der betragsmäßig geringeren Seite ist der Saldo als Differenz zum höheren Betrag einzutragen. Die Übernahme des jeweiligen Saldos in die Bilanz erfolgt über das **Schlussbilanzkonto**, welches in seiner Gliederung der Bilanz entspricht. Da der Saldo bei Bestandskonten (mit Ausnahme des Kontos Kontokorrentkredit) immer auf der Seite der Abgänge steht, dh bei aktiven Bestandskonten im Haben und bei passiven im Soll (die Abgänge können nicht höher sein als Anfangsbestand und Zugänge zusammen), lautet die abschließende Buchung bei aktiven Bestandskonten „SBK an aktives Bestandskonto" und bei passiven Bestandskonten „passives Bestandskonto an SBK".

Das **Eigenkapitalkonto** (vgl dazu die Kontenklasse 9 des ÖPWZ-Kontenrahmens) zählt zwar nicht zu den Bestandskonten, ist aber prinzipiell wie ein passives Bestandskonto zu führen, dh das Eigenkapital laut Eröffnungsbilanz wird indirekt über das EBK auf das Eigenkapitalkonto gebucht. Das Eigenkapital besteht zum einen aus Mitteln (Einlagen) der Eigenkapitalgeber, zum anderen aus dem Gewinn, der sich wiederum als Differenz zwischen den betrieblichen Erträgen und Aufwendungen ergibt.

Die Gewinnermittlung, dh die Gegenüberstellung der Aufwendungen und Erträge erfolgt jedoch nicht über das Eigenkapitalkonto, sondern wird aus Gründen der Übersichtlichkeit zunächst getrennt über die **Erfolgskonten** (vgl dazu die Kontenklassen 4–8 des ÖPWZ-Kontenrahmens) durchgeführt. Im Gegensatz zu Buchungen auf Bestandskonten, die das Eigenkapitalkonto nicht verändern, führen Buchungen auf Erfolgskonten zu einer Erhöhung bzw Verminderung des Eigenkapitals.

Erfolgskonten weisen im Gegensatz zu Bestandskonten **keinen Anfangsbestand** auf. Hinsichtlich der Erfolgskonten ist zwischen Aufwandskonten und Ertragskonten zu unterscheiden. **Während des Jahres** werden Aufwendungen auf den Aufwandskonten im Soll, Erträge auf Ertragskonten im Haben gebucht, dh Aufwandskonten sind aktive Erfolgskonten, Ertragskonten passive. Buchungen auf Erfolgskonten sind genau dann **erfolgswirksam**, wenn die Gegenbuchung auf einem Bestandskonto erfolgt. (Beispiel: Zur Produktion eines Gutes werden auf Lager liegende Rohstoffe eingesetzt. Die entsprechende Buchung lautet „Rohstoffverbrauch an Rohstoffvorräte". Beim Konto „Rohstoffverbrauch" handelt es sich um ein Aufwandskonto, dh der Verbrauch ist im Soll zu buchen, während es sich beim Konto „Rohstoffvorräte" um ein aktives Bestandskonto handelt, bei welchem die Verminderung im Haben zu buchen ist.). **Am Ende des Jahres** werden die Salden der Aufwands- und Ertragskonten nicht direkt, sondern indirekt über ein Verrechnungskonto, das sogenannte **GuV-Konto** (vgl dazu die Kontenklasse 9 des ÖPWZ-Kontenrahmens) auf das Eigenkapitalkonto gebucht. Liegt dabei ein Habensaldo (= Saldo im Soll) vor, lautet die entsprechende Buchung „Erfolgskonto an GuV", während bei einem Sollsaldo (= Saldo im Haben) „GuV an Erfolgskonto" gebucht wird. Damit stehen auf dem GuV-Konto die Aufwendungen im Soll, die Erträge im Haben. Liegt ein

Gewinn vor, sind also die Erträge insgesamt höher als die Aufwendungen, steht der Saldo auf dem GuV-Konto im Soll, ansonsten im Haben. Ein Gewinn wird dann über „GuV an Eigenkapital“, ein Verlust über „Eigenkapital an GuV“ auf das Eigenkapitalkonto gebucht, welches letztendlich über das SBK abgeschlossen wird, indem ein Habensaldo (= Eigenkapitalvermehrung) über „Eigenkapital an SBK“ und ein Sollsaldo über „SBK an Eigenkapital“ gebucht wird.

Beachte! GuV und Bilanz sind va durch zwei Umstände eng miteinander **verknüpft**: Einerseits betreffen viele Geschäftsfälle gleichzeitig Bestands- und Erfolgskonten, und andererseits ist der Erfolg sowohl aus der Bilanz (indirekte Gewinnermittlung) als auch aus der GuV (direkte Gewinnermittlung) ersichtlich.

Beispiel 2-5

Fragestellung: Stellen Sie nachfolgende Geschäftsfälle in Form von Buchungssätzen dar:

a) Abschreibung auf die Geschäftsausstattung in Höhe von 5.000,–

b) Auszahlung der Arbeitnehmergehälter in Höhe von 50.000,– in Form einer Überweisung vom Bankkonto des Unternehmens

c) Kauf von Rohstoffen um 20.000,– auf Ziel; einen Monat später wird diese Lieferverbindlichkeit bar bezahlt.

Lösung:

a) „Abschreibungen an Geschäftsausstattung 5.000,–“

b) „Personalaufwand an Bank 50.000,–“

c) „Rohstoffe an Verbindlichkeiten aus L&L 20.000,–“ und nach einem Monat „Verbindlichkeiten aus L&L an Kassa 20.000,–“

Erläuterung:

a) Die Wertminderung der Geschäftsausstattung stellt einen Aufwand in Höhe von 5.000,– dar, der auf dem Konto „Abschreibungen“, einem aktiven Erfolgskonto (Aufwandskonto), im Soll gebucht wird; die Gegenbuchung erfolgt auf dem Konto „Geschäftsausstattung“, einem aktiven Bestandskonto, im Haben, da sich der wertmäßige Bestand verringert.

b) Die Bezahlung der Gehälter stellt einen Aufwand in Höhe von 50.000,– dar, der auf dem Konto „Personalaufwand“, einem aktiven Erfolgskonto, im Soll gebucht wird; gleichzeitig vermindert dieser Betrag das Bankguthaben, ist also auf dem aktiven Bestandskonto „Bank“ im Haben zu verbuchen.

c) Durch den Kauf auf Ziel entstehen Lieferverbindlichkeiten in Höhe von 20.000,–, die auf dem Konto „Verbindlichkeiten aus L&L“, einem passiven Bestandskonto, im Haben zu buchen sind; gleichzeitig werden die Rohstoffe um 20.000,– erhöht, womit auf dem entsprechenden Konto, einem aktiven Bestandskonto, eine Sollbuchung vorzunehmen ist. Die Bezahlung der Lieferverbindlichkeit nach einem Monat führt dann zu einer Sollbuchung auf dem Konto „Verbindlichkeiten aus L&L“, da sich diese um 20.000,– verringern, und zu einer Habenbuchung auf dem Kassakonto, da dieses in Höhe dieses Betrags vermindert wird.

2.1.4. Bilanzanalyse

Gegenstand der Bilanzanalyse (eigentlich Jahresabschlussanalyse) ist die **Auswertung des Jahresabschlusses**. Wesentliche Informationen über die Wirtschaftlichkeit eines Unternehmens sollen in knapper Form anhand von betrieblichen **Kennzahlen** dargestellt werden. Diese Kennzahlen ermöglichen **Vergleiche** unterschiedlicher Art:[25] Soll-Ist-Vergleiche, bei denen untersucht wird, ob die tatsächlichen Werte (Ist) dem geplanten (Soll) entsprechen; Zeitvergleiche, die es ermöglichen, längerfristige Entwicklungen zu beobachten, und Branchenvergleiche, die offenlegen, wie das Unternehmen im Vergleich zu anderen Unternehmen derselben Branche dasteht. Die wesentlichen Adressaten dieser Analysen sind die Kapitalgeber, wobei die Gläubiger, dh die Fremdkapitalgeber, hauptsächlich an einer **finanzwirtschaftlichen Analyse**, die Eigenkapitalgeber an einer **erfolgswirtschaftlichen Analyse** interessiert sind. Zur finanzwirtschaftlich orientierten Analyse zählen die Vermögensanalyse, die Kapitalanalyse sowie die Liquiditätsanalyse, während die Rentabilitätsanalyse zur erfolgswirtschaftlich orientierten Analyse zählt.

2.1.4.1. Vermögensanalyse

Im Rahmen der Vermögensanalyse wird die **Vermögensstruktur** eines Unternehmens, also die Aktivseite der Bilanz, analysiert. Dazu werden Positionen der Aktivseite in Relation gesetzt. Charakteristische **Kennzahlen** der Vermögensanalyse, die sogenannten Vermögensstrukturkennzahlen, sind folgende:[26]

a) die **Anlagenintensität**:
   - **Berechnung:**

$$\text{Anlagenintensität} = \frac{\text{Anlagevermögen}}{\text{Gesamtvermögen}} \cdot 100$$

   - **Interpretation**: Auf Basis der Anlagenintensität können Aussagen über die Flexibilität des Unternehmens im Hinblick auf die Kapitalfreisetzung getätigt werden: Je höher die Anlagenintensität ist, umso länger wird es dauern, das Vermögen zu „liquidieren", dh das darin gebundene Kapital freizusetzen. Man spricht in diesem Zusammenhang von der sogenannten Selbstliquidationsperiode.
   - **Höhe**: Es gibt hier keinen wissenschaftlich fundierten Grenzwert. Die Anlagenintensität ist stark branchenabhängig. Bei Industrieunternehmen, die idR viele Anlagegüter, wie etwa Maschinen, benötigen, ist sie tendenziell höher als bei Dienstleistungsunternehmen.

b) die **Umlaufintensität**
   - **Berechnung**:

$$\text{Umlaufintensität} = \frac{\text{Umlaufvermögen}}{\text{Gesamtvermögen}} \cdot 100$$

   - **Interpretation und Höhe**: Sie ist äquivalent zur Anlagenintensität und dementsprechend zu interpretieren. Anlagen- und Umlaufintensität ergeben zusammen 100 %. Die Umlaufintensität kann noch weiter in eine Vorratsintensität und eine Forderungsintensität aufgespalten werden, da anzunehmen ist, dass die Selbstliquidationsperiode bei Forderungen noch kürzer ist als bei Vorräten.

---

[25] Vgl *Wagenhofer* (2010) 199 f.
[26] Vgl zB *Hilber/Hilber/Hilber* (2009) 58 ff.

Beispiel 2-6

Fragestellung: In einem Unternehmen beträgt das Gesamtvermögen 500.000,–; davon sind 200.000,– Umlaufvermögen. Wie hoch ist die Anlagenintensität?

Lösung: 60 %.

Erläuterung: Gesamtvermögen = Anlagevermögen + Umlaufvermögen, dh Anlagevermögen = 500.000 – 200.000 = 300.000,–; Anlagenintensität =

$$\frac{300.000}{500.000} \cdot 100 = 60\%$$

2.1.4.2. Kapitalanalyse

Im Rahmen der Kapitalanalyse wird die **Kapitalstruktur** eines Unternehmens, also die Passivseite der Bilanz, analysiert. Dazu werden Positionen der Passivseite in Relation gesetzt. Charakteristische **Kennzahlen** der Kapitalanalyse, die sogenannten Kapitalstrukturkennzahlen, sind folgende:[27]

a) die **Eigenkapitalquote**:
   - **Berechnung**:

$$\text{Eigenkapitalquote} = \frac{\text{Eigenkapital}}{\text{Gesamtkapital}} \cdot 100$$

   - **Interpretation**: Die Eigenkapitalquote gibt nicht nur Auskunft über die Eigenfinanzierungskraft des Unternehmens, dh, inwieweit das Unternehmen unabhängig von Fremdkapitalgebern agieren kann, sondern sie ist auch ein Indikator für die finanzielle Stabilität. Sie stellt damit einen wichtigen Indikator für die Kreditwürdigkeit eines Unternehmens dar.
   - **Höhe**: Auch hier gibt es keinen wissenschaftlich fundierten Grenzwert. Die empfohlene Höhe ist stark branchenabhängig. In Österreich wiesen Klein- und Mittelbetriebe im Jahr 2010/2011 eine durchschnittliche Eigenkapitalquote von 28,5 % auf,[28] ähnliche Untersuchungen für mittelständische Unternehmen in Deutschland ergaben für 2010 eine Eigenkapitalquote von nur 18,3 %.[29]

Beachte! Auch das **Unternehmensreorganisationsgesetz (URG)** verweist auf eine der Eigenkapitalquote sehr ähnliche Kennzahl, die Eigenmittelquote (zur näheren Definition vgl § 23 URG). Im Falle einer Eigenmittelquote von unter 8 % und einer Schuldentilgungsdauer (vgl 2.1.4.3.) von mehr als 15 Jahren sind Reorganisationsmaßnahmen einzuleiten.

Beachte! In den **USA** ist die Eigenkapitalquote im Durchschnitt wesentlich höher. Dies liegt in erster Linie am unterschiedlichen Finanzierungsverhalten: Während sich in Österreich (und Deutschland) Einzelunternehmen sowie KMU (Klein- und Mittelunternehmen) va über Fremdkapital finanzieren, weisen US-amerikanische Unternehmen viel häufiger eine Finanzierung über den Kapitalmarkt (Eigenkapital) auf.

---

[27] Vgl dazu beispielsweise *Wagenhofer* (2010) 213 ff.
[28] Vgl http://www.kmuforschung.ac.at; 11. 7. 2013.
[29] Vgl Diagnose Mittelstand 2012; abrufbar unter http://www.dsgv.de; 11. 7. 2013.

b) der **Verschuldungsgrad**:
- **Berechnung**:

$$\text{Verschuldungsgrad} = \frac{\text{Fremdkapital}}{\text{Gesamtkapital}} \cdot 100$$

- **Interpretation und Höhe**: Der Verschuldungsgrad ist das Gegenstück zur Eigenkapitalquote und dementsprechend zu interpretieren. Eigenkapitalquote und Verschuldungsgrad ergeben zusammen 100 %.

c) der **Verschuldungskoeffizient**:
- **Berechnung**:

$$\text{Verschuldungskoeffizient} = \frac{\text{Fremdkapital}}{\text{Eigenkapital}} \cdot 100$$

- **Interpretation und Höhe**: Dieser gibt das Verhältnis zwischen Eigen- und Fremdkapital an. Die „Goldene Finanzierungsregel" besagt, dass der Verschuldungskoeffizient im Idealfall unter 200 % liegen sollte, was einem Verschuldungsgrad von weniger als 67 % entspricht.

Beispiel 2-7

Fragestellung: In einem Unternehmen beträgt das Gesamtkapital 500.000,–; davon fallen 400.000,– auf das Fremdkapital. Wie hoch ist die Eigenkapitalquote?

Lösung: 20 %.

Erläuterung: Gesamtkapital = Eigenkapital + Fremdkapital, dh Eigenkapital = 500.000 – 400.000 = 100.000,–;

$$\text{Eigenkapitalquote} = \frac{100.000}{500.000} \cdot 100 = 20\%$$

2.1.4.3. Liquiditätsanalyse

Im Rahmen der Liquiditätsanalyse werden **Vermögens- und Kapitalgrößen** eines Unternehmens zueinander in Bezug gesetzt, um Informationen über die kurz- und langfristige Liquidität zu erhalten. Unter **Liquidität** (Zahlungsfähigkeit) versteht man die Fähigkeit, jederzeit den aktuellen Zahlungsverpflichtungen nachkommen zu können. Liquidität ist eine Existenznotwendigkeit jedes Unternehmens. Die Liquiditätsanalyse lässt sich in die **statische** Liquiditätsanalyse, die zeitpunktbezogen durchgeführt wird, und die **dynamische Liquiditätsanalyse**, die zeitraumbezogen ist und auf Stromgrößen, wie den Cashflow, zurückgreift, untergliedern. Charakteristische **Kennzahlen der statischen Liquiditätsanalyse** sind Folgende:[30]

a) die **Anlagendeckungsgrade I–III**
Bei der Ermittlung der Anlagendeckungsgrade I–III geht es um die Überprüfung der Einhaltung der Fristenkongruenz, dh, ob die Kapitalüberlassungsdauer der Kapitalbindungsdauer entspricht.
- **Berechnung**:

$$\text{Anlagendeckungsgrad I} = \frac{\text{Eigenkapital}}{\text{Anlagevermögen}} \cdot 100$$

[30] Vgl zB *Grbenic/Zunk* (2012) 63 ff.

$$\text{Anlagendeckungsgrad II} = \frac{\text{Eigenkapital} + \text{langfristiges Fremdkapital}}{\text{Anlagevermögen}} \cdot 100$$

$$\text{Anlagendeckungsgrad III} = \frac{\text{Eigenkapital} + \text{langfristiges Fremdkapital}}{\text{Anlagevermögen} + \text{langfristiges Umlaufvermögen}} \cdot 100$$

- **Interpretation**: Die Anlagendeckungsgrade zeigen, wie vorsichtig ein Unternehmen (im Hinblick auf das langfristig eingesetzte Vermögen) finanziert ist, und ermöglichen es, Finanzierungslücken aufzudecken.
- **Höhe**: Der Anlagendeckungsgrad I gibt Auskunft, inwieweit langfristig gebundenes Vermögen, also Anlagevermögen, durch langfristiges Kapital, dh Eigenkapital, finanziert ist. Im günstigsten Fall ist das Anlagevermögen geringer als das Eigenkapital. Der Anlagendeckungsgrad II berücksichtigt, dass langfristiges Fremdkapital vom Charakter her ähnlich ist wie Eigenkapital, sodass nach dem Anlagendeckungsgrad II das Anlagevermögen kleiner als die Summe aus Eigenkapital und langfristigem Fremdkapital sein soll. Der Anlagendeckungsgrad III berücksichtigt auf der Vermögensseite zusätzlich langfristiges Umlaufvermögen, wie zB Forderungen bzw Vorräte mit einer Restlaufzeit bzw Restbindungsdauer von mehr als einem Jahr, und es gilt, dass die Summe aus Anlagevermögen und langfristigem Umlaufvermögen durch Eigenkapital und langfristiges Fremdkapital finanziert sein soll. Die Einhaltung dieser Empfehlung, auch als **Goldene Bilanzregel** bekannt, gewährleistet, dass die Kapitalstruktur an die Fristigkeit des Vermögens angepasst und die Liquidität nicht gefährdet ist, da das kurzfristige Vermögen (Umlaufvermögen) ausreicht, um das kurzfristige Fremdkapital zu decken. Bei Verletzung der goldenen Bilanzregel kann es vorkommen, dass Kredite fällig werden, bevor sich die damit finanzierte Investition rechnet, dh Überschüsse abwirft. Eine solche Situation ist ein häufiger Grund für das Scheitern von jungen Unternehmen.

b) die **Liquiditätsgrade 1–3**:
Bei den Liquiditätsgraden geht es um die Überprüfung, ob ein Unternehmen in der Lage ist, seine Zahlungsverpflichtungen fristgerecht einzuhalten.
- **Berechnung**:

$$\text{Liquiditätsgrad 1} = \frac{\text{liquide Mittel}}{\text{kurzfristiges Fremdkapital}} \cdot 100$$

$$\text{Liquiditätsgrad 2} = \frac{\text{Umlaufvermögen - Vorräte}}{\text{kurzfristiges Fremdkapital}} \cdot 100$$

$$\text{Liquiditätsgrad 3} = \frac{\text{Umlaufvermögen}}{\text{kurzfristiges Fremdkapital}} \cdot 100$$

- **Interpretation**: Die Liquiditätsgrade[31] geben Aufschluss über die Fähigkeit des Unternehmens, kurzfristiges Fremdkapital (kurzfristige Verbindlichkeiten und Rückstellungen) aus Teilen des Umlaufvermögens oder dem gesamten Umlaufvermögen zu decken, und ermöglichen es somit, Liquiditätsengpässe aufzudecken.
- **Höhe**: Für den Liquiditätsgrad 1, der auch als Cash Ratio oder Barliquidität bezeichnet wird, gilt folgende Empfehlung: Liquiditätsgrad 1 $\geq$ 20 %; für den Liquiditätsgrad 2, der auch als Quick Ratio bezeichnet wird, und durch die zusätzliche Berücksichtigung der Forderungen hinsichtlich der Fristigkeit etwas weiter gefasst ist, gilt die Empfehlung:

[31] In der Literatur finden sich auch alternative Definitionen, bei welchen im Nenner nur die kurzfristigen Verbindlichkeiten angesetzt werden.

Liquiditätsgrad 2 ≥ 100 %; für den Liquiditätsgrad 3, der das gesamte Umlaufvermögen erfasst und auch als Current Ratio bezeichnet wird, gilt die Empfehlung: Liquiditätsgrad 3 ≥ 200 %.

c) das **Net Working Capital** (vgl Liquiditätsgrad 3):
   - **Berechnung**: Net Working Capital = Umlaufvermögen – kurzfristiges Fremdkapital
   - **Interpretation**: Beim Net Working Capital handelt es sich im Gegensatz zum Liquiditätsgrad 3 nicht um eine relative, sondern um eine absolute Kennzahl, die den Überschuss an Liquidität angibt. Das Net Working Capital ist ein Maß für die Fähigkeit eines Unternehmens, unerwartete finanzielle Belastungen aus der normalen Geschäftstätigkeit abzudecken.
   - **Höhe**: Das Net Working Capital muss zumindest positiv sein, damit die goldene Bilanzregel erfüllt ist.

Wenn ein Unternehmen Zahlungsverpflichtungen zu erfüllen hat, sollte dabei folgende **Reihenfolge der Liquidation** eingehalten werden:[32]

1. **Liquide Mittel** (Kassa- und Bankbestände): Diese sind am schnellsten verfügbar.
2. **Lieferforderungen**: Reichen die liquiden Mittel nicht aus, sollte versucht werden, offene Lieferforderungen einzutreiben. Als Variante bietet sich das sogenannte **Factoring** an, bei dem Lieferforderungen (meist als Paket) mit Abschlag weiterverkauft werden.
3. **Veräußerung von Teilen des Umlaufvermögens**: So können zB Rohstoffe, die kurz- bis mittelfristig nicht benötigt werden, verkauft werden.
4. **Veräußerung von nicht betriebsnotwendigem Anlagevermögen**: So können etwa Reservegrundstücke veräußert werden.
5. **Veräußerung von Teilen des betriebsnotwendigen Anlagevermögens**: Dabei ist darauf zu achten, dass der Betrieb trotzdem aufrechterhalten werden kann (Beispiele: Verkauf von mehrfach vorhandenen Maschinen oder auch von einzelnen Filialen). Als Variante gibt es hier das sogenannte **Sale-and-Lease-Back**, bei dem das Anlagevermögen an Leasingunternehmen verkauft und gleichzeitig zurückgemietet wird. Auf diese Weise kommt man zu liquiden Mitteln, ohne auf betriebsnotwendiges Anlagevermögen gänzlich verzichten zu müssen. Zu beachten ist allerdings, dass diese Konstruktion idR nur kurz- und mittelfristig sinnvoll ist. Langfristig wird die Miete vermutlich den erzielten Verkaufspreis übersteigen.

Beispiel 2-8

Fragestellung: In einem Unternehmen beträgt das Gesamtkapital 500.000,–, wovon 100.000,– Eigenkapital und 300.000,– langfristiges Fremdkapital sind. Das Anlagevermögen beträgt 350.000,–, das langfristige Umlaufvermögen 75.000,–. Geben Sie an, a) ob das Unternehmen die goldene Bilanzregel erfüllt und b) wie hoch der Liquiditätsgrad 3 ist.

Lösung: a) Nein; b) 150 %.

Erläuterung: a) Die goldene Bilanzregel lautet: (Anlagevermögen + langfristiges Umlaufvermögen) ≤ (Eigenkapital + langfristiges Fremdkapital); da (350.000 + 75.000) = 425.000 > 400.000 = (100.000 + 300.000), ist die Goldene Bilanzregel nicht erfüllt;

b) $$\text{Liquiditätsgrad } 3 = \frac{\text{Umlaufvermögen}}{\text{kurzfristiges Fremdkapital}} \cdot 100 = \frac{150.000}{100.000} \cdot 100 = 150\%.$$

[32] Vgl *Mihalic* (2012) 71 f.

Charakteristische **Kennzahlen der dynamischen Liquiditätsanalyse** sind:[33]

a) der **Cashflow**:
   - **Berechnung**: vgl 2.1.3.3.
   - **Interpretation**: Der Cashflow gibt nicht nur Auskunft über die Fähigkeit eines Unternehmens, sich auf Basis der erwirtschafteten Einzahlungsüberschüsse, dh aus eigener Kraft, zu finanzieren, sondern informiert auch über die Quellen der Mittelherkunft.
   - **Höhe**: Für den Cashflow gibt es keinen allgemeingültigen Grenzwert.

b) die **Schuldentilgungsdauer** (dynamischer Verschuldungsgrad):
   - **Berechnung**:

$$\text{Schuldentilgungsdauer} = \frac{\text{Fremdkapital}}{\text{Cash Flow}}$$

   - **Interpretation**: Der dynamische Verschuldungsgrad, in der Literatur auch als Schuldentilgungsdauer bekannt, sagt aus, wie lange ein Unternehmen benötigt, um seine Schulden aus den erwirtschafteten Einzahlungsüberschüssen zurückzuzahlen. Je geringer der dynamische Verschuldungsgrad, umso liquider das Unternehmen.
   - **Höhe**: Als problematisch gilt eine Schuldentilgungsdauer von mehr als 15 Jahren, denn in diesem Fall sind, sofern auch die Eigenmittelquote unter 8 % liegt, laut URG Reorganisationsmaßnahmen einzuleiten (vgl 2.1.4.2.)

Beispiel 2-9

Fragestellung: In einem Unternehmen beträgt der Jahresüberschuss nach Steuern zum 31. 12. laut GuV 100.000,–, in welchen Abschreibungen in Höhe von 12.000,– sowie Rückstellungsdotierungen in Höhe von 8.000,– eingeflossen sind. Das Fremdkapital zum 31. 12. beträgt 600.000,–. Wie viele Jahre beträgt die Schuldentilgungsdauer?

Lösung: 5 Jahre.

Erläuterung: Cashflow = Jahresüberschuss nach Steuern + Abschreibungen + Rückstellungsdotierung, dh Cashflow = 100.000 + 12.0000 + 8.000 = 120.0000,–.

$$\text{Schuldentilgungsdauer} = \frac{\text{Fremdkapital}}{\text{Cash Flow}} = \frac{600.000}{120.000} = 5 \text{ Jahre}$$

2.1.4.4. Rentabilitätsanalyse

Im Rahmen der Rentabilitätsanalyse wird auf Kennzahlen zurückgegriffen, die auf Erfolgsgrößen, wie zB dem EBIT (vgl 2.1.3.2.), aufbauen. Anhand von Rentabilitätskennzahlen soll nicht nur die **Fähigkeit des Unternehmens zur Erwirtschaftung von Gewinnen** analysiert, sondern auch die Bedeutung unterschiedlicher Einflussgrößen auf den Gewinn identifiziert werden. Aufgrund der Kapitalmarktorientierung vieler Unternehmen und des Drucks der Investoren hat die Rentabilitätsanalyse in den vergangenen Jahren stark an Bedeutung gewonnen.[34] Charakteristische **Kennzahlen** der Rentabilitätsanalyse sind:[35]

a) die **Eigenkapitalrentabilität** (ROE = Return-on-Equity):
   - **Berechnung**:

$$\text{Eigenkapitalrentabilität} = \frac{\text{Gewinn}}{\text{Eigenkapital}} \cdot 100$$

---

[33] Vgl zB *Ginthör* (2008) 32 ff.

[34] Vgl *Ginthör* (2008) 34.

[35] Vgl zB *Bertl/Deutsch-Goldoni/Hirschler* (2011) 599 f bzw *Grbenic/Zunk* (2012) 102 ff.

Beachte! Die Bezeichnung „**Gewinn**" eröffnet einen gewissen Interpretationsspielraum: Als Gewinngröße kann zB das **EGT** herangezogen werden, wobei damit das ao Ergebnis, welches durch atypische Tätigkeiten bzw Ereignisse entsteht, ausgeklammert ist. Auch das **EBIT** wird bei Rentabilitätsanalysen häufig als Erfolgsgröße verwendet. Der Jahresüberschuss nach Steuern ist als Erfolgsgröße aufgrund der darin bereits berücksichtigten Steuerbelastung für Querschnittsvergleiche, dh für Vergleiche von Unternehmen mit unterschiedlicher Steuerbelastung, eher unbrauchbar.

- **Interpretation**: Die Eigenkapitalrentabilität gibt Auskunft darüber, mit welchem Prozentsatz sich das eingesetzte Eigenkapital verzinst.
- **Höhe**: Die Höhe der Eigenkapitalrentabilität ist stark branchenabhängig; grundsätzlich wird ein Unternehmen umso positiver beurteilt, je höher die Eigenkapitalrentabilität ist.

Beachte! Die Eigenkapitalrentabilität kann über die zusätzliche Aufnahme von Fremdkapital erhöht werden. Diesen Umstand bezeichnet man als **Leverage-Effekt**. Der Leverage-Effekt tritt dann ein, wenn das Gesamtkapital eine Verzinsung abwirft, die höher ist als die Fremdkapitalverzinsung.

b) die **Gesamtkapitalrentabilität** (ROI = Return on Investment):
- **Berechnung**:

$$\text{Gesamtkapitalrentabilität} = \frac{\text{Gewinn} + \text{Fremdkapitalzinsen}}{\text{Gesamtkapital}} \cdot 100$$

(Da der Zinsaufwand für das Fremdkapital den Ertrag der Fremdkapitalgeber repräsentiert, muss dieser bei der Ermittlung der Gesamtkapitalrentabilität wieder zum Gewinn hinzugezählt werden).

Beachte! Bei Verwendung des EGT als Gewinngröße entspricht die Summe aus Gewinn und Zinsaufwand für Fremdkapital dem **EBIT**.

- **Interpretation**: Die Gesamtkapitalrentabilität gibt Auskunft darüber, mit welchem Prozentsatz sich das eingesetzte Gesamtkapital verzinst.
- **Höhe**: Die Gesamtkapitalrentabilität ist häufig geringer als die Eigenkapitalrentabilität, was wiederum auf den Leverage-Effekt des Fremdkapitals zurückzuführen ist.

Beachte! In der Praxis sind **Liquidität und Rentabilität** sehr häufig konkurrierende Unternehmensziele: Ein hoher Bestand liquider Mittel (zB ein hoher Kassenbestand), die nicht oder nur gering verzinst sind, schadet der Rentabilität. Werden die liquiden Mittel allerdings zu stark in gut verzinste (rentable) langfristige Geschäfte investiert, kann daraus ein Liquiditätsproblem entstehen.

Beispiel 2-10

Fragestellung: In einem Unternehmen beträgt das EGT zum 31. 12. laut GuV 100.000,–; der Fremdkapitalzinssatz beträgt 5 %. Das Eigenkapital steht mit 200.000,– zu Buche, das Fremdkapital mit 1.000.000,–. Wie hoch ist die Gesamtkapitalrentabilität?

Lösung: 12,5 %.

Erläuterung:

$$\begin{aligned}\text{Gesamtkapitalrentabilität} &= \frac{\text{Gewinn} + \text{Fremdkapitalzinsen}}{\text{Gesamtkapital}} \cdot 100\\ &= \frac{100.000 + 0{,}05 \cdot 1.000.000}{1.200.000} \cdot 100\\ &= 12{,}5\%\end{aligned}$$

2.2. Kostenrechnung

Im ersten Teil dieses Abschnitts werden wesentliche **Grundlagen** der Kostenrechnung erörtert. Es handelt sich dabei um die Aufgaben der Kostenrechnung, die Ermittlung der relevanten Kosten auf Basis des Aufwands laut GuV sowie mögliche Formen der Kostenrechnung. Den Schwerpunkt des gegenständlichen Abschnitts bildet der zweite Teil, der eine dieser möglichen Kostenrechnungsformen, und zwar die **Vollkostenrechnung**, zum Gegenstand hat, die üblicherweise dreistufig in Form einer Kostenarten-, einer Kostenstellen- sowie einer Kostenträgerrechnung durchgeführt wird. Im Rahmen der Kostenartenrechnung werden alle im Unternehmen angefallenen Kosten systematisch erfasst und als Einzel- oder Gemeinkosten deklariert, im Rahmen der Kostenstellenrechnung werden die Gemeinkosten verursachungsgerecht aufgeteilt, und im Rahmen der Kostenträgerrechnung werden die Gesamtkosten der einzelnen Produkte bzw Dienstleistungen ermittelt. Anschließend wird eine weitere Kostenrechnungsform, und zwar die **Grenzkostenrechnung**, betrachtet. Bei dieser werden im Gegensatz zur Vollkostenrechnung nicht sämtliche, sondern nur die beschäftigungsabhängigen (variablen) Kosten auf die Produkte und Dienstleistungen aufgeteilt. Der vierte Teil ist der **Mengen- und Programmplanung** gewidmet, wobei die Mengenplanung auf eine Break-even-Analyse und die Programmplanung auf eine Bestimmung des optimalen Produktionsprogramms im Falle ausreichender Produktionskapazitäten beschränkt bleibt.

Beachte! Die Mengen- und Programmplanung wird hier als Teil der Kostenrechnung behandelt, gehört aber terminologisch ebenso zum **operativen Controlling** (vgl 2.3.1.).

Beachte! Die nachfolgenden Ausführungen zur Kostenrechnung, insbesondere die Beispiele, sind zwar aus Gründen der besseren Anschaulichkeit auf Produktionsbetriebe konzentriert, gelten aber grundsätzlich auch für **Dienstleistungsbetriebe**: Bei diesen treten anstelle von materiellen Kostenträgern (Produkte) immaterielle (Dienstleistungen), wodurch idR der Anteil der variablen Kosten (vgl unten) an den Gesamtkosten relativ niedrig und jener der Personalkosten relativ hoch ist.[36]

[36] Vgl *Swoboda/Stepan/Zechner* (2004) 125.

2.2.1. Grundlagen

2.2.1.1. Aufgaben

Die Kostenrechnung hat verschiedene **Aufgaben**:[37]

- **Kostenaufzeichnung**: IdR wird keine eigenständige Kostenaufzeichnung vorgenommen, sondern es erfolgt eine Überleitung der Aufwendungen laut Buchhaltung bzw GuV in relevante Kosten (vgl 2.2.1.2.). Um auch Kosten zu erfassen, welchen kein Aufwand gegenübersteht, werden Zusatzaufzeichnungen geführt, die über die buchhalterischen Aufzeichnungen hinausgehen.
- **Ermittlung von Produktkosten**: Im Zentrum der Kostenrechnung steht die möglichst verursachungsgerechte Zuordnung der angefallenen Kosten auf die erstellten Produkte bzw Dienstleistungen, die als sogenannte **Kostenträger** fungieren (vgl 2.2.2.3.).
- **Festsetzung von Produktpreisen (Preispolitik)**: Üblicherweise werden die Produktpreise in der Form festgesetzt, dass zu den ermittelten Produktkosten noch ein entsprechender Gewinnaufschlag hinzugerechnet wird. Gleichzeitig ist eine Orientierung an den Preisen der Konkurrenz nötig. Liegen die eigenen Produktkosten ohne Gewinnaufschlag bereits über den Preisen der Konkurrenz, so erscheint eine Produktion aus betriebswirtschaftlicher Sicht nicht sinnvoll (vgl 2.2.3.2.)
- **Ermittlung des Betriebsergebnisses**: Durch Gegenüberstellung betriebsbedingter Erlöse und Kosten einer Periode (idR ein Jahr) lässt sich im Gegensatz zum Jahresüberschuss bzw Jahresfehlbetrag der allein auf die betriebliche Aktivität zurückführbare Erfolg ermitteln. Die Ermittlung des Betriebsergebnisses erfolgt im Rahmen der Kostenträgerzeitrechnung (vgl 2.2.2.3.)
- **Festlegung des Produktionsprogramms** (Mengen- und Programmplanung): Hierbei geht es darum, für jedes Produkt die optimale Produktionsmenge zu bestimmen. Bezogen auf die einzelnen Produkte des Unternehmens spricht man von **Mengenplanung** (vgl 2.2.4.1.), bezogen auf sämtliche Produkte des Unternehmens (Produktionsprogramm) von **Programmplanung** (vgl 2.2.4.2.). Diese wird auf Basis der Kostenträgerzeitrechnung durchgeführt.

2.2.1.2. Überleitung von Aufwendungen in Kosten

Die Überleitung der Aufwendungen in Kosten wird im sogenannten **Betriebsüberleitungsbogen (BÜB)** vorgenommen und läuft in folgenden **Schritten** ab:[38]

1. Schritt: Die **Aufwendungen laut GuV** werden als Basis herangezogen.
2. Schritt: Alle **neutralen Aufwendungen** (vgl 2.1.1.2.), also betriebsfremde, außergewöhnliche und periodenfremde, werden ausgeschieden.
3. Schritt: Alle **Zusatzkosten** (vgl 2.1.1.2.) werden addiert.
4. Schritt: Aufwendungen, denen Kosten in anderer Höhe gegenüberstehen, werden zunächst als neutrale Aufwendungen ausgeschieden und anschließend als **Anderskosten** (vgl 2.1.1.2.) in relevanter Höhe hinzugefügt. (Beispiel: Laut Steuerrecht sind Firmen-Kfz über acht Jahre linear abzuschreiben; dh bei einem Kaufpreis von 40.000,– beträgt die jährliche Abschreibung, die als Aufwand in die GuV einfließt, 5.000,–. Werden die Firmen-Kfz tatsächlich nur vier Jahre lang genutzt, sind im Rahmen der Überleitung von Aufwendungen in Kosten zunächst 5.000,– als neutraler Aufwand auszuscheiden und anschließend 10.000,– als Anderskosten zu addieren.)

[37] Vgl zB *Hofer-Zeni* (2006) 106 ff.
[38] Vgl dazu beispielsweise *Hilber/Hilber/Hilber* (2009) 88 ff.

Beispiel 2-11

Fragestellung: Für das Unternehmen A liegen für das abgelaufene Geschäftsjahr folgende Informationen vor:

a) Aufwand für Gehälter: 500.000,–

b) Lohnaufwand: 300.000,– (darin sind 50.000,– als Aufwand für die Beseitigung von Brandschäden enthalten)

c) Spendenaufwand: 1.000,–

d) Aufwand für Garantieleistungen: 15.000,– (Im langjährigen Durchschnitt beträgt der Garantieaufwand 20.000,–.)

e) Für das Unternehmen werden Räumlichkeiten kostenlos genutzt, die der Eigentümerin gehören. Diese Räumlichkeiten könnten im Falle der Nichtnutzung durch das Unternehmen um 5.000,– pro Monat vermietet werden.

Wie hoch waren die Kosten des Unternehmens im abgelaufenen Geschäftsjahr?

Lösung: Die Kosten betrugen 830.000,–.

Erläuterung:

a) Aufwand = Kosten = 500.000,–

b) 50.000,– sind als außergewöhnlicher (neutraler) Aufwand auszuscheiden; Kosten = 250.000,–

c) Der gesamte Spendenaufwand ist als betriebsfremder (neutraler) Aufwand auszuscheiden; Kosten = 0,–

d) Man setzt in der Kostenrechnung eher die langjährigen Durchschnittskosten an, womit 15.000,– als neutraler Aufwand auszuscheiden und 20.000,– als Anderskosten zu addieren sind

e) Nachdem für die Nutzung der eigenen Räumlichkeiten keine Miete bezahlt wird, gibt es keinen Mietaufwand; in der Kostenrechnung ist in solchen Fällen allerdings eine kalkulatorische Miete (Zusatzkosten) anzusetzen, deren Höhe sich nach den tatsächlichen Gegebenheiten, also dem erzielbaren Mietpreis, richten sollte; Kosten = 5.000,–/ Monat · 12 = 60.000,–

2.2.1.3. Kostenrechnungsformen

Diesbezüglich gibt es verschiedene **Gliederungsmöglichkeiten**:[39]

a) Gliederung **nach dem Zeithorizont** in:
   - **Istkostenrechnung**: Diese basiert auf den Kosten der aktuellen Abrechnungsperiode.
   - **Normalkostenrechnung** (Durchschnittskostenrechnung): Diese basiert auf den durchschnittlichen Kosten vorangegangener Perioden.
   - **Plankostenrechnung**: Diese basiert auf den geplanten Kosten der Folgeperiode(n).

b) Gliederung **nach dem Umfang der den Produkten zugerechneten Kosten** in:
   - **Vollkostenrechnung**: Dabei werden die gesamten Kosten, dh die fixen und die variablen Kosten (vgl 2.2.3.1.), auf die Produkte verteilt.
   - **Teilkostenrechnung**: Dabei werden nur die variablen Kosten auf die Produkte verteilt.

---

[39] Vgl zB *Prell-Leopoldseder* (2010) 39 ff.

Wendet man die beiden Gliederungsmöglichkeiten gemeinsam an, so ergeben sich daraus sechs mögliche Kombinationen (**Kostenrechnungsformen**), von denen zwei von besonderer Bedeutung sind und deshalb in der Folge näher erläutert werden: die Istkostenrechnung zu Vollkosten, die auch als **Vollkostenrechnung** bezeichnet wird (vgl 2.2.2.), sowie die Istkostenrechnung zu variablen Kosten, die auch als **Grenzkostenrechnung** bezeichnet wird (vgl 2.2.3.).

2.2.2. Vollkostenrechnung

Im Rahmen der Vollkostenrechnung, die häufig in Form der **Zuschlagskalkulation** durchgeführt wird, sollen alle Kosten der Leistungserstellung verursachungsgerecht auf die verschiedenen Produkte aufgeteilt werden. Ein anderes, sehr einfaches Verfahren der Kostenrechnung (Kalkulationsverfahren) wäre die **Divisionskalkulation**, bei der die gesamten Kosten durch die gesamte Produktionsmenge dividiert werden, um die Kosten pro Stück zu ermitteln. Im Fall der Erzeugung einer einzigen Produktart (zB eine Tischlerei erzeugt nur eine Art von Holztischen) würden Zuschlags- und Divisionskalkulation zum gleichen Ergebnis führen, bei Erzeugung mehrerer Produkte (zB eine Tischlerei erzeugt drei Arten von Holztischen sowie fünf Arten von Sesseln, führt also acht Produkte im Sortiment) liefert die Divisionskalkulation dagegen lediglich die durchschnittlichen Kosten pro Produkt, unabhängig von der jeweiligen Produktart, während die Zuschlagskalkulation die Kosten pro Produktart offenlegt (Beispiel: Angenommen ein Unternehmen erzeugt zwei Produkte [Produktarten], von denen laut Zuschlagskalkulation eines Kosten in Höhe von 10,– und das andere Kosten in Höhe von 100,– verursacht. Die Höhe der Durchschnittskosten auf Basis der Divisionskalkulation würde von der Anzahl der vom jeweiligen Produkt erzeugten Stückzahl abhängen; insgesamt würden damit lediglich undifferenzierte Durchschnittskosten pro Produkt bzw – anders ausgedrückt – pro „Durchschnittsprodukt" ermittelt werden. Eine Orientierung an diesen Durchschnittskosten hätte zur Folge, dass man das Produkt, das eigentlich nur 10,– kostet, zu teuer und das Produkt, das eigentlich 100,– kostet, zu billig anbieten würde).[40]

Bei einer Vollkostenrechnung in Form der **Zuschlagskalkulation** ist zwischen **Einzelkosten**, die einzelnen Produkten direkt zugerechnet werden können (Beispiel: Rohstoffkosten eines Produkts), und **Gemeinkosten**, die nicht direkt zurechenbar sind (Beispiel: Mietkosten für Betriebsräumlichkeiten), zu unterscheiden. Im Hinblick auf die Gemeinkosten erfolgt die Vollkostenrechnung in drei Stufen als Kostenarten-, Kostenstellen- und Kostenträgerrechnung, im Hinblick auf die Einzelkosten in zwei Stufen als Kostenarten- und Kostenträgerrechnung.[41]

2.2.2.1. Kostenartenrechnung

Die Kostenartenrechnung hat den Zweck, sämtliche Kosten, gegliedert nach den folgenden **Kostenarten**, zu erfassen und als Einzel- oder Gemeinkosten auszuweisen:[42]

a) **Arbeitskosten** (Personalkosten): Dazu zählen ua
   - Fertigungslöhne (Einzelkosten)
   - Hilfslöhne, wie zB Löhne für Instandhaltungsarbeiten
   - Nichtleistungslöhne, wie zB für Urlaubs- und Krankenstandstage
   - Gehälter
   - (Kalkulatorischer) Unternehmerlohn

---

40 Zu den Verfahren der Kostenrechnung vgl zB *Schweitzer/Küpper* (2011) 162 ff.

41 Vgl zB *Weber/Weißenberger* (2010) 293 ff.

42 Sofern es sich bei den nachfolgend aufgelisteten Kostenarten um Einzelkosten handelt, ist dies in Klammer angegeben. Andernfalls handelt es sich idR um Gemeinkosten. Für Details zu den Kostenarten vgl zB *Seicht* (2008) 25 ff oder auch *Swoboda/Stepan/Zechner* (2004) 19 ff.

- Gesetzlicher (Dienstgeberanteil zur Sozialversicherung) und freiwilliger Sozialaufwand
- Personalnebenkosten, wie zB Überstundenzuschläge, Prämien, aber auch lohn- und gehaltsabhängige Steuern
- Reisekosten

b) **Vermögenskosten**: Dazu zählen ua
- Kalkulatorische Abschreibungen, die auf Anschaffungspreisbasis oder auf Wiederbeschaffungspreisbasis ermittelt werden können[43]
- Kalkulatorische Wagnisse, wie zB Ausschuss-, Gewährleistungs- oder Debitorenwagnisse

  Beachte! Da die jährliche Höhe dieser Aufwandsarten stark schwanken kann, setzt man in der Kostenrechnung häufig **Durchschnittswerte** vergangener Jahre als kalkulatorische Wagnisse an; problematisch ist dies jedoch bei selten eintretenden Ereignissen. Alternativ zu kalkulatorischen Wagnissen könnte eine entsprechende Versicherung abgeschlossen und die Prämie als sonstige Vermögenskosten angesetzt werden.

- Kalkulatorische Zinsen als Entgelt für das eingesetzte Eigenkapital
- Sonstige Vermögenskosten, wie zB Versicherungs- oder Instandhaltungskosten

c) **Materialkosten**: Dazu zählen ua
- Rohstoffkosten (Einzelkosten)
- Hilfsstoffkosten
- Betriebsstoffkosten

d) **Sonstige Kosten**: Dazu zählen ua
- Mietkosten
- Energiekosten
- Transportkosten (eventuell Einzelkosten)
- Steuerberatungskosten
- Anwaltskosten

2.2.2.2. Kostenstellenrechnung

Während die Einzelkosten im Rahmen der Kostenträgerrechnung direkt den Produkten zugerechnet werden können, sind für die **Gemeinkosten** geeignete Zuschlagsbasen zu finden und entsprechende Zuschlagssätze zu berechnen. Dies geschieht im Rahmen der Kostenstellenrechnung, die üblicherweise im sogenannten **Betriebsabrechnungsbogen (BAB)** durchgeführt wird.

Die Kostenstellenrechnung läuft in folgenden **Schritten** ab:[44]

1. Schritt: **Bildung von Kostenstellen**: Hier gilt es, geeignete Abrechnungseinheiten als Kostenstellen festzulegen. Dabei wird zwischen **Hauptkostenstellen**, in denen Leistungen direkt für die Produkte erbracht werden (zB Material-, Fertigungs-, Verwaltungs- und Vertriebsstelle), und **Hilfskostenstellen**, in denen innerbetriebliche Leistungen erbracht werden, die den Produkten indirekt zugutekommen (zB Transportstelle, Instandhaltungsstelle), unterschieden.

---

[43] Ob die kalkulatorischen Abschreibungen auf Anschaffungs- oder Wiederbeschaffungspreisbasis ermittelt werden sollen, ist in der Literatur umstritten: Vgl zB *Swoboda* (1998) und die dort angeführte Literatur als Vertreter des Ansatzes auf Anschaffungspreisbasis und *Seicht* (1991) als Vertreter des Ansatzes auf Wiederbeschaffungspreisbasis.

[44] Vgl *Swoboda/Stepan/Zechner* (2004) 33 ff.

2. Schritt: **Zurechnung der Gemeinkosten** (laut Kostenartenrechnung) auf die gebildeten Kostenstellen: Je nach Zurechenbarkeit werden die Gemeinkosten nochmals in **Stelleneinzelkosten**, die einer Kostenstelle direkt zurechenbar sind (zB die in einer Kostenstelle angefallenen Stromkosten, wenn dort ein entsprechender Stromzähler vorhanden ist), und **Stellengemeinkosten**, die nur indirekt über geeignete Schlüssel zurechenbar sind (zB die in einer Kostenstelle angefallenen Stromkosten, wenn kein Stromzähler vorhanden ist; in diesem Fall könnte die Fläche der Kostenstelle in m^2 als Zurechnungsschlüssel herangezogen werden), unterteilt. Die gesamten Gemeinkosten einer Kostenstelle werden als **primäre Stellenkosten** bezeichnet.

3. Schritt: **Umlage von Hilfskostenstellen** (**innerbetriebliche Leistungsverrechnung**): Die primären Stellenkosten aller Hilfskostenstellen werden unter Einsatz von Verfahren der innerbetrieblichen Leistungsverrechnung[45] verursachungsgerecht auf die Hauptkostenstellen übertragen. Kommt beispielsweise das sogenannte **Umlageverfahren** zum Einsatz, dann erfolgt die Umlage auf Basis geeigneter Verteilungsschlüssel (zB könnten die primären Stellenkosten der Transportstelle bzw Instandhaltungsstelle auf Basis der für die Hauptkostenstellen erbrachten Transportleistungen in km bzw Instandhaltungsarbeiten in Stunden umgelegt werden). Nach erfolgter innerbetrieblicher Leistungsverrechnung sind alle Gemeinkosten auf die Hauptkostenstellen umgelegt. Diese Kosten werden nun als **Endstellenkosten** bezeichnet.

Beachte! Weitere Verfahren der innerbetrieblichen Leistungsverrechnung (ILV) sind das **Kostenträgerverfahren** sowie das **Stellenausgleichsverfahren.**[46]

4. Schritt: **Ermittlung von Zuschlagssätzen**: Die Endstellenkosten jeder Hauptkostenstelle werden anhand von Bezugsgrößen im Rahmen der Kostenträgerrechnung den Produkten (Kostenträgern) zugerechnet. Zu diesem Zweck sind im Rahmen der Kostenstellenrechnung zunächst für alle Hauptkostenstellen geeignete **Bezugsgrößen** (Zuschlagsbasen) zu finden und anschließend **Zuschlagssätze** zu berechnen, über welche die Zurechnung der Endstellenkosten auf die einzelnen Produkte erfolgt. Die Zuschlagssätze werden ermittelt, indem die Endstellenkosten jeder Hauptkostenstelle durch die entsprechende Bezugsgröße dividiert werden. Nach Möglichkeit werden Einzelkosten, die in den Hauptkostenstellen anfallen, als Zuschlagsbasen herangezogen. Dies ist zB in der Materialstelle bzw Fertigungsstelle, in der Einzelkosten in Form des für die Produktion benötigten Fertigungsmaterials bzw der für die Produktion anfallenden Fertigungslöhne entstehen, möglich. In der Verwaltungs- und in der Vertriebsstelle gibt es dagegen üblicherweise keine Einzelkosten. Deshalb werden hier die sogenannten **Herstellkosten** als Zuschlagsbasis herangezogen. Die Herstellkosten sind die Summe aller Einzel- und Gemeinkosten, die in der Material- und Fertigungsstelle entstehen.

---

[45] Vgl zB *Coenenberg/Fischer/Günther* (2012) 119 ff.
[46] Vgl dazu zB *Swoboda/Stepan/Zechner* (2004) 37 ff.

Beispiel 2-12

Fragestellung: Unternehmen X sei ein Produktionsunternehmen mit folgenden Kostenstellen (in Klammer ist die Größe in m^2 angegeben): Materialstelle (200 m^2), Fertigungsstelle (1.100 m^2), Verwaltungs- und Vertriebsstelle (100 m^2), Instandhaltungsstelle (100 m^2) und Transportstelle (500 m^2).

Im Rahmen der Kostenartenrechnung wurden für das relevante Jahr Einzelkosten in Höhe von 350.000,– (Fertigungslöhne: 50.000,–; Rohstoffe: 300.000,–) und Gemeinkosten in Höhe von 200.000,– (Gehälter: 150.000,–; kalkulatorische Abschreibungen: 20.000,–; Energie: 20.000,–; Reinigung: 10.000,–) ermittelt. Die Gehälter sowie die kalkulatorischen Abschreibungen wurden als Stelleneinzelkosten identifiziert. Im relevanten Zeitraum sind in den einzelnen Kostenstellen Gehälter bzw kalkulatorische Abschreibungen in folgender Höhe angefallen: Materialstelle: 25.000,– bzw 2.000,–; Fertigungsstelle: 50.000,– bzw 10.000,–, Verwaltungs- und Vertriebsstelle: 75.000,– bzw 3.000,–; Instandhaltungsstelle: 0,– bzw 1.000,–; Transportstelle: 0,– bzw 4.000,–. Bei den Energie- und Reinigungskosten handelt es sich um Stellengemeinkosten, die über die Größe (Fläche) der einzelnen Kostenstellen zugerechnet werden. Für die innerbetriebliche Leistungsverrechnung ist das Umlageverfahren heranzuziehen. Die Instandhaltungsstelle erbrachte insgesamt Wartungsarbeiten im Ausmaß von 250 Stunden (davon entfielen 150 Stunden auf die Fertigungsstelle und jeweils 50 Stunden auf die Material- sowie die Verwaltungs- und Vertriebsstelle), die Transportstelle erbrachte Transportleistungen im Ausmaß von 11.500 km (davon entfielen 3.500 km auf die Materialstelle, 1.000 km auf die Fertigungsstelle sowie 7.000 km auf die Verwaltungs- und Vertriebsstelle).

Wie hoch sind die Gemeinkostenzuschlagssätze?

Lösung: Der Materialgemeinkostenzuschlagssatz beträgt 11,33 %, der Fertigungsgemeinkostenzuschlagssatz beträgt 158 % und der Verwaltungs- und Vertriebsgemeinkostenzuschlagssatz beträgt 18,79 %.

Erläuterung: Die Ermittlung der Zuschlagssätze erfolgt im Rahmen der Kostenstellenrechnung, die im BAB durchgeführt wird; dieser hat im vorliegenden Beispiel folgende Form:

Beispiel BAB

Unternehmen X (Kostenerfassung für ein Jahr):
Einzelkosten: 350.000,- (Fertigungslöhne: 50.000,-; Rohstoffe: 300.000,-)
Gemeinkosten: 200.000,- (150.000,- Gehälter; 20.000,- kalk. Abschreibung; 20.000,- Energie; 10.000,- Reinigung)

Nr.	Kostenstellen		Hilfskostenstelle		Hauptkostenstellen			Gesamt
	1.) Bildung von Kostenstellen							
	Kostenarten	Verteilungsschlüssel	Instandhaltung	Transport	Material	Fertigung	Verwaltung und Vertrieb	
	Einzelkosten							350.000
1	Rohstoffe				300.000			
2	Fertigungslöhne					50.000		
	2.) Zurechnung der Gemeinkosten auf die Kostenstellen (laut Verteilungsschlüssel)							
	Stelleneinzelkosten:							
3	Gehälter	direkt			25.000	50.000	75.000	150.000
4	Kalk. Abschreibungen	direkt	1.000	4.000	2.000	10.000	3.000	20.000
	Stellengemeinkosten:							
	Fläche in m²		*100*	*500*	*200*	*1.100*	*100*	*2.000*
5	Energiekosten	m²	1.000	5.000	2.000	11.000	1.000	20.000
6	Reinigungskosten	m²	500	2.500	1.000	5.500	500	10.000
7	Primäre Stellenkosten		2.500	11.500	30.000	76.500	79.500	200.000
	3.) Innerbetriebliche Leistungsverrechnung (Umlage von Hilfskostenstellen): Umlageverfahren							
8	Umlage Instandhaltung	Stunden			*50*	*150*	*50*	*250*
			-2.500		500	1.500	500	0
9	Umlage Transport	km			*3.500*	*1.000*	*7.000*	*11.500*
				-11.500	3.500	1.000	7.000	0
10	Endstellenkosten		0	0	34.000	79.000	87.000	200.000
	4.) Ermittlung der Zuschlagssätze							
11	Zuschlagsbasis				Rohstoffe	Fertigungslöhne	Herstellkosten	
					300.000	50.000	463.000	
12	**Zuschlagssätze**				**11,33%**	**158,00%**	**18,79%**	
	Rohstoffe						300.000	
	Rohstoffgemeinkosten						34.000	
	Fertigungslöhne						50.000	
	Fertigungsgemeinkosten						79.000	
	Herstellkosten						**463.000**	

Erläuterungen zum BAB: Ad 1.): Zunächst werden die Haupt- (Material, Fertigung, Verwaltung und Vertrieb) und Hilfskostenstellen (Instandhaltung und Transport) eingerichtet. Ad 1. und 2.): Anschließend werden die Einzelkosten (Rohstoffe und Fertigungslöhne) und die Stelleneinzelkosten (Gehälter und kalkulatorische Abschreibungen) eingetragen. Die Stellengemeinkosten (Energie und Reinigung) werden auf Basis der Fläche aufgeteilt, dh die Aufteilung der Energiekosten in Höhe von 20.000,– auf insgesamt 2.000 m² ergibt einen Satz von 10,–/m² und die Aufteilung der Reinigungskosten in Höhe von 10.000,– auf insgesamt 2.000 m² ergibt einen Satz von 5,–/m². Ad 3.): Anschließend sind die Kosten der Hilfskostenstellen im Rahmen der innerbetrieblichen Leistungsverrechnung auf die drei Hauptkostenstellen anhand der Bezugsgrößen Stunden (Instandhaltung) und km (Transport) umzulegen. Auf Basis der primären Stellenkosten der Instandhaltungsstelle in Höhe von 2.500,– ergibt sich bei einer gesamten Stundenleistung von 250 Stunden ein Satz von 10,–/Stunde. Auf Basis der primären Stellenkosten der Transportstelle in Höhe von 11.500,– ergibt sich bei einer gesamten Kilometerleistung von

11.500 km ein Satz von 1,–/km. Ad 4.): Die Zuschlagsbasen für die Hauptkostenstellen sind Rohstoffe (Material), Fertigungslöhne (Fertigung) und Herstellkosten (Verwaltung und Vertrieb), womit sich ein Gemeinkostenzuschlagssatz der Materialstelle in Höhe von 34.000/300.000 = 0,1133, dh 11,33 %, und der Fertigungsstelle in Höhe von 79.000/50.000 = 1,58, dh 158 %, ermitteln lässt. Die Herstellkosten können als Summe von Einzel- und Gemeinkosten der Material- und Fertigungsstelle ermittelt werden und betragen insgesamt 463.000,–. Unter Rückgriff auf diese Herstellkosten als Bezugsbasis für die Ermittlung des Gemeinkostenzuschlagssatzes der Verwaltungs- und Vertriebskostenstelle ergibt sich ein Zuschlagssatz in Höhe von 87.000/463.000 = 0,1879, dh 18,79 %.

Beispiel 2-13

Fragestellung: In einer Möbelfabrik werden pro Jahr 800 Betten und 400 Sessel erzeugt. Im aktuellen Jahr sind folgende Kosten angefallen:

Einzelkosten:

- Fertigungsmaterial: Betten: 500,–/Stück; Sessel: 250,–/Stück
- Fertigungslöhne: Betten: 200,–/Stück; Sessel: 100,–/Stück

Gemeinkosten:

- Materialgemeinkosten: 100.000,–
- Fertigungsgemeinkosten: 200.000,–
- Verwaltungsgemeinkosten: 50.000,–
- Vertriebsgemeinkosten: 50.000,–

Wie hoch sind die Gemeinkostenzuschlagssätze?

Lösung: Der Materialgemeinkostenzuschlagssatz beträgt 20 %, der Fertigungsgemeinkostenzuschlagssatz beträgt 100 %, der Verwaltungsgemeinkostenzuschlagssatz beträgt 5 %, und der Vertriebsgemeinkostenzuschlagssatz beträgt 5 %.

Erläuterung: Materialgemeinkostenzuschlagssatz = Materialgemeinkosten/Materialeinzelkosten (= 500,– · 800 Stück + 250,– · 400 Stück) = 100.000/ 500.000 = 20 %; Fertigungsgemeinkostenzuschlagssatz = Fertigungsgemeinkosten/Fertigungseinzelkosten (200,– · 800 Stück + 100,– · 400 Stück) = 200.000/200.000 = 100 %; Verwaltungsgemeinkostenzuschlagssatz = Verwaltungsgemeinkosten/Herstellkosten (= 100.000 + 500.000 + 200.000 + 200.000) = 50.000/1.000.000 = 5 %; Vertriebsgemeinkostenzuschlagssatz = Vertriebsgemeinkosten/Herstellkosten = 50.000/1.000.000 = 5 %.

2.2.2.3. Kostenträgerrechnung

Im Mittelpunkt der Kostenträgerrechnung steht die Kalkulation der einzelnen Produkte eines Unternehmens, die als **Kostenträgerstückrechnung**[47] bezeichnet wird. Dabei werden die Einzelkosten den Produkten direkt und die Gemeinkosten indirekt über die Zuschlagssätze zugerechnet. Im Einzelnen umfasst die **Kalkulation eines Produkts** die in Abbildung 2-6 zusammengefassten Schritte. Üblicherweise werden prozentuelle Zuschläge in der Form berücksichtigt, dass die Basis 100 % und das Ergebnis die um den Zuschlag (zB 20 %) erhöhte Basis (zB 120 %) darstellt. Man nennt diese Vorgangsweise eine Kalkulation **„von Hundert"**. Eine Kalkulation **„in Hundert"** bedeutet hingegen, dass das Ergebnis 100 % und die Basis das um den Zuschlag verminderte Ergebnis darstellt.

Fertigungsmaterial (Materialeinzelkosten) + Materialgemeinkosten	**Materialkosten**
Fertigungslöhne (Fertigungseinzelkosten) + Fertigungsgemeinkosten	+ **Fertigungskosten**
	= **Herstellkosten**
	+ Verwaltungsgemeinkosten
	+ Vertriebsgemeinkosten
	= **Selbstkosten**
	+ Gewinnaufschlag
	= Nettoverkaufspreis exkl. Skonto
	+ Skonto (in Hundert!)
	Nettoverkaufspreis inkl. Skonto
	+ Umsatzsteuer
	Bruttoverkaufspreis

Abbildung 2-6: Kalkulation eines Produkts

Beispiel 2-13 Fortsetzung

Fragestellung: Wie hoch sollte auf Basis der ermittelten Zuschlagssätze der Bruttoverkaufspreis a) für ein in dieser Möbelfabrik erzeugtes Bett und b) für einen in dieser Möbelfabrik erzeugten Sessel sein, wenn der angestrebte Gewinnaufschlag 100 %, das Skonto 2 % und die Umsatzsteuer 20 % betragen?

Lösung: a) Der Bruttoverkaufspreis für ein Bett sollte 2.693,88 betragen; b) Der Bruttoverkaufspreis für einen Sessel sollte 1.346,94 betragen.

Erläuterung: Die Produktkalkulation erfolgt im Rahmen der Kostenträgerstückrechnung wie folgt:

[47] Für nähere Informationen zur Kostenträgerstückrechnung vgl zB *Coenenberg/Fischer/Günther* (2012) 136 ff.

	Bett	Sessel
Materialeinzelkosten	500,–	250,–
+ Materialgemeinkosten	+ 100,– (20%)	+ 50,– (20%)
+ **Fertigungseinzelkosten**	+ 200,–	+ 100,–
+ Fertigungsgemeinkosten	+ 200,– (100%)	+ 100,– (100%)
= **Herstellkosten**	= 1.000,–	= 500,–
+ Verwaltungsgemeinkosten	+ 50,– (5%)	+ 25,– (5%)
+ Vertriebsgemeinkosten	+ 50,– (5%)	+ 25,– (5%)
= **Selbstkosten**	= 1.100,–	= 550,–
+ Gewinnaufschlag	+ 1.100,– (100%)	+ 550,– (100%)
= Nettoverkaufspreis exkl. Skonto	**= 2.200,–**	**= 1.100,–**
+ Skonto (in Hundert!)	+ 44,90 (2% in Hundert)	+ 22,45 (2% in Hundert)
Nettoverkaufspreis inkl. Skonto	= 2.244,90	= 1.122,45
+ Umsatzsteuer (von Hundert!)	+ 448,98	+ 224,49
Bruttoverkaufspreis	= 2.693,88	= 1.346,94

Die Berechnung des Skontos ist eine Rechnung in Hundert, dh der Nettoverkaufspreis exkl Skonto ist die Basis. Zur Berechnung des Skontos ist die Basis zunächst durch (1-Skonto in %), dh 0,98, zu dividieren. Damit erhält man den Nettoverkaufspreis inkl Skonto. Die Differenz zwischen diesen beiden Preisen (oder alternativ 2 % auf den Nettoverkaufspreis inkl Skonto) ergibt das Skonto. Die Berechnung der Umsatzsteuer erfolgt hingegen auf Hundert, dh der Nettoverkaufspreis inkl Skonto stellt die Basis dar, womit die Umsatzsteuer als Prozentsatz auf diese Basis berechnet werden kann.

Eine andere Form der Kostenträgerrechnung stellt die **Kostenträgerzeitrechnung (kurzfristige Betriebsergebnisrechnung** oder auch **Periodenerfolgsrechnung)**[48] dar. Dabei wird das Betriebsergebnis ermittelt, indem man für jedes Produkt das Ergebnis je Stück (= Nettoverkaufspreis – Selbstkosten) berechnet, dieses dann mit der abgesetzten Stückzahl multipliziert (= Ergebnis je Produktart) und anschließend die Ergebnisse je Produktart für alle Produktarten des Unternehmens summiert.

2.2.3. Grenzkostenrechnung

2.2.3.1. Merkmale

Zur Durchführung einer Grenzkostenrechnung ist zwischen fixen und variablen Kosten zu unterscheiden.[49] Unter **fixen Kosten** (Fixkosten) versteht man beschäftigungsunabhängige (produktionsmengenunabhängige) Kosten, die va durch die Grundausstattung eines Unternehmens (zB Betriebsgebäude, Geschäftsausstattung, Verwaltungsangestellte) entstehen. **Va-**

---

48 Für vertiefende Informationen zur Kostenträgerzeitrechnung vgl zB *Coenenberg/Fischer/Günther* (2012) 182 ff.

49 Für Details zur Gliederung der Kosten nach ihrem Verhalten bei Beschäftigungsänderungen vgl zB *Schildbach/Homburg* (2009) 51 ff.

riable Kosten sind dagegen beschäftigungsabhängig, wobei die Abhängigkeit **proportional** – die Kosten steigen um denselben Faktor wie die Produktionsmenge – (Beispiel: Werden doppelt so viele Güter erzeugt, fallen doppelt so hohe Rohstoffkosten an), **progressiv** – die Kosten erhöhen sich überproportional im Vergleich zur Erhöhung der Produktionsmenge – (Beispiel: Werden doppelt so viele Güter erzeugt, fallen infolge von Überstundenzuschlägen mehr als doppelt so hohe Lohnkosten an) oder **degressiv** – die Kosten erhöhen sich unterproportional im Vergleich zur Erhöhung der Produktionsmenge – (Beispiel: Werden doppelt so viele Güter erzeugt, fallen infolge von Mengenrabatten beim Einkauf weniger als doppelt so hohe Materialkosten an) sein kann.

Einzelkosten sind immer variable Kosten, **Gemeinkosten** können dagegen fix (zB Hilfslöhne für jährlich notwendige Instandhaltungsarbeiten) oder variabel (zB Hilfslöhne für Instandhaltungsarbeiten, die nach jeweils 1.000 produzierten Stück notwendig sind) sein. Eine Zwischenstufe zwischen fixen und variablen Kosten bilden die **sprungfixen Kosten**, die innerhalb bestimmter Kapazitäten (Produktionsmengen) fix sind, aber bei Überschreitung dieser Kapazitäten sprunghaft ansteigen (Beispiel: Kosten für die Betriebsausstattung: Wenn mit einer Maschine bis zu 1.000 Stück/Tag erzeugt werden können, fallen bei einer Produktionsmenge zwischen 0 und 1.000 Stück fixe Kosten für diese Maschine an. Wenn man mehr als 1.000 Stück/Tag erzeugen möchte, muss eine zweite Maschine beschafft werden, sodass für eine Produktionsmenge zwischen 1.001 und 2.000 Stück fixe Kosten für zwei Maschinen anfallen).

Im Rahmen der Grenzkostenrechnung kommt es zu einer getrennten Behandlung von fixen und variablen Kosten in der Form, dass die **Produktkalkulation** ausschließlich **auf Basis der variablen Kosten** erfolgt, während die Fixkosten als geschlossener Kostenblock direkt in die Ergebnisrechnung einfließen. Das Ziel der Grenzkostenrechnung liegt in der Ermittlung von Deckungsbeiträgen für die einzelnen Produkte. Der **Deckungsbeitrag** eines Produkts ergibt sich aus der Differenz zwischen dem Erlös (Nettoverkaufspreis) und den variablen Kosten dieses Produkts und trägt zur Deckung der anfallenden Fixkosten bei. Der Deckungsbeitrag ist ein wichtiges Maß zur Beurteilung der Wirtschaftlichkeit von Produkten; Produkte, die keinen (positiven) Deckungsbeitrag erwirtschaften, sollten keinesfalls produziert werden.

2.2.3.2. Vergleich zur Vollkostenrechnung

Die **Vollkostenrechnung** liefert als Ergebnis die (Selbst-)Kosten pro Stück. Ein großer **Vorteil** der Vollkostenrechnung ist, dass hier alle Kosten enthalten sind, weshalb die Vollkosten als langfristige Preisuntergrenze heranzuziehen sind. Ein wesentlicher **Nachteil** der Vollkostenrechnung liegt in ihrer beschränkten Einsetzbarkeit: So ist ihr Einsatz zB bei hohem Fixkostenanteil (dh es werden zwar alle Kosten wie variable Kosten behandelt, aber nur ein geringer Teil ist tatsächlich beschäftigungsabhängig) oder bei starken Beschäftigungsschwankungen (dh die Fixkostenverteilung auf die Kostenträger schwankt stark) wenig sinnvoll. Die **Grenzkostenrechnung** liefert als Ergebnis Deckungsbeiträge pro Stück, wodurch – und darin liegt der größte **Vorteil** der Grenzkostenrechnung – Fehlentscheidungen im Hinblick auf die Mengen- und Programmplanung vermieden werden können, die auf Basis einer Vollkostenrechnung getroffen werden könnten (vgl 2.2.4.2.).[50] Ein wesentlicher **Nachteil** der Grenzkostenrechnung ist die unterbleibende Abdeckung der Fixkosten; die Deckungsbeiträge sind demnach keine geeignete Basis für (mittel- und langfristige) Preisentscheidungen.

Zusammenfassend lässt sich sagen, dass sich Vollkosten- und Grenzkostenrechnung sehr gut ergänzen und somit **parallel** durchgeführt werden sollten.[51] Auf Basis der Vollkostenrechnung lassen sich korrekte Produktpreise festlegen, auf Basis der Grenzkostenrechnung lässt sich eine

50 Vgl zB *Fiedler/Gräf* (2012) 228 ff.
51 Vgl *Coenenberg/Fischer/Günther* (2012) 215.

fundierte Mengen- und Programmplanung durchführen. Ebenso werden beide Kostenrechnungsformen für eine optimale **Preispolitik**[52] benötigt: Während die Vollkosten (volle Selbstkosten) als **mittel- bis langfristige Preisuntergrenze** herangezogen werden sollten, um keine Verluste zu erwirtschaften, kann es kurzfristig durchaus sinnvoll sein, die Preise unter den Vollkosten anzusetzen, um zumindest einen Teil der Fixkosten abzudecken. Dabei fungieren die variablen Kosten (variable Selbstkosten) als absolute Preisuntergrenze (**kurzfristige Preisuntergrenze**), da ein Verkauf von Produkten zu Preisen, die unter den variablen Kosten liegen, nicht nur zu einem Verlust, sondern sogar zu negativen Deckungsbeiträgen führen würde, was jedenfalls zu vermeiden ist (Beispiel: Im Tourismus werden in der Nebensaison Produkte und Dienstleistungen häufig zu Preisen, die zwar über den variablen Kosten, aber unter den Vollkosten liegen, angeboten, um freistehende Bettenkapazitäten, die hohe Fixkosten verursachen, besser auszulasten und dadurch zumindest einen Teil der damit zusammenhängenden Fixkosten abdecken zu können).

Beachte! Ein wichtiger Einflussfaktor auf die Preispolitik eines Unternehmens sind die **Preise der Konkurrenz**. Wenn diese unter den eigenen Verkaufspreisen liegen, dann kann der eigene Gewinnzuschlag reduziert werden, um konkurrenzfähig zu bleiben. Problematisch ist, wenn die Preise der Konkurrenz unter den eigenen Vollkosten liegen, dramatisch ist, wenn diese sogar unter den eigenen variablen Kosten liegen.

2.2.4. Mengen- und Programmplanung

2.2.4.1. Mengenplanung (Break-even-Analyse)

Im Rahmen der gegenständlichen Ausführungen bleibt die Mengenplanung auf einen besonders praxisrelevanten Aspekt beschränkt: die sogenannte **Break-even-Analyse**.[53] Diese hat zum Ziel, die **Break-even-Menge** zu ermitteln, die auch als Gewinnschwelle bezeichnet wird. Die Break-even-Menge ist genau dann erreicht, sobald die Erlöse die Gesamtkosten, dh die variablen Kosten und die Fixkosten, abdecken, also der Gewinn genau null ist. Die Break-even-Menge stellt demnach die Mindestabsatzmenge zur Deckung der Gesamtkosten dar und wird ermittelt, indem die Gewinngleichung (= Gewinnfunktion) mit null gleichgesetzt und anschließend nach der Menge aufgelöst wird:

$$\begin{aligned}\text{Gewinn} &= \text{Erlös} - \text{Kosten}\\ &= \text{Stückerlös} \cdot \text{Menge} - \text{variable Stückkosten} \cdot \text{Menge} - \text{fixe Kosten}\\ &= \underbrace{(\text{Stückerlös} - \text{variable Stückkosten})}_{\text{Stückdeckungsbeitrag}} \cdot \text{Menge} - \text{fixe Kosten}\end{aligned}$$

$$\text{Gewinn} = 0;\ \text{d.h.}$$

$$0 = \text{Stückdeckungsbeitrag} \cdot \text{Menge} - \text{fixe Kosten}$$

$$\text{(Break-even-)Menge} = \frac{\text{fixe Kosten}}{\text{Stückdeckungsbeitrag}}$$

[52] Für Details vgl zB *Swoboda/Stepan/Zechner* (2004) 68 ff.
[53] Vgl zB *Seicht* (2008) 65 ff.

Die Break-even-Menge wird somit berechnet, indem die fixen Kosten durch den **Stück-Deckungsbeitrag** dividiert werden, welcher wiederum der Differenz zwischen Stückerlös und variablen Stückkosten entspricht.

2.2.4.2. Programmplanung

Mittels Programmplanung[54] soll das **optimale Produktionsprogramm** eines Unternehmens festgelegt werden; dh, es ist zu entscheiden, welche Produkte in welchem Umfang erzeugt werden sollen, um das Betriebsergebnis (Gewinn) zu maximieren. Zu diesem Zweck ist eine Betriebsergebnisrechnung durchzuführen, wobei folgende **Regeln** zu beachten sind:

- Die Programmplanung basiert auf einer **Teilkostenbetrachtung** (Grenzkostenrechnung).
- Produkte mit einem **negativen Deckungsbeitrag** sind auszuscheiden.
- Produkte mit einem **positiven Deckungsbeitrag** sind in der maximal möglichen Absatzmenge zu produzieren, sofern insgesamt, dh unter Berücksichtigung der Fixkosten, ein Gewinn erzielt wird; andernfalls sollte die Produktion gänzlich eingestellt werden.

In den gegenständlichen Ausführungen wird von **ausreichenden Kapazitäten** zur Erzeugung der maximal möglichen Absatzmenge ausgegangen.

Beachte! In der Praxis gibt es jedoch häufig **Kapazitätsengpässe**. In diesem Fall sollten vorrangig jene Produkte mit dem höchsten relativen Deckungsbeitrag, dem sogenannten Deckungsbeitrag pro Engpasseinheit, produziert werden.

In **Abbildung 2-7** wird für ein Unternehmen, welches drei unterschiedliche Produkte erzeugen kann, das optimale Produktionsprogramm anhand der obigen Regeln ermittelt. Ergänzend zur Programmplanung auf Teilkostenbasis wird eine Programmplanung auf Vollkostenbasis durchgeführt, um die Aussagekraft der beiden Vorgangsweisen zu illustrieren.

Auf Basis der **Vollkostenbetrachtung** erscheint es optimal, das Produkt B infolge des negativen Ergebnisses auszuscheiden und nur von den Produkten A und C die maximale Absatzmenge von jeweils 500 Stück zu produzieren. Dadurch sollte der Gewinn eigentlich von 1.000,– auf 6.000,– steigen. Dass diese Gewinnsteigerung in der Praxis jedoch nicht eintreten wird, zeigt die **Teilkostenbetrachtung**: Da auch B einen positiven Deckungsbeitrag erbringt, würde eine Elimination von B den Gewinn nicht um 5.000,– erhöhen, sondern um 9.000,– reduzieren, da der positive Deckungsbeitrag in Höhe von 9.000,– genau diesen Anteil der Fixkosten abdeckt. Optimal wäre es also, von allen drei Produkten die maximale Absatzmenge zu produzieren.

---

[54] Vgl zB *Wöhe/Kaiser/Döring* (2010) 987 ff.

Produkt	A	B	C	Gesamt
Absatzmenge	500 Stück	2.000 Stück	500 Stück	
Stückerlös (Nettoverkaufspreis)	14,–	15,–	28,–	
Selbstkosten/Stück	10,–	17,50	20,–	
Variable Kosten/Stück	6,–	10,50	12,–	
Gesamte Fixkosten				20.000,–
Vollkostenbetrachtung				
Erlöse	7.000,–	30.000,–	14.000,–	51.000,–
– Vollkosten	–5.000,–	–35.000,–	–10.000,–	–50.000,–
Betriebsergebnis	**+2.000,–**	–5.000,–	**+4.000,–**	+1.000,–
Optimales Produktionsprogramm	500 Stück	0 Stück	500 Stück	
Teilkostenbetrachtung				
Erlöse	7.000,–	30.000,–	14.000,–	51.000,–
– Variable Kosten	–3.000,–	–21.000,–	–6.000,–	–30.000,–
Deckungsbeitrag	**+4.000,–**	**+9.000,–**	**+8.000,–**	+21.000,–
– Fixkosten				–20.000,–
Betriebsergebnis				**+1.000,–**
Optimales Produktionsprogramm	500 Stück	2.000 Stück	500 Stück	

Abbildung 2-7: Programmplanung

2.3. Controlling

Nachfolgend werden zunächst mit der Begriffsabgrenzung und der Unterscheidung zwischen operativem und strategischem Controlling zwei wichtige **Grundlagen** des Controllings behandelt. Im zweiten Teil dieses Abschnitts werden drei **Instrumente des operativen Controllings** – ABC-Analyse, Budgetierung sowie Kennzahlensysteme – vorgestellt, während im dritten Teil drei **Instrumente des strategischen Controllings** – BCG-Matrix, Benchmarking sowie SWOT-Analyse – behandelt werden.

2.3.1. Grundlagen

Für das Controlling, das sich aus der Unternehmenspraxis entwickelt hat und das erst später von der Wissenschaft als eigenständiges Forschungsgebiet aufgegriffen wurde, existiert eine Vielzahl an **Definitionen**.[55] Ausgehend vom englischen Verb „to control", das in diesem Zusammenhang eher mit „steuern" oder „lenken" als mit „kontrollieren" zu übersetzen ist, könnte man Controlling vereinfacht als „Unterstützung des Managements durch Informationen, die dessen Entscheidungen erleichtern" bzw als „**Führungsunterstützung**" definieren.

Das Controlling basiert auf den Daten des Rechnungswesens und sollte auf möglichst allen Unternehmensebenen durchgeführt werden. Am wichtigsten und verbreitetsten ist dabei das **Unternehmenscontrolling**, das sich auf das gesamte Unternehmen bezieht. Bezieht sich das Controlling dagegen nur auf einzelne Abteilungen bzw Gruppen, so spricht man von **Abteilungscontrolling** bzw **Gruppencontrolling**. Je nachdem, ob das Controlling von unternehmenseigenen oder unternehmensfremden Personen durchgeführt wird, unterscheidet man zwischen **internem** und **externem Controlling**.

[55] Für Näheres zum Begriff und zur Entwicklung des Controllings vgl zB *Horváth* (2011) 16 ff.

Bedeutsam ist die Unterscheidung zwischen operativem und strategischem Controlling:[56] Das **operative Controlling** ist kurz- bis mittelfristig (Zeithorizont: bis maximal fünf Jahre) ausgelegt, dient va der Sicherung der Liquidität und der Erzielung von Gewinnen, stellt die Effizienz („die Dinge richtig erledigen") in den Mittelpunkt und umfasst ua folgende Instrumente: ABC-Analyse (vgl 2.3.2.1.), Bestellmengenoptimierung, Bilanzanalyse (vgl 2.1.4.), Break-even-Analyse (vgl 2.2.4.1.), Budgetierung (vgl 2.3.2.2.), Kennzahlensysteme (vgl 2.3.2.3.), Programmplanung (vgl 2.2.4.2.) und Rabattanalyse. Das **strategische Controlling** ist dagegen langfristig (Zeithorizont: über fünf Jahre) ausgelegt, dient va der Sicherung vorhandener bzw der Schaffung neuer Erfolgspotenziale, stellt die Effektivität („die richtigen Dinge erledigen") in den Mittelpunkt und umfasst ua folgende Instrumente: Balanced Scorecard, BCG-Matrix (vgl 2.3.3.1.), Benchmarking (vgl 2.3.3.2.), Gap-Analyse, SWOT-Analyse (vgl 2.3.3.3.) und Szenarioanalyse.

2.3.2. Instrumente des operativen Controllings

2.3.2.1. ABC-Analyse

Im Rahmen einer ABC-Analyse[57] werden Produkte oder Kunden eines Unternehmens je nach ihrer Bedeutung für das Unternehmen klassifiziert. Dabei stellt die **A-Klasse** mit einem geringen mengenmäßigen, aber hohen wertmäßigen Anteil (Beispiel: Mit 5 % der Kunden werden 50 % des Umsatzes realisiert) den wichtigsten Bereich dar, gefolgt von der **B-Klasse** mit einem mittelmäßigen mengen- und wertmäßigen Anteil (Beispiel: Mit 30 % der Kunden werden 35 % des Umsatzes realisiert) sowie der **C-Klasse** mit einem hohen mengenmäßigen, aber geringen wertmäßigen Anteil (Beispiel: Mit 65 % der Kunden werden 15 % des Umsatzes realisiert).

Sinn dieser Klassifizierung ist es, Schwerpunkte zu bilden bzw **Prioritäten** zu setzen: So können dadurch wichtige Produkte oder Kunden (A-Klasse) identifiziert werden, um diesen in der Folge besondere Aufmerksamkeit, wie beispielsweise eine besonders intensive Kundenbetreuung, zukommen zu lassen. Ebenso können dadurch eher unwichtige Produkte oder Kunden (C-Klasse) identifiziert werden, um dort in der Folge Kosten einzusparen, wie beispielsweise durch Eliminierung von Kunden aus aufwendigen Kundenbindungsprogrammen.

2.3.2.2. Budgetierung

Budgets sind vorgegebene oder auch vereinbarte Beträge, die sich auf einen bestimmten Zeitraum (idR ein Jahr) beziehen und den Budgetverantwortlichen zur Verfügung stehen. Sie dienen der dezentralen Steuerung von Organisationen (im Gegensatz zu einer zentralen Steuerung durch unmittelbare Handlungsanweisungen). Budgetvorgaben bzw -vereinbarungen haben häufig einen Ausgabenrahmen zum **Inhalt**, der einzuhalten ist. Sie können sich aber etwa auch auf Mindesteinnahmen beziehen, die zu erzielen sind.[58]

In größeren Unternehmen gibt es meist eine Vielzahl von Einzelbudgets, die aufeinander abzustimmen sind. Man spricht in diesem Zusammenhang von einem **Budgetierungssystem**. Im Falle einer **Top-down-Budgetierung** wird zuerst das Gesamtbudget erstellt, und daraus werden die Einzelbudgets abgeleitet, im Falle einer **Bottom-up-Budgetierung** wird das Gesamtbudget als Summe der Einzelbudgets ermittelt.

---

56 Vgl zB *Horváth* (2011) 221 ff.
57 Vgl dazu beispielsweise *Wöhe/Kaiser/Döring* (2010) 335 ff.
58 Vgl zB *Küpper* (2008) 360 ff.

In der Praxis können im Zusammenhang mit der Budgetierung ua folgende **Probleme** auftreten:[59]

- **Budgetschlupf**: Zu diesem kommt es, wenn die vereinbarten Budgets nicht den tatsächlich benötigten Mitteln entsprechen. Ist ein vereinbartes Budget zu hoch angesetzt, liegt ein positiver Schlupf vor, ist es zu niedrig angesetzt, ein negativer.
- **Budgetverschwendung**: Dazu kann es kommen, wenn sich Folgebudgets am Verbrauch der vorangegangenen Periode orientieren. Als Folge von Fortschreibungen bereits vereinbarter Budgets wird häufig versucht, jedes Budget unabhängig vom tatsächlichen Bedarf zur Gänze auszuschöpfen, damit in der Folgeperiode das Budget nicht gekürzt wird (Beispiel: Am Jahresende werden überflüssige Büromittel gekauft). Als Gegenmaßnahme bietet sich ein sogenanntes **Zero-Base-Budgeting** an, bei dem alle Ausgaben jährlich neu begründet werden müssen.[60]
- **Budget-Egoismus**: Davon spricht man, wenn Budgetverantwortliche negative Effekte auf andere Budgetbereiche (zB erhöhte Arbeitsbelastung in anderen Bereichen) vernachlässigen.

2.3.2.3. Kennzahlensysteme

Unter einem **Kennzahlensystem**[61] versteht man eine systematische Verknüpfung von zwei oder mehreren Kennzahlen (vgl 2.1.4.). Je nach Art der Verknüpfung unterscheidet man zwischen **Rechensystemen**, bei denen die Kennzahlen rechnerisch verbunden sind, und **Ordnungssystemen**, die aus logischen Verknüpfungen bestehen. Kennzahlensysteme, und hier besonders Rechensysteme, sind häufig pyramidenförmig aufgebaut. An oberster Stelle steht dabei die sogenannte **Spitzenkennzahl** (zB eine Rentabilitäts- oder Liquiditätskennzahl), auf den Ebenen darunter befinden sich die **abgeleiteten Kennzahlen**. Ein bekanntes Rechensystem mit einem pyramidenförmigen Aufbau ist das DuPont-Kennzahlensystem, das 1919 vom Chemiekonzern DuPont entwickelt wurde. Als Spitzenkennzahl fungiert hier die Gesamtkapitalrentabilität.

2.3.3. Instrumente des strategischen Controllings

2.3.3.1. BCG-Matrix

Bei der Boston Consulting Group-Matrix, kurz **BCG-Matrix**,[62] handelt es sich um ein verbreitetes Modell zur Darstellung des **Produktportfolios** eines Unternehmens. Unter dem Produktportfolio versteht man die Gesamtheit der Produkte dieses Unternehmens. Die BCG-Matrix wird erstellt, indem ein Koordinatensystem, bei dem die x-Achse den relativen Marktanteil, bei welchem die eigene Marktposition (zB in Form des Umsatzes) zur Marktposition des stärksten Konkurrenten in Relation gesetzt wird, und die y-Achse das Marktwachstum repräsentiert, in vier Felder unterteilt wird (vgl Abbildung 2-8). Die Trennlinie zwischen geringem und hohem relativem Marktanteil wird häufig bei einem relativen Markanteil von eins, jene zwischen geringem und hohem Marktwachstum bei einem Marktwachstum von 10 % gezogen. Diese vier Felder werden wie folgt bezeichnet:

- **Feld 1** ist der linke untere Quadrant, der durch einen geringen relativen Marktanteil und geringes Marktwachstum gekennzeichnet ist. Produkte, die hier einzuordnen sind, werden

---

59 Vgl *Wöhe/Kaiser/Döring* (2010) 207 f.
60 Für Details vgl zB *Jung* (2010) 1173 f.
61 Vgl zB *Grbenic/Zunk* (2012) 127 ff oder auch *Horváth* (2011) 498 ff.
62 Vgl dazu beispielsweise *Fiedler*/Gräf (2012) 47 ff.

als **Poor Dogs** bezeichnet, da diese Produkte sowohl eine schlechte Marktposition als auch schlechte Marktchancen haben. Diese Produkte sollten eingestellt werden.

- **Feld 2** ist der linke obere Quadrant, der durch einen geringen relativen Marktanteil, aber hohes Marktwachstum gekennzeichnet ist. Produkte, die hier einzuordnen sind, werden als **Question Marks** bezeichnet, da diese Produkte zwar eine schlechte Marktposition – dies hat zur Folge, dass der Erfahrungskurveneffekt (vgl unten) nicht ausgenützt werden kann –, aber gute Marktchancen haben. Für derartige Produkte gibt es zwei Möglichkeiten: Investieren oder Einstellen.
- **Feld 3** ist der rechte obere Quadrant, der durch einen hohen relativen Marktanteil und hohes Marktwachstum gekennzeichnet ist. Produkte, die hier einzuordnen sind, werden als **Stars** bezeichnet, da diese Produkte sowohl eine gute Marktposition als auch gute Marktchancen haben. Sie stellen damit die Spitzenprodukte des Unternehmens dar, in die zur Erhaltung ihrer Wettbewerbsstärke (weiter) investiert werden sollte.
- **Feld 4** ist der rechte untere Quadrant, der durch einen hohen relativen Marktanteil, aber geringes Marktwachstum gekennzeichnet ist. Produkte, die hier einzuordnen sind, werden als **Cash Cows** bezeichnet, da diese Produkte eine gute Marktposition, aber schlechte Marktchancen haben, da sie den Höhepunkt ihres Produktlebenszyklus (vgl unten) bereits überschritten haben. Cash Cows stellen eine wichtige Einnahmequelle dar, da in diese Produkte nichts mehr investiert wird. Sie finanzieren häufig die Entwicklung anderer Produkte.

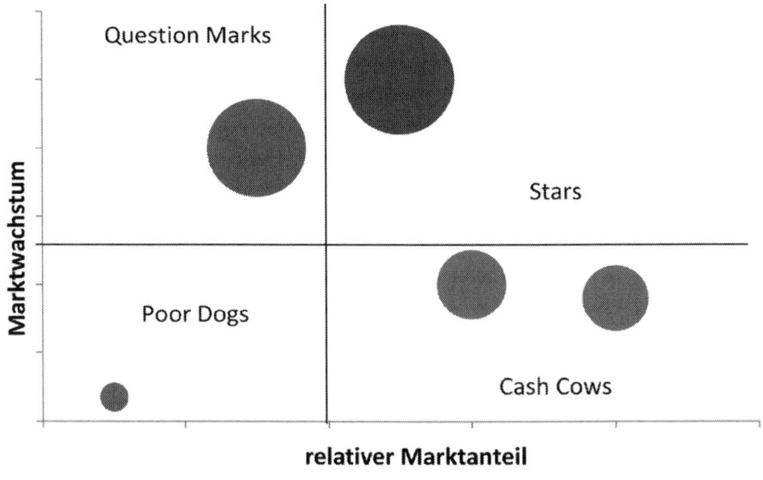

Abbildung 2-8: BCG-Matrix[63]

Die Erstellung einer BCG-Matrix für ein Unternehmen ermöglicht es, Bedeutung und strategische Optionen hinsichtlich der einzelnen Produkte zu erkennen. Zudem lässt sich damit feststellen, ob ein Unternehmen über ein **ausgewogenes Gesamtproduktportfolio**, wie zB viele Stars, aber auch einige Question Marks und Cash Cows, jedoch kaum Poor Dogs, verfügt, oder ob diesbezüglich Handlungsbedarf besteht (Beispiel: Wenn es im Unternehmen nur Stars und Cash Cows, aber keine Question Marks gibt, besteht die Gefahr, dass das Unternehmen mittelfristig am Markt kaum mehr Absatzchancen hat, da keine neuen Produkte mehr nachkommen).

---

[63] Die fünf Kreise in der Abbildung stellen die fünf Produktarten, also das Produktportfolio, eines hypothetischen Unternehmens dar. Die Größe der Kreise repräsentiert beispielsweise den jeweiligen Umsatz.

Die BCG-Matrix basiert auf dem Erfahrungskurvenkonzept und dem Produktlebenszykluskonzept, zwei in der BWL sehr wichtigen Theorien:

Das **Erfahrungskurvenkonzept**[64] besagt, dass mit steigender Produktionsmenge die Stückkosten sinken (vgl Abbildung 2-9). Empirische Studien haben gezeigt, dass eine Verdoppelung der Produktionsmenge zu einer Reduktion der Stückkosten um 20–30 % geführt hat. Gründe für diesen sogenannten **Stückkostendegressionseffekt** können Lerneffekte (zB Reduktion des Ausschusses), Fixkostendegression (Verteilung der Fixkosten auf eine höhere Stückzahl) oder Rationalisierungseffekte (zB Erhöhung der Produktivität durch Spezialisierung der Fließbandarbeiter auf wenige Tätigkeiten) sein. Es ist allerdings zu beachten, dass eine solche Kostenreduktion nicht automatisch eintritt, sondern eines gezielten Kostenmanagements bedarf. Um den Erfahrungskurveneffekt optimal ausnutzen zu können, sollten Unternehmen ihren relativen Marktanteil (vgl 4.1.1.) bis zur **Marktführerschaft** (dh relativer Marktanteil ≥ 1) erhöhen, da der Marktführer den höchsten Stückkostendegressionseffekt und damit einen Produktionskostenvorsprung gegenüber der Konkurrenz hat. Um Marktführerschaft zu erreichen, kann eine Konzentration auf wenige Produkte sinnvoll sein.

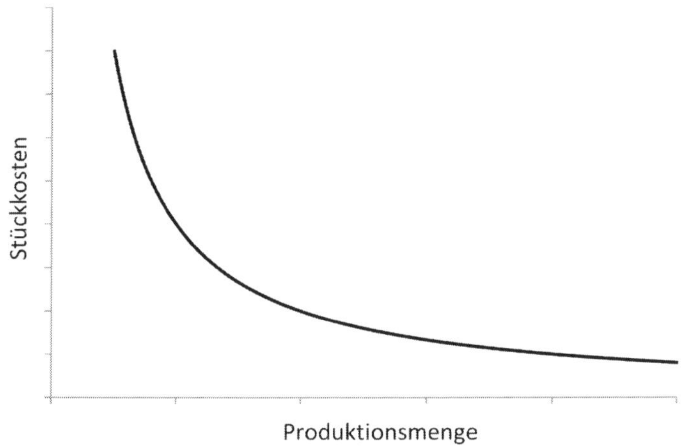

Abbildung 2-9: Erfahrungskurvenkonzept

Beachte! Betrachtet man die **BCG-Matrix**, so kann mit „Stars" und „Cash Cows" der Erfahrungskurveneffekt genutzt werden, da diese einen relativen Marktanteil größer 1 haben.

Gemäß dem **Produktlebenszykluskonzept** unterliegen Produkte (aber auch Technologien, Branchen oder Märkte) einem Lebenszyklus, der sich mittels **Produktlebenszykluskurve** (vgl Abbildung 2-10), die den Zusammenhang zwischen Lebensalter (Zeit) und Erfolg eines Produkts (zB in Form des Umsatzes) illustriert, darstellen lässt. Idealtypisch umfasst der Lebenszyklus vier **Phasen**:[65]

- **Einführungsphase**: Das Produkt wird am Markt eingeführt und soll eine entsprechende Qualität aufweisen. Der Absatz (und damit der Umsatz) steigen nur langsam an, die Produktions- und Markteintrittskosten übersteigen idR die Erlöse bei Weitem, sodass es noch keinen Gewinn gibt.
- **Wachstumsphase**: Das Produkt hat sich am Markt durchgesetzt und soll möglichst gut verbreitet werden (hoher Marktanteil); Umsatz und Gewinn steigen stark.

[64] Vgl zB *Horváth* (2011) 470 ff.
[65] Vgl beispielsweise *Reichmann* (2011) 529 ff.

- **Reifephase**: Die Wettbewerbsfähigkeit des Produkts soll gesichert werden (zB durch Senkung der Produktionskosten und des Preises); Umsatz und Gewinn steigen zunächst noch langsam, beginnen aber allmählich zu sinken.
- **Sättigungsphase**: Das Produkt verliert an Attraktivität. Umsatz und Gewinn beginnen stark zu sinken; man versucht häufig, das Produkt durch Modifikationen wieder in die Reifephase zurückzuversetzen. Gelingt dies nicht, wird das Produkt aus dem Produktportfolio eliminiert.

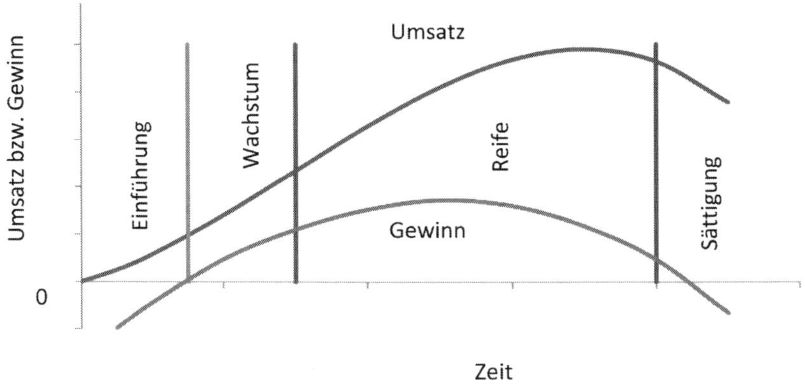

Abbildung 2-10: Produktlebenszykluskonzept

Die Kenntnis des Produktlebenszykluskonzepts ermöglicht eine **Optimierung des Produktportfolios im Hinblick auf den Lebenszyklus**. Wichtig ist, dass sich nicht sämtliche Produkte eines Unternehmens in der gleichen Phase befinden, dh es ist hinsichtlich des Lebenszyklus der Produkte eine breite Streuung anzustreben. Problematisch ist jedoch, dass nicht notwendigerweise alle Produkte diesen Zyklus durchlaufen, und auch die Dauer der einzelnen Phasen sehr unterschiedlich sein kann.

Beachte! Betrachtet man die **BCG-Matrix**, so befinden sich die Question Marks in der Einführungsphase, die Stars in der Wachstumsphase, die Cash Cows in der Reifephase und die Poor Dogs in der Sättigungsphase.

2.3.3.2. Benchmarking

Unter **Benchmarking**[66] versteht man einen Vergleich mit den Besten. Zu diesem Zweck sind zunächst die Besten, die sogenannten **Benchmarks**, zu identifizieren. Dies ist nicht immer einfach, da die dafür benötigten Daten häufig nicht öffentlich zugänglich sind. In der Folge geht es darum, diese Benchmarks zu analysieren, um daraus zu lernen (Beispiel: Ein Automobilhersteller vergleicht die eigenen Produktionskosten mit jenen der Konkurrenz. Dabei zeigt sich, dass einige Konkurrenten wesentlich günstiger produzieren. Von diesen Konkurrenten, die als Benchmarks fungieren, will der Automobilhersteller lernen, wie auch er in Zukunft günstiger produzieren kann.).

Für ein Benchmarking sind Vergleichsmaßstab, Vergleichsobjekt sowie Vergleichsbasis festzulegen. Unter dem **Vergleichsmaßstab** versteht man diejenige(n) Größe(n), anhand derer der Vergleich durchgeführt wird. Dabei kann es sich um Gewinn, Kosten bestimmter Kostenstellen, wie etwa die Vertriebskosten, aber auch Kennzahlen, wie etwa die Eigenkapitalrentabilität, handeln. Als **Vergleichsobjekt** bezeichnet man den Bereich, der einem Vergleich

66 Vgl dazu beispielsweise *Horváth* (2011) 354 ff.

unterzogen wird. Vergleichsobjekte können beispielsweise Abteilungen, Geschäftsfelder, Produkte, Prozesse, aber auch Unternehmen insgesamt sein. Schließlich ist noch zu klären, in welcher Breite der Vergleich durchgeführt werden soll. Dient lediglich das eigene Unternehmen als **Vergleichsbasis**, so spricht man von einem **internen Benchmarking** (Beispiel: Vergleich des Umsatzes der Filialen einer Kosmetikhandelskette oder Vergleich des Gewinns des Unternehmens über zehn Jahre). Bilden dagegen mehrere Unternehmen der gleichen Branche die Vergleichsbasis, so handelt es sich um ein **wettbewerbsorientiertes Benchmarking** (Beispiel: Vergleich des Umsatzes verschiedener Kosmetikhandelsketten). Stellen Unternehmen unterschiedlicher Branchen die Vergleichsbasis dar, so liegt ein **funktionales Benchmarking** vor (Beispiel: Vergleich des Umsatzes verschiedener Handelsketten unterschiedlicher Branchen). Wettbewerbsorientiertes und funktionales Benchmarking sind wiederum Erscheinungsformen des **externen Benchmarkings**.

2.3.3.3. SWOT-Analyse

Bei einer Stärken-Schwächen-Analyse, kurz SWOT-Analyse genannt, geht es darum, **Stärken** zu maximieren, **Schwächen** zu minimieren, **Chancen** zu maximieren sowie **Risiken** zu minimieren. SWOT ist dabei einfach das Akronym der folgenden englischen Begriffe: strengths, weaknesses, opportunities und threats.

Üblicherweise wird eine SWOT-Analyse in den folgenden **drei Schritten** durchgeführt:[67]

1. Schritt: Im Zuge der **Unternehmensanalyse (interne Analyse)** werden die aktuellen Stärken und Schwächen des Unternehmens ermittelt. Zu diesem Zweck sollte die Wettbewerbsposition des Unternehmens analysiert werden, indem ua die zentralen Erfolgsfaktoren, wie zB Standort, Preise oder Qualität, identifiziert und im Vergleich zur Konkurrenz bewertet werden.

2. Schritt: Im Zuge der **Umfeldanalyse (externe Analyse)** werden zukünftige Stärken und Schwächen des Unternehmens identifiziert, um mögliche Chancen und Risiken zu erkennen und zu bewerten.

3. Schritt: Im Zuge der Entwicklung von **Strategien** werden Handlungsempfehlungen ausgearbeitet, die dazu dienen, festgestellte Schwächen und Risiken zu minimieren bzw festgestellte Stärken und Chancen zu maximieren.

Beispiel 2-14

Fragestellung: Ein Produktionsbetrieb, der bereits sehr lange existiert, verfügt über alte Maschinen, die zwar eine hohe Produktqualität gewährleisten, aber sehr viel Energie benötigen. Zudem ist es nicht möglich, die Anzahl der damit produzierten Produktvarianten zu verändern. Kundenbefragungen haben ergeben, dass diese va mit der hohen Produktqualität und dem guten Kundendienst in den selten auftretenden Reparaturfällen sehr zufrieden sind. Allerdings besteht eine große Gefahr der Abwanderung der Kunden zur Konkurrenz, da diese wesentlich mehr Produktvarianten anbietet. Die Konkurrenz ist zwar wesentlich billiger, kann allerdings nicht dieselbe Produktqualität bieten. Führen Sie für diesen Betrieb eine SWOT-Analyse durch.

Lösung:

1. Unternehmensanalyse: Stärken sind Produktqualität und Kundendienst; Schwächen sind Produktionskosten und mangelnde Produktvielfalt.

[67] Vgl zB *Fischer/Möller/Schultze* (2012) 123 ff.

2. Umfeldanalyse: Chancen sind Kostenreduktion durch Maschinentausch und Erhöhung der Produktvielfalt durch Maschinentausch; Risiken sind die Tatsachen, dass Kunden zunehmend eine größere Produktvielfalt wollen und preissensibler werden.
3. Strategieentwicklung: Umstellung der Produktion durch Maschinentausch (Energiekosten und Preise werden damit gesenkt, die Produktvielfalt wird erhöht; die Produktqualität kann leicht gesenkt werden, sollte aber jedenfalls deutlich über jener der Konkurrenz liegen).

Erläuterung: Fraglich ist die Umsetzbarkeit der Strategie. Es müsste gelingen, eine neue Maschine zu beschaffen, die hinsichtlich Produktvielfalt und Energiekosten mit den Maschinen der Konkurrenz mithalten kann, aber gleichzeitig eine höhere Produktqualität als bei der Konkurrenz gewährleistet.

2.4. Übungsbeispiele zum Rechnungswesen

2.4.1. Fragestellungen

1.) Nennen Sie die drei zentralen Funktionen des Rechnungswesens.

2.) Geben Sie an, ob es sich bei den nachfolgend angeführten Geschäftsfällen um Auszahlungen/Einzahlungen, Ausgaben/Einnahmen, Aufwendungen/Erträge bzw Kosten/Erlöse handelt:
   a) Sie bezahlen eine Verbindlichkeit bar.
   b) Sie kaufen Rohstoffe auf Kredit.
   c) Sie setzen die gekauften Rohstoffe in der Produktion ein.
   d) Sie schenken einen Teil der Rohstoffe dem Roten Kreuz.
   e) Sie verkaufen einen Teil der lagernden Rohstoffe auf Ziel.

3.) Sie gründen eine Anwaltskanzlei in Form eines Einzelunternehmens. Welche Bücher müssen Sie jedenfalls führen?

4.) Was versteht man unter der doppelten Erfassung jedes Geschäftsfalles im Rahmen der doppelten Buchhaltung?

5.) Welche der nachfolgend angeführten Unterlagen bzw Aufstellungen benötigen Sie a) zur indirekten und b) zur direkten Ermittlung des Gewinns der aktuell abgelaufenen Periode:
   - Aktuelle Bilanz
   - Bilanz des Vorjahres
   - Aktuelle GuV
   - GuV des Vorjahres

6.) Sie wollen für die unter 3.) genannte Anwaltskanzlei eine doppelte Buchhaltung einführen: a) Für welches Buchführungsverfahren werden Sie sich entscheiden? b) Wie könnten Sie bei der Erstellung des Kontenplans vorgehen?

7.) Erstellen Sie für die Anwaltskanzlei X zum 31. 12. eine Bilanz anhand der zum Bilanzstichtag vorliegenden Informationen:
   - Von dem zur Finanzierung der Geschäftsausstattung aufgenommenen Darlehen über 50.000,– sind zum Bilanzstichtag 20.000,– getilgt.
   - Die Geschäftsausstattung, die vor acht Jahren um 60.000,– angeschafft wurde, hat eine Nutzungsdauer von zehn Jahren.
   - Die Kanzlei besitzt Patente im Wert von 25.000,–.
   - Der Kassenbestand beträgt 5.000,–.
   - Im letzten Monat wurden Rechnungen an Klienten in Höhe von 20.000,– verschickt, die noch offen sind.

8.) Erstellen Sie für das Unternehmen Y zum 31. 12. eine Bilanz anhand der zum Bilanzstichtag vorliegenden Informationen:
- Das Unternehmen besitzt ein Grundstück. Dieses wurde in der Bilanz des Vorjahres mit 300.000,– angesetzt. Mittlerweile sind die Preise für vergleichbare Grundstücke um 30 % gefallen, da in der betreffenden Gemeinde großflächig Grünland in Bauland umgewidmet wurde.
- Die Geschäftsausstattung, die vor elf Jahren um 75.000,– angeschafft wurde, hat eine Nutzungsdauer von 15 Jahren.
- Ein Firmen-Pkw, der vor zwei Jahren um 20.000,– angeschafft und seitdem betrieblich genutzt wurde, hat eine Nutzungsdauer von zehn Jahren.
- Das Unternehmen hat Rohstoffe auf Lager liegen, die vor zwei Monaten um 5.000,– gekauft wurden. Derzeit müsste man für diese Waren 10.000,– bezahlen.
- Der Kassenbestand beträgt 2.000,–.
- Für den Kauf des oben genannten Firmen-Pkw wurde vor 2 Jahren ein Darlehen in Höhe von 20.000,– aufgenommen, von dem bis zum 31. 12. 15.000,– getilgt wurden.
- Für mögliche Garantiefälle wurden Rückstellungen in Höhe von 10.000,– gebildet.

9.) Unternehmen Z besitzt ein unbebautes Grundstück, das in der Bilanz des Vorjahres mit 500.000,– zu Buche stand. Im heurigen Jahr wurde das Grundstück von Bauland in Grünland umgewidmet. Was bedeutet dies für die Bilanz des aktuellen Geschäftsjahres?

10.) Ein Firmen-Pkw weist aufgrund eines Unfalls einen Totalschaden auf. Wie ist hier bewertungstechnisch vorzugehen?

11.) Unternehmen A hat Rohstoffe auf Lager liegen, die im laufenden Jahr um 50.000,– eingekauft wurden. Diese Rohstoffe könnten zum Bilanzstichtag um 40.000,– erworben werden, allerdings ist im Laufe der kommenden zwei Monate ein Preisanstieg um 50 % zu erwarten. Wie sind die Rohstoffe in der Bilanz zu bewerten?

12.) Wodurch entstehen stille Reserven?

13.) Berechnen Sie das EGT des Unternehmens B anhand der nachfolgenden Angaben:
- Materialaufwand: 20.000,–.
- Personalaufwand: 50.000,–.
- Erlöse aus dem Verkauf von Produkten: 60.000,–.
- Zinserträge (aus Pensionsrückstellungen in Form von Anleihen): 20.000,–.
- Erträge aus dem Verkauf von Teilen des Betriebsareals: 100.000,–.

14.) Für ein Unternehmen liegen die folgenden Aufwands- und Ertragsdaten für das Jahr T vor:
- Umsatzerlöse: 800.000,–
- Personalaufwand: 400.000,–
- Materialaufwand: 100.000,–
- Abschreibungen auf Sachanlagevermögen: 50.000,–
- Zinsaufwand: 15.000,–
- Aufwendungen für die Behebung eines Brandschadens: 500.000,–

Berechnen Sie a) Betriebsergebnis, b) Finanzergebnis, c) außerordentliches Ergebnis, d) EGT, e) EBIT und f) EBITDA.

15.) Welche Bestandteile umfasst der Jahresabschluss a) einer Personengesellschaft bzw b) einer Kapitalgesellschaft?

16.) Nennen Sie die Ausgangsgröße zur indirekten Ermittlung des Cashflows.

17.) Ein Unternehmen weist folgende Kapitalflüsse auf: Jahresverlust laut GuV: 10.000,–; Abschreibungen vom Anlagevermögen: 50.000,–; Verminderung der Forderungen aus L&L: 20.000,–; Verminderung der Verbindlichkeiten aus L&L: 5.000,–; Erlöse aus dem Verkauf von Anlagegegenständen: 75.000,–; Auszahlungen für Sachinvestitionen: 100.000,–;

Eigenkapitalzuführung: 50.000,–; Kredittilgungszahlungen: 10.000,–. Ermitteln Sie den Cashflow.

18.) Stellen Sie die folgenden Geschäftsfälle in Form von Buchungssätzen dar: a) Rohstoffe im Wert von 50.000,– werden bar verkauft; b) Ein Grundstück ist infolge einer außergewöhnlichen Wertminderung um 50.000,– abzuschreiben; c) Für die Produktion werden Rohstoffe im Wert von 25.000,– eingesetzt.

19.) Welche Eigenkapitalquote sollte ein Unternehmen idealerweise aufweisen, und welche Vorteile bietet eine derartige Quote bei Verlusten bzw kreditfinanziertem Investitionsbedarf?

20.) Unternehmen C weist Anlagevermögen in Höhe von 100.000,– und langfristiges Umlaufvermögen in Höhe von 25.000,– auf. Das langfristige Fremdkapital beträgt 30.000,–, das Eigenkapital beträgt 80.000,–. Berechnen Sie a) den Anlagendeckungsgrad I und b) den Anlagendeckungsgrad III. c) Erfüllt das Unternehmen die goldene Bilanzregel?

21.) Das Unternehmen D weist einen Liquiditätsengpass auf. Zur Beseitigung dieses Engpasses könnte entweder
- ein Reservegrundstück verkauft,
- ein Factoring durchgeführt oder
- ein Sale-and-Lease-Back des Fuhrparks vorgenommen werden.

Für welche Variante sollte sich das Unternehmen entscheiden?

22.) Warum ist eine Schuldentilgungsdauer von mehr als 15 Jahren in Österreich problematisch?

23.) Wie hoch sollte die Eigenkapitalrentabilität mindestens sein?

24.) Was ist ein Leverage-Effekt?

25.) Die Bilanz des Unternehmens E weist folgendes Bild auf:

Aktiva		Passiva	
Anlagevermögen	40.000,–	Eigenkapital	20.000,–
Umlaufvermögen		Fremdkapital	
Forderungen aus L&L	40.000,–	Langfristige Verbindlichkeiten	50.000,–
Kassa	20.000,–	Kurzfristige Verbindlichkeiten	30.000,–
Bilanzsumme	100.000,–	Bilanzsumme	100.000,–

Berechnen Sie a) die Eigenkapitalquote, b) den Anlagendeckungsgrad III, c) den Liquiditätsgrad 2 sowie d) das Net Working Capital.

26.) Das Unternehmen A hatte im abgelaufenen Geschäftsjahr folgende Aufwendungen:

a) Gehaltsaufwand: 100.000,– (inkludiert bereits Gehälter in Höhe von 10.000,– für den ersten Monat des folgenden Geschäftsjahres)

b) Lohnaufwand: 500.000,–

c) Spendenaufwand: 5.000,–

d) Aufwand für Prozesskosten: 15.000,– (langjähriger Durchschnitt des Prozesskostenaufwands: 10.000,–)

e) Unternehmerlohn: 0,– (Der Eigentümer arbeitet im Unternehmen mit. Er bezieht aber kein Gehalt, sondern lebt von Gewinnentnahmen. Diese betragen im langjährigen Durchschnitt 100.000,– pro Jahr. Im folgenden Geschäftsjahr möchte er sich freinehmen und wird deshalb einen Geschäftsführer einstellen, der einen monatlichen Aufwand von 5.000,– verursachen wird.)

Wie hoch waren die Kosten des Unternehmens im abgelaufenen Geschäftsjahr?

27.) Was versteht man unter einer Normalkostenrechnung zu Vollkosten?

28.) Das unter 26.) genannte Unternehmen produziert ausschließlich Tische vom Typ X. Im abgelaufenen Geschäftsjahr wurden 6.600 Stück produziert. Wie hoch sind die Kosten eines Tisches auf Basis einer Vollkostenrechnung in Form der Divisionskalkulation?

29.) Warum handelt es sich bei den Gehältern der Verwaltungsangestellten eines Produktionsbetriebes um Einzelkosten?

30.) In jedem Raum eines Unternehmens ist eine Stromverbrauchserfassung installiert. Wird es sich bei den Stromkosten um Einzelkosten, Stelleneinzelkosten oder Stellengemeinkosten handeln?

31.) Unternehmen X ist ein Produktionsunternehmen mit folgenden Kostenstellen (in Klammer ist die Größe in m^2 angegeben): Materialstelle (500 m^2), Fertigungsstelle (1.000 m^2), Verwaltungs- und Vertriebsstelle (100 m^2) und Transportstelle (400 m^2).
Im Rahmen der Kostenartenrechnung wurden für das relevante Jahr Einzelkosten in Höhe von 500.000,– (Fertigungslöhne: 400.000,–; Rohstoffe: 100.000,–) und Gemeinkosten in Höhe von 300.000,– (Gehälter: 220.000, ; Kalkulatorische Abschreibungen: 50.000,–; Energie- und Reinigungskosten: 30.000,–) ermittelt. Die Gehälter sowie die kalkulatorischen Abschreibungen wurden als Stelleneinzelkosten identifiziert. Im relevanten Zeitraum sind in den einzelnen Kostenstellen Gehälter bzw kalkulatorische Abschreibungen in folgender Höhe angefallen: Materialstelle: 0,– bzw 5.000,–; Fertigungsstelle: 20.000,– bzw 30.000,–, Verwaltungs- und Vertriebsstelle: 200.000,– bzw 5.000,–; Transportstelle: 0,– bzw 10.000,–. Bei den Energie- und Reinigungskosten handelt es sich um Stellengemeinkosten, die über die Größe (Fläche) der einzelnen Kostenstellen zugerechnet werden. Für die innerbetriebliche Leistungsverrechnung ist das Umlageverfahren heranzuziehen: Die Transportstelle erbrachte insgesamt Transportleistungen im Ausmaß von 10.000 km (davon entfielen 2.000 km auf die Materialstelle, 2.000 km auf die Fertigungsstelle sowie 6.000 km auf die Verwaltungs- und Vertriebsstelle).
Wie hoch sind die Gemeinkostenzuschlagssätze?

32.) In einem Unternehmen werden pro Jahr 100.000 Stück des Produkts A und 62.500 Stück des Produkts B erzeugt. Im aktuellen Jahr sind folgende Kosten angefallen:
Einzelkosten:
- Fertigungslöhne: A: 10,–/Stück; B: 8,–/Stück
- Fertigungsmaterial: A: 5,–/Stück; B: 24,–/Stück

Gemeinkosten:
- Fertigungsgemeinkosten: 500.000,–
- Materialgemeinkosten: 1.000.000,–
- Verwaltungsgemeinkosten: 250.000,–
- Vertriebsgemeinkosten: 125.000,–

Beantworten Sie folgende Fragestellungen: a) Wie hoch sind die Selbstkosten der Produkte A und B, wenn Sie eine Zuschlagskalkulation durchführen. b) Welcher Unterschied würde sich bei einer Divisionskalkulation ergeben?

33.) Eine Dienstleistung verursacht Selbstkosten in Höhe von 100,–. Wie hoch ist der Bruttoverkaufspreis, wenn der Gewinnzuschlag 50 % beträgt, idR ein Skonto in Höhe von 3 % gewährt wird und die Umsatzsteuer 20 % beträgt?

34.) Was ist der Unterschied zwischen fixen und sprungfixen Kosten?

35.) Ein Produkt verursacht Vollkosten von 10,– und variable Kosten von 5,–. Nennen Sie die kurzfristige sowie die langfristige Preisuntergrenze.

36.) Jemand behauptet: „Für eine sinnvolle Preispolitik benötigt man keine Vollkosten-, sondern nur eine Grenzkostenrechnung." Stimmt diese Behauptung?

37.) Bei der Erzeugung des Produkts A fallen variable Kosten in Höhe von 10,–/Stück und Fixkosten in Höhe von 50.000,– an. Berechnen Sie die Break-even-Menge, wenn Produkt A zu einem Preis von 20,–/Stück verkauft werden kann.

38.) Unternehmen X kann die Produkte A, B und C erzeugen. Von jedem Produkt können jährlich maximal 1.000 Stück abgesetzt werden. Die Erlöse/Stück betragen 10,– für A, 20,– für B und 30,– für C. Die variablen Kosten/Stück betragen 15,– für A, 10,– für B und 25,– für C. Die jährlichen Fixkosten betragen 20.000,–. Bestimmen Sie das optimale Produktionsprogramm.

39.) Was versteht man unter einem Gruppencontrolling?

40.) Welche der folgenden Merkmale lassen sich dem operativen Controlling zuordnen? a) Zeithorizont: ein Jahr; b) Effektivität; c) Sicherung von Erfolgspotenzialen; d) Sicherung der Liquidität; e) Produktlebenszyklus; f) Bilanzanalyse; g) Programmplanung.

41.) Eine Anwaltskanzlei habe ua folgende Typen von Kunden:
- Typ 1: durchschnittlicher Umsatz/Jahr: 4.000,–
- Typ 2: durchschnittlicher Umsatz/Jahr: 20.000,–
- Typ 3: durchschnittlicher Umsatz/Jahr: 500,–
- Typ 4: durchschnittlicher Umsatz/Jahr: 2.000,–
- Typ 5: durchschnittlicher Umsatz/Jahr: 4.000,–

Der durchschnittliche Jahresumsatz der Kanzlei betrage 500.000,–. Führen Sie eine kundentypbezogene ABC-Analyse durch.

42.) Sie sind Abteilungsleiterin in einem großen Unternehmen und üben die Funktion einer Budgetverantwortlichen für das Abteilungsbudget (= Ausgabenrahmen) aus. Das aktuelle Jahresbudget beträgt 1.000.000,–. Notfalls würde die Abteilung auch mit 800.000,– auskommen. Das Budget des Folgejahres beträgt 110 % der tatsächlichen Ausgaben des aktuellen Jahres. a) Gibt es in dieser Abteilung einen Budgetschlupf? b) Wird es zu einer Budgetverschwendung kommen?

43.) Jemand behauptet: „Ein Kennzahlensystem besteht aus mindestens drei Kennzahlen, da es ansonsten keine Spitzenkennzahl geben kann, welche die abgeleiteten Kennzahlen rechnerisch miteinander verknüpft." Stimmt diese Behauptung?

44.) In welcher Phase des Produktlebenszyklus wird nichts mehr in das Produkt investiert?

45.) Kann das Erfahrungskurvenkonzept auch für Anwaltskanzleien gelten? Begründen Sie Ihre Antwort.

46.) Ein Unternehmen erzeugt folgende Produkte:
- Produkt A: (noch) geringer Umsatz, aber hohes Potenzial
- Produkt B: hoher Marktanteil, aber rückläufiges Wachstum
- Produkt C: wichtigste Einnahmequelle des Unternehmens
- Produkt D: seit Jahren trotz Werbung nur geringer Umsatz
- Produkt E: hoher Marktanteil und trotzdem starkes Wachstum

Tragen Sie die Produkte in eine BCG-Matrix ein.

47.) Wann sollte man die Produktion von Cash Cows einstellen?

48.) Sie sind als Anwältin auf Scheidungsverfahren spezialisiert und beschäftigen einen Sekretär. Wie könnte ein Benchmarking aussehen, wenn als Vergleichsobjekte „Produkte" dienen und als Vergleichsmaßstab die Kennzahl „Gewinn/Zeiteinheit" herangezogen werden soll?

49.) Sie betreiben ein Handelsunternehmen für Sportartikel, das über 100 Filialen verfügt. Sie wollen wissen, ob für Filiale 59 Verbesserungspotenzial besteht. Sie verfügen über keinerlei Daten von anderen Unternehmen. Welche Art des Benchmarkings werden Sie durchführen?

50.) Führen Sie für die unter 48.) genannte Kanzlei eine SWOT-Analyse unter Berücksichtigung folgender Zusatzangaben durch:
- Die Anwältin hat nicht nur Rechtswissenschaften, sondern auch Sprachen studiert.
- Die Kanzlei hat bereits einen ausgezeichneten Ruf.
- Die Kanzleiräumlichkeiten liegen in der Innenstadt. Dementsprechend hoch ist die Miete. Kundenparkplätze gibt es nicht.
- Die Anzahl der Scheidungsverfahren ist rückläufig.
- Die Kanzlei gilt als ziemlich teuer.

2.4.2. Lösungen

1.) Lösung: Dokumentationsfunktion (Aufzeichnung aller wertmäßigen Veränderungen von Vermögen und Kapital); Erfolgsfeststellungsfunktion (Ermittlung des Periodenerfolgs); Informationsfunktion (zB Ermittlung der Steuerlast).

2.) Lösung: a) Auszahlung; b) Ausgabe; c) Aufwand und Kosten; d) Aufwand; e) Einnahme. Erläuterung: a) Die Bezahlung der Verbindlichkeit ist auszahlungsrelevant, der ausgabenrelevante Zugang des Kaufgegenstandes ist bereits zu einem früheren Zeitpunkt erfolgt. b) Der Kauf ist ausgaben-, aber nicht auszahlungsrelevant, da der Zugang der Rohstoffe erfolgt, die Auszahlung jedoch erst zu einem späteren Zeitpunkt. c) Beim Rohstoffeinsatz handelt sich um einen betriebsbedingten Werteverzehr, weshalb es sich um einen kostengleichen Aufwand (Zweckaufwand bzw Grundkosten) handelt. d) Es handelt sich dabei um einen betriebsfremden (neutralen) Aufwand, der keinerlei Bezug zur betrieblichen Leistungserstellung hat. Deshalb stellt dieser Aufwand keine Kosten dar. e) Der Verkauf ist eine Einnahme, da ein Zugang an Geldvermögen (= Erhöhung der Forderung aus L&L) erfolgt, er ist jedoch nicht einzahlungsrelevant, da der Zugang der liquiden Mittel erst zu einem späteren Zeitpunkt stattfindet.

3.) Lösung: Kassabuch bzw Bankbuch und Anlagenverzeichnis.
Erläuterung: Angehörige der freien Berufe, die in Form eines Einzelunternehmens tätig sind, dürfen ohne Umsatzgrenze eine Einnahmen-Ausgaben-Rechnung durchführen. Dabei sind lediglich ein Kassabuch, in dem alle baren Ein- und Auszahlungen erfasst werden, ein Bankbuch, in dem alle unbaren Ein- und Auszahlungen auf bzw von jederzeit verfügbaren Bankkonten erfasst werden, sowie ein Anlagenverzeichnis, in das alle Anlagegüter (zB Büroausstattung) einzutragen sind, zu führen.

4.) Lösung: Jeder Geschäftsfall wird sowohl chronologisch im Grundbuch (Journal) als auch systematisch im Hauptbuch erfasst.

5.) Lösung: a) aktuelle Bilanz und Bilanz des Vorjahres; b) aktuelle GuV.
Erläuterung: a) Die indirekte Ermittlung des Gewinns (Verlusts) basiert auf dem Vergleich des Eigenkapitals laut aktueller Bilanz mit dem Eigenkapital laut Bilanz des Vorjahres. b) Die direkte Ermittlung des Gewinns (Verlusts) erfolgt im Rahmen der aktuellen GuV.

6.) Lösung: a) Elektronische Buchführung (Einsatz von Standardsoftware); b) Orientierung am ÖPWZ-Kontenrahmen.

7.) Lösung:

Aktiva		Passiva	
Anlagevermögen		Eigenkapital (Saldo)	32.000,–
Patente	25.000,–		
Geschäftsausstattung	12.000,–		
Umlaufvermögen		Fremdkapital	
Forderungen	20.000,–	Darlehen	30.000,–
Kassa	5.000,–		
Bilanzsumme	62.000,–	Bilanzsumme	62.000,–

Erläuterung: Die Reihenfolge der Bilanzpositionen folgt dem üblichen Aufbau: Auf der Aktivseite wird mit dem immateriellen Anlagevermögen begonnen, welches aus den Patenten im Wert von 25.000,– besteht. Es folgt das Sachanlagevermögen: Dieses umfasst die Geschäftsausstattung, bei der es sich um abnutzbares Anlagevermögen handelt, das über die Nutzungsdauer (zehn Jahre) linear (= 6.000,–/Jahr) abzuschreiben ist. Nachdem die Geschäftsausstattung bereits seit acht Jahren genutzt wird, beträgt die bisherige Gesamtabschreibung 48.000,–, sodass die Geschäftsausstattung mit einem Wert von

12.000,– anzusetzen ist. Finanzanlagevermögen existiert nicht. Es folgt das Umlaufvermögen, welches die Forderungen gegenüber Klienten (Lieferforderungen) in Höhe von 20.000,– und den Kassenbestand in Höhe von 5.000,– umfasst.
Auf der Passivseite ist das Fremdkapital in Form eines Darlehens zu berücksichtigen, von dem bisher 20.000,– zurückgezahlt wurden, sodass derzeit eine Verbindlichkeit gegenüber Bank in Höhe von 30.000,– besteht. Das Eigenkapital erhält man, indem man von der Summe der Aktiva in Höhe von 62.000,– das Fremdkapital in Höhe von 30.000,– abzieht.

8.) Lösung:

Aktiva		Passiva	
Anlagevermögen		Eigenkapital (Saldo)	238.000,–
Grundstücke	210.000,–		
Geschäftsausstattung	20.000,–		
Pkw	16.000,–		
Umlaufvermögen		Fremdkapital	
Rohstoffe	5.000,–	Darlehen	5.000,–
Kassa	2.000,–	Rückstellungen	10.000,–
Bilanzsumme	253.000,–	Bilanzsumme	253.000,–

Erläuterung: Die Reihenfolge der Bilanzpositionen folgt wiederum dem üblichen Aufbau: Das Anlagevermögen umfasst ein Grundstück, die Geschäftsausstattung sowie den Firmen-Pkw. Beim Grundstück handelt es sich um nicht abnutzbares Anlagevermögen, welches infolge des gemilderten Niederstwertprinzips auf den aktuellen Wert (70 % des Anschaffungswerts) abgewertet werden muss, da die Wertminderung aufgrund der Änderung der Flächenwidmung dauerhaft ist. Bei der Geschäftsausstattung und beim Firmen-Pkw handelt es sich um abnutzbares Anlagevermögen, das jeweils über die Nutzungsdauer (15 bzw zehn Jahre) linear (= 5.000,–/Jahr bzw 2.000,–/Jahr) abzuschreiben ist. Nachdem die Geschäftsausstattung bzw der Pkw bereits seit elf bzw zwei Jahren genutzt wird, beträgt die Gesamtabschreibung 55.000,– bzw 4.000,–, sodass die Geschäftsausstattung bzw der Pkw mit einem aktuellen Wert von 20.000,– bzw 16.000,– anzusetzen ist. Hinsichtlich der Rohstoffe, welche zum Umlaufvermögen zählen, ist das Anschaffungswertprinzip zu berücksichtigen, wonach die Rohstoffe nicht über die ursprünglichen Anschaffungskosten in Höhe von 5.000,– hinaus aufgewertet werden dürfen. Der Kassenbestand in Höhe von 2.000,– zählt ebenfalls zum Umlaufvermögen.
Auf der Passivseite existiert Fremdkapital in Form von Rückstellungen für Garantieleistungen sowie in Form von Verbindlichkeiten in Gestalt eines Darlehens. Von diesem Darlehen wurden bis zum Bilanzstichtag bereits 15.000,– zurückgezahlt, sodass derzeit eine Verbindlichkeit gegenüber Bank in Höhe von 5.000,– besteht. Das Eigenkapital erhält man, indem man von der Summe der Aktiva in Höhe von 253.000,– das Fremdkapital in Höhe von 15.000,– abzieht.

9.) Lösung: Das Grundstück ist auf den aktuellen Wert (als Grünland) abzuwerten.
Erläuterung: Beim Grundstück handelt es sich um nicht abnutzbares Anlagevermögen. Infolge des gemilderten Niederstwertprinzips muss das Grundstück auf den aktuellen Wert (Grünland) abgewertet werden, da die Wertminderung aufgrund der Änderung der Flächenwidmung dauerhaft ist.

10.) Lösung: Der Firmen-Pkw ist sofort auf einen Wert von 0,– abzuwerten.
Erläuterung: Beim Firmen-Pkw handelt es sich um abnutzbares Anlagevermögen, das über die Nutzungsdauer abzuschreiben ist. Ein Unfall stellt allerdings eine außergewöhnliche, und aufgrund des Totalschadens auch dauerhafte Wertminderung dar, die in Form

einer außerplanmäßigen Abschreibung auf den aktuellen Wert (0,–) zu berücksichtigen ist.

11.) Lösung: Die Rohstoffe sind mit 40.000,– in der Bilanz anzusetzen.
Erläuterung: Rohstoffe zählen zum Umlaufvermögen, für welches das strenge Niederstwertprinzip gilt. Demnach sind die Rohstoffe bei jeglicher Wertminderung auf den aktuellen Wert, dh 40.000,–, abzuwerten. Zukünftige Erwartungen spielen hier keine Rolle.

12.) Lösung: Durch die Unterbewertung von Aktiva und die Überbewertung von Passiva.
Erläuterung: Das Vorsichtsprinzip begünstigt die Bildung stiller Reserven, die zur Folge haben, dass das Eigenkapital eigentlich höher ist, als es in der Bilanz ausgewiesen wird.

13.) Lösung: Das EGT beträgt 10.000,–.

Umsatzerlöse	60.000,–		Wertpapiererträge	20.000,–			
Personalaufwand	–50.000,–		Finanzaufwand	0,–			
Materialaufwand	–20.000,–						
Betriebsergebnis	**–10.000,–**	+	**Finanzergebnis**	**20.000,–**			
						ao. Ertrag	100.000,–
						ao. Aufwand	0,–
Ergebnis der gewöhnlichen Geschäftstätigkeit (EGT)				**10.000,–**	+	**ao. Ergebnis**	**100.000,–**

Erläuterung: Das EGT stellt die Summe aus Betriebs- und Finanzergebnis dar. Das Betriebsergebnis erhält man, indem man von den betrieblichen Erträgen (= Verkaufserlöse in Höhe von 60.000,–) die betrieblichen Aufwendungen (= Materialaufwand in Höhe von 20.000,– und Personalaufwand in Höhe von 50.000,–) abzieht, woraus ein negatives Betriebsergebnis von 10.000,– resultiert. Das Finanzergebnis erhält man, indem man von den Finanzerträgen (= Zinserträge in Höhe von 20.000,–) die Finanzaufwendungen (= 0,–) abzieht, woraus sich ein positives Finanzergebnis in Höhe von 20.000,– ergibt. Bei den Erträgen aus dem Verkauf von Teilen des Betriebsareals handelt es sich um außerordentliche Erträge, die nicht ins EGT einfließen.

14.) Lösung: a) 250.000,–; b) –15.000,–; c) –500.000,–; d) 235.000,–; e) 250.000,–; f) 300.000,–.

Umsatzerlöse	800.000,–	Wertpapiererträge	0,–		
Personal	–400.000,–	Zinsaufwand	–15.000,–		
Material	–100.000,–				
Abschreibungen	–50.000,–				
Betriebsergebnis	**250.000,–**	+ **Finanzergebnis**	**–15.000,–**		
				ao. Ertrag	0,–
				ao. Aufwand	–500.000,–
Ergebnis der gewöhnlichen Geschäftstätigkeit (EGT)			**235.000,–**	+ **ao. Ergebnis**	**–500.000,–**
Jahresüberschuss/Jahresfehlbetrag vor Steuern					**–265.000,–**
– ao. Ergebnis					+500.000,–
+ Zinsaufwand					+15.000,–
EBIT					**250.000,–**
+ Abschreibungen auf Sachanlagenvermögen					50.000,–
EBITDA					**300.000,–**

Erläuterung: a) Das Betriebsergebnis erhält man, indem man von den betrieblichen Erträgen (800.000,–) die betrieblichen Aufwendungen (550.000,–) abzieht; b) Das Finanzergebnis erhält man, indem man von den Finanzerträgen (0,–) die Finanzaufwendungen (15.000,–) abzieht; c) Das außerordentliche Ergebnis umfasst die außerordentlichen Aufwendungen in Höhe von 500.000,– aufgrund des Brandschadens. d) Das EGT ist die Summe aus Betriebsergebnis (250.000,–) und Finanzergebnis (–15.000,–). e) Für die Berechnung des EBIT wird entweder zum EGT (235.000,–) der Zinsaufwand (15.000,–) addiert oder zum Jahresüberschuss vor Steuern werden der außerordentliche Aufwand und der Zinsaufwand addiert. f) Für die Berechnung des EBITDA werden zum EBIT (250.000,–) die Abschreibungen auf das Sachanlagevermögen (50.000,–) wieder hinzugezählt.

15.) Lösung: a) Bilanz und GuV; b) Bilanz, GuV und Anhang.
Erläuterung: b) Kapitalgesellschaften haben darüber hinaus einen Lagebericht zu erstellen, der allerdings nicht Bestandteil des Jahresabschlusses ist.

16.) Lösung: Jahresüberschuss nach Steuern laut GuV.

17.) Lösung: Der gesamte Cashflow beträgt 70.000,–.
Erläuterung: Die Ermittlung des Cashflows erfordert eine Kapitalflussrechnung.

Jahresüberschuss nach Steuern	-10.000,–
(I) Aufwendungen, die keine Auszahlungen sind	
+ Abschreibungen auf Anlage- und Umlaufvermögen	+50.000,–
(II) Erträge, die keine Einzahlungen sind	0,–
(III) Einzahlungen, die keine Erträge sind	
+ Verminderung der Forderungen aus L&L	+20.000,–
(IV) Auszahlungen, die keine Aufwendungen sind	
– Verminderung der Verbindlichkeiten aus L&L	–5.000,–
Cashflow aus der Geschäftstätigkeit	**+55.000,–**
– Auszahlungen für Investitionen	–100.000,–
+ Einzahlungen aus Desinvestitionen	+75.000,–
Cashflow aus der Investitionstätigkeit	**–25.000,–**
+ Einzahlungen von Eigenkapitalgebern	+50.000,–
– Auszahlungen an Fremdkapitalgeber	–10.000,–
Cashflow aus der Finanzierungstätigkeit	**+40.000,–**
Cashflow der Periode	**+70.000,–**

18.) Lösung: a) Kassa an Rohstoffe 50.000,–; b) Abschreibungen an Grundstücke 50.000,–; c) Materialaufwand an Rohstoffe 25.000,–.
Erläuterung: a) Der Barverkauf in Höhe von 50.000,– ist auf dem Kassenkonto, einem aktiven Bestandskonto, im Soll zu buchen; gleichzeitig werden die Rohstoffe in derselben Höhe vermindert, was auf dem Rohstoffkonto, das ebenfalls ein aktives Bestandskonto ist, im Haben zu verbuchen ist. b) Die Wertminderung des Grundstückes stellt einen Aufwand in Höhe von 50.000,– dar, der auf dem Konto „Abschreibungen", einem aktiven Erfolgskonto (= Aufwandskonto), im Soll gebucht wird. Die Gegenbuchung erfolgt auf dem Konto „Grundstücke", einem aktiven Bestandskonto, wo der Betrag in Höhe von 50.000,– im Haben zu verbuchen ist. c) Der Rohstoffeinsatz für die Produktion stellt einen Materialaufwand in Höhe von 25.000,– dar, der auf dem Konto „Materialaufwand", einem aktiven Erfolgskonto (= Aufwandskonto), im Soll gebucht wird. Da dieser Materialeinsatz die Rohstoffe vermindert, ist auf dem Konto „Rohstoffe", einem aktiven Bestandskonto, derselbe Betrag im Haben zu verbuchen.

19.) Lösung: Für die Eigenkapitalquote gibt es keinen wissenschaftlich fundierten Grenzwert, jedoch werden Eigenkapitalquoten ab 25–30 % als günstig angesehen. Eine hohe Eigenkapitalquote bedeutet finanzielle Unabhängigkeit und Stabilität. Bei Verlusten können diese durch das Eigenkapital aufgefangen werden und schlagen somit nicht unmittelbar auf die Fremdkapitalgeber durch. Bei kreditfinanziertem Investitionsbedarf sichert eine hohe Eigenkapitalquote eine günstige Fremdkapitalverzinsung aufgrund eines geringen Risikoaufschlags seitens der Fremdkapitalgeber, da Unternehmen mit hoher Eigenkapitalquote eine hohe Kreditwürdigkeit aufweisen.

20.) Lösung: a) 80 %; b) 88 %; c) nein.
Erläuterung:

$$\text{a) Anlagendeckungsgrad I} = \frac{\text{Eigenkapital}}{\text{Anlagevermögen}} \cdot 100 = \frac{80.000}{100.000} \cdot 100 = 80\%$$

$$\text{b) Anlagendeckungsgrad III} = \frac{\text{Eigenkapital} + \text{langfristiges Fremdkapital}}{\text{Anlagevermögen} + \text{langfristiges Umlaufvermögen}} \cdot 100$$
$$= \frac{80.000 + 30.000}{100.000 + 25.000} \cdot 100$$
$$= 88\%$$

c) Die Goldene Bilanzregel besagt, dass der Anlagendeckungsgrad III größer als 100 % sein soll, da das Anlagevermögen und das langfristige Umlaufvermögen durch Eigenkapital und langfristiges Fremdkapital gedeckt sein sollen. Da hier der Anlagendeckungsgrad III geringer als 100 % ist, ist die Goldene Bilanzregel somit nicht erfüllt.

21.) Lösung: Für das Factoring.
Erläuterung: Die Reihenfolge der Liquidation besagt, dass zunächst auf leicht liquidierbares Umlaufvermögen zurückgegriffen werden soll. Unternehmen D wird damit zunächst ein Rückgriff auf die Lieferforderungen mit dem Factoring als Variante empfohlen. In weiterer Folge könnte das nicht betriebsnotwendige Anlagevermögen (Reservegrundstück) veräußert werden. Als letzte Option bietet sich schließlich die Veräußerung von Teilen des betriebsnotwendigen Anlagevermögens (Fuhrpark) in Form des Sale-and-Lease-Back an.

22.) Lösung: Laut dem URG sind dann Reorganisationsmaßnahmen einzuleiten, wenn auch die Eigenmittelquote unter 8 % liegt.

23.) Lösung: Die Höhe der Eigenkapitalrentabilität ist grundsätzlich stark branchenabhängig, sodass es keinen einheitlichen Grenzwert gibt. Grundsätzlich gilt jedoch: je höher die Eigenkapitalquote, umso positiver wird das Unternehmen von den Stakeholdern beurteilt.

24.) Lösung: Der Leverage-Effekt beschreibt den Umstand, dass die Eigenkapitalrentabilität durch Aufnahme von zusätzlichem Fremdkapital steigen kann.
Erläuterung: Der Leverage-Effekt tritt dann ein, wenn die Gesamtkapitalrentabilität über der Fremdkapitalverzinsung liegt.

25.) Lösung: a) 20 %; b) 175 %; c) 200 %; d) 30.000,–.
Erläuterung:

$$\text{a) Eigenkapitalquote} = \frac{\text{Eigenkapital}}{\text{Gesamtkapital}} \cdot 100 = \frac{20.000}{100.000} \cdot 100 = 20\%$$

$$\text{b) Anlagendeckungsgrad III} = \frac{\text{Eigenkapital} + \text{langfristiges Fremdkapital}}{\text{Anlagevermögen} + \text{langfristiges Umlaufvermögen}} \cdot 100$$
$$= \frac{20.000 + 50.000}{40.000 + 0} \cdot 100 = 175\%$$

$$\text{c) Liquiditätsgrad 2} = \frac{\text{Umlaufvermögen} - \text{Vorräte}}{\text{kurzfristiges Fremdkapital}} \cdot 100 = \frac{60.000 - 0}{30.000} \cdot 100 = 200\%$$

$$\text{d) Net Working Capital} = \text{Umlaufvermögen} - \text{kurzfristiges Fremdkapital}$$
$$= 60.000 - 30.000$$
$$= 30.000,–$$

26.) Lösung: Die Kosten betrugen 660.000,–.
Erläuterung:
a) Von den 100.000,– sind 10.000,– als periodenfremder (neutraler) Aufwand auszuscheiden; Kosten = 90.000,–.
b) Beim Lohnaufwand handelt es sich um kostengleichen Aufwand; Kosten = 500.000,–.
c) Der gesamte Spendenaufwand ist als betriebsfremder (neutraler) Aufwand auszuscheiden; Kosten = 0,–.
d) Man setzt in der Kostenrechnung eher die langjährigen Durchschnittskosten an, sodass 15.000,– als neutraler Aufwand auszuscheiden und 10.000,– als Anderskosten anzusetzen sind.
e) Nachdem für die Arbeitsleistung des Eigentümers kein Gehalt bezahlt wird, gibt es keinen diesbezüglichen Aufwand; in der Kostenrechnung ist in solchen Fällen allerdings ein kalkulatorischer Unternehmerlohn (Zusatzkosten) anzusetzen. Dessen Höhe sollte sich nach den tatsächlichen Gegebenheiten, also dem erzielbaren Gehalt für diese Tätigkeit, richten. Dieses beträgt offensichtlich 60.000,– pro Jahr (diese Summe wird ein Geschäftsführer im Folgejahr erhalten). Die Gewinnentnahme wäre hingegen kein sinnvoller Ansatzpunkt für die Abschätzung des kalkulatorischen Unternehmerlohnes, da diese willkürlich erfolgen kann und somit in keinem Bezug zur erbrachten Arbeitsleistung steht; Kosten = 60.000,–.

27.) Lösung: Das ist eine Kostenrechnung auf Basis der Durchschnittskosten vergangener Perioden (Normalkostenrechnung), wobei die gesamten Kosten (fixe und variable Kosten) auf die Produkte verteilt werden (Vollkostenrechnung).

28.) Lösung: Die Kosten betragen 100,–/Stück.
Erläuterung: Die Kosten pro Tisch werden als Quotient aus Gesamtkosten und produzierter Stückzahl über 660.000,–/6.600 Stück = 100,–/Stück berechnet.

29.) Lösung: Die Gehälter der Verwaltungsangestellten sind gar keine Einzelkosten, sondern Gemeinkosten, da sie den einzelnen Produkten nicht direkt zugerechnet werden können.

30.) Lösung: Es wird sich um Stelleneinzelkosten handeln.
Erläuterung: Die Stromkosten können den einzelnen Produkten zwar nicht direkt zugerechnet werden (daher handelt es sich um Gemeinkosten), sie können aber aufgrund der vorhandenen raumweisen Stromverbrauchserfassung den einzelnen Stellen zugerechnet werden (daher handelt es sich um Gemeinkosten in Form von Stelleneinzelkosten).

31.) Lösung: Der Materialgemeinkostenzuschlagssatz beträgt 15,70 %, der Fertigungsgemeinkostenzuschlagssatz beträgt 17,05 % und der Verwaltungs- und Vertriebsgemeinkostenzuschlagssatz beträgt 37,01 %.
Erläuterung: Die Ermittlung der Zuschlagssätze erfolgt im Rahmen der Kostenstellenrechnung, die im BAB durchgeführt wird; dieser hat im vorliegenden Beispiel folgende Form:

1.) Bildung von Kostenstellen							
Nr.	Kostenstellen		Hilfskostenstelle	Hauptkostenstellen			Gesamt
	Kostenarten	Verteilungsschlüssel	Transport	Material	Fertigung	Verwaltung und Vertrieb	
	Einzelkosten						500.000
1	Rohstoffe			100.000			
2	Fertigungslöhne				400.000		
2.) Zurechnung der Gemeinkosten auf die Kostenstellen (laut Verteilungsschlüssel)							
	Stelleneinzelkosten:						
3	Gehälter	direkt	0	0	20.000	200.000	220.000
4	Kalk. Abschreibungen	direkt	10.000	5.000	30.000	5.000	50.000
	Stellengemeinkosten:						
	Fläche in m²		*400*	*500*	*1.000*	*100*	*2.000*
5	Energie- und Reinigungskosten	m²	6.000	7.500	15.000	1.500	30.000
6	Primäre Stellenkosten		16.000	12.500	65.000	206.500	300.000
3.) Innerbetriebliche Leistungsverrechnung (Umlage von Hilfskostenstellen): Umlageverfahren							
7	Umlage Transport	km		*2.000*	*2.000*	*6.000*	*10.000*
			-16.000	3.200	3.200	9.600	0
8	Endstellenkosten		0	15.700	68.200	216.100	300.000
4.) Ermittlung der Zuschlagssätze							
9	Zuschlagsbasis			Rohstoffe 100.000	Fertigungslöhne 400.000	Herstellkosten	
10	**Zuschlagssätze**			**15,70%**	**17,05%**	**37,01%**	
	Rohstoffe					100.000	
	Materialgemeinkosten					15.700	
	Fertigungslöhne					400.000	
	Fertigungsgemeinkosten					68.200	
	Herstellkosten					**583.900**	

Erläuterungen zum BAB: Ad 1.): Zunächst werden die Haupt- (Material, Fertigung und Verwaltung- und Vertrieb) und Hilfskostenstellen (Transport) eingerichtet. Ad 1. und 2.): Anschließend werden die Einzelkosten (Rohstoffe und Fertigungslöhne) und die Stelleneinzelkosten (Gehälter und kalkulatorische Abschreibungen) eingetragen. Die Aufteilung der Stellengemeinkosten (Energie und Reinigung) erfolgt auf Basis der Fläche, was bei Energie- und Reinigungskosten in Höhe von 30.000,– und einer gesamten Fläche von 2.000 m² einen Satz von 30.000/2.000 = 15,–/m² ergibt. Ad 3.): Anschließend ist die Hilfskostenstelle (Transport) im Rahmen der innerbetrieblichen Leistungsverrechnung auf die drei Hauptkostenstellen anhand der Bezugsgröße km umzulegen. Ausgehend von den primären Stellenkosten der Transportstelle in Höhe von 16.000,– ergibt sich bei einer gesamten Kilometerleistung von 10.000 km ein Satz von 1,60/km. Ad 4.): Die Zuschlagsbasen für die Hauptkostenstellen sind Rohstoffe (Material), Fertigungslöhne (Fertigung) und Herstellkosten (Verwaltung und Vertrieb), womit sich ein Gemeinkostenzuschlagssatz für die Materialstelle in Höhe von 15.700/100.000 = 0,157, dh 15,7 %, und für die Fertigungsstelle in Höhe von 68.200/400.000 = 0,1705, dh 17,05 %, ergibt.

Die Herstellkosten können als Summe von Einzel- und Gemeinkosten der Material- und Fertigungsstelle ermittelt werden und betragen insgesamt 583.900,–. Unter Rückgriff auf diese Herstellkosten als Bezugsbasis für die Ermittlung des Gemeinkostenzuschlagssatzes der Verwaltungs- und Vertriebskostenstelle ergibt sich ein Zuschlagssatz in Höhe von 216.100/583.900 = 0,3701, dh 37,01 %.

32.) Lösung:

a) Selbstkosten von A: 22,39 bzw von B: 50,17; b) Selbstkosten (insgesamt): 33,01.
Erläuterung: a) Zunächst sind die Gemeinkostenzuschlagssätze für die beiden Produkte A und B zu ermitteln: Materialgemeinkostenzuschlagssatz = Materialgemeinkosten/Materialeinzelkosten (= 5,– · 100.000 Stück + 24,– · 62.500 Stück) = 1.000.000/2.000.000 = 0,5, dh 50 %; Fertigungsgemeinkostenzuschlagssatz = Fertigungsgemeinkosten/Fertigungseinzelkosten (= 10,– · 100.000 Stück + 8,– · 62.500 Stück) = 500.000/1.500.000 = 0,3333, dh 33,33 %; Verwaltungsgemeinkostenzuschlagssatz = Verwaltungsgemeinkosten/Herstellkosten (= 2.000.000 + 1.000.000 + 1.500.000 + 500.000) = 250.000/5.000.000 = 0,05, dh 5 %; Vertriebsgemeinkostenzuschlagssatz = Vertriebsgemeinkosten/Herstellkosten = 125.000/5.000.000 = 0,025, dh 2,5 %.
Auf Basis dieser Informationen können die Selbstkosten wie folgt ermittelt werden:

	A	**B**
Materialeinzelkosten	5,–	24,–
+ Materialgemeinkosten	+ 2,50 (50%)	+ 12,– (50%)
+ **Fertigungseinzelkosten**	+ 10,–	+ 8,–
+ Fertigungsgemeinkosten	+ 3,33 (33,33%)	+ 2,67 (33,33%)
= **Herstellkosten**	= 20,83	= 46,67
+ Verwaltungsgemeinkosten	+ 1,04 (5%)	+ 2,33 (5%)
+ Vertriebsgemeinkosten	+ 0,52 (2,5%)	+ 1,17 (2,5%)
= **Selbstkosten**	= 22,39	= 50,17

Kontrollrechnung: Multipliziert man die Selbstkosten mit den Produktionsmengen, so müssen daraus wiederum die Gesamtkosten (= Herstellkosten + Verwaltungs- und Vertriebsgemeinkosten = 5.375.000,–) resultieren, dh 22,39 · 100.000 Stück + 50,17 · 62.500 Stück = 5.374.625,– (diese Abweichung ist eine Folge der jeweils auf zwei Nachkommastellen gerundeten Zwischenergebnisse).

b) Eine Divisionskalkulation würde einheitliche Selbstkosten für A und B in Höhe von 33,01 ergeben (= 5.375.000/162.500). Ein Vergleich mit den Ergebnissen der Zuschlagskalkulation legt offen, dass die Produktion von A günstiger (22,39) und jene von B teurer (50,17) ist.

33.) Lösung: Der Bruttoverkaufspreis beträgt 185,57.
Erläuterung:

Selbstkosten	100,–
+ Gewinnaufschlag	+ 50,– (50%)
= Nettoverkaufspreis exkl. Skonto	**= 150,–**
+ Skonto (in Hundert!)	+ 4,64 (3% in Hundert)
Nettoverkaufspreis inkl. Skonto	= 154,64
+ Umsatzsteuer (von Hundert!)	+ 30,93
Bruttoverkaufspreis	= 185,57

Die Berechnung des Skontos ist eine Rechnung in Hundert, dh das Skonto berechnet sich über Nettoverkaufspreis exkl Skonto/(1-0,03) · 0,03. Die Berechnung der Umsatzsteuer ist hingegen eine Rechnung von Hundert, dh der Nettoverkaufspreis inkl Skonto ist einfach mit dem Steuersatz (= 20 %) zu multiplizieren.

34.) Lösung: Sprungfixe Kosten sind Kosten, die innerhalb bestimmter Kapazitäten fix sind. Werden bestimmte Schwellenwerte hinsichtlich der Kapazität jedoch überschritten, steigen diese Kosten sprunghaft an.

35.) Lösung: Als kurzfristige Preisuntergrenze sind die variablen Kosten in Höhe von 5,–, als langfristige Preisuntergrenze die Vollkosten in Höhe von 10,– heranzuziehen.

36.) Lösung: Nein
Erläuterung: Für eine optimale Preispolitik sollte man sowohl eine Vollkosten- als auch eine Grenzkostenrechnung durchführen, da langfristig jedenfalls ein Gewinn erzielt werden soll.

37.) Lösung: Die Break-even-Menge beträgt 5.000 Stück.
Erläuterung:

$$\text{Break-even-Menge} = \frac{\text{fixe Kosten}}{\text{Stück - Deckungsbeitrag}} = \frac{50.000}{10} = 5.000$$

38.) Lösung: Das optimale Produktionsprogramm besteht darin, überhaupt nichts zu produzieren, da kein Gewinn erzielt wird.
Erläuterung:

Produkt	A	B	C	Gesamt
Absatzmenge	1.000 Stück	1.000 Stück	1.000 Stück	
Stückerlös (Nettoverkaufspreis)	10,–	20,–	30,–	
Variable Kosten/Stück	15,–	10,–	25,–	
Gesamte Fixkosten				20.000,–
Erlöse	(10.000,–)	20.000,–	30.000,–	50.000,–
– Variable Kosten	(–15.000,–)	–10.000,–	–25.000,–	–35.000,–
Deckungsbeitrag	**(–5.000,–)**	**+10.000,–**	**+5.000,–**	+15.000,–
– Fixkosten				-20.000,–
Betriebsergebnis				**–5.000,–**
Optimales Produktionsprogramm	0 Stück	0 Stück	0 Stück	

A ist von Anfang an auszuscheiden, da es sich um ein Produkt mit einem negativen Deckungsbeitrag handelt. Da es auch im Falle einer maximalen Produktion von B und C nicht möglich ist, einen Gewinn zu erzielen, ist es am günstigsten, die Produktion einzustellen.

39.) Lösung: Ein Controlling auf Gruppenebene.

40.) Lösung: a); d); f); g).
Erläuterung: Die übrigen Merkmale sind dem strategischen Controlling zuzuordnen.

41.) Lösung: A-Klasse: Typ 2; B-Klasse: Typen 1 und 5; C-Klasse: Typen 3 und 4.
Erläuterung: Es kommt bei dieser Einteilung ausschließlich auf den durchschnittlichen Umsatz an, den die einzelnen Kundentypen erbringen. Der gegebene Gesamtjahresumsatz der Kanzlei kann für die Klassifizierung als Orientierung dienen, wird aber nicht unbedingt benötigt. Zu betonen ist weiters, dass die Klassenzuordnung oftmals nicht eindeutig ist. So könnte man beispielsweise den Typ 4 durchaus auch der B-Klasse zuordnen.

42.) Lösung: a) Ja; b) Ja.
Erläuterung: a) Nachdem die Abteilung auch mit 800.000,– auskommt, das Budget aber 1.000.000,– umfasst, gibt es einen positiven Schlupf in Höhe von 200.000,–; b) Werden im aktuellen Jahr nur die benötigten 800.000,– ausgegeben, wird das Folgebudget bei 880.000,– liegen. Wird es hingegen zur Gänze ausgeschöpft, wird sich das Folgebudget dagegen auf 1.100.000,– belaufen. Deshalb wird der Anreiz bestehen, das Budget in voller Höhe auszuschöpfen.

43.) Lösung: Nein.
Erläuterung: Die Behauptung ist in zweifacher Hinsicht falsch: Ein Kennzahlensystem kann auch aus nur zwei Kennzahlen bestehen, es muss nicht notwendigerweise eine Spitzenkennzahl ermittelt werden. Darüber hinaus kann ein Kennzahlensystem aus Kennzahlen bestehen, die nicht rechnerisch, sondern logisch miteinander verknüpft sind.

44.) Lösung: In der Sättigungsphase.

45.) Lösung: Ja, dh je höher die Anzahl an (gleichartigen) Fällen ist, desto geringer sind die durchschnittlichen Kosten pro Fall.
Erläuterung: Dieser Effekt kann beispielsweise durch Lerneffekte (schnellere Bearbeitung eines Falls) oder eine Fixkostendegression (zB kann die Miete auf mehr Kostenträger, dh Fälle, verteilt werden) eintreten.

46.) Lösung: A gehört zu den Question Marks, B und C zu den Cash Cows, D zu den Poor Dogs und E zu den Stars.

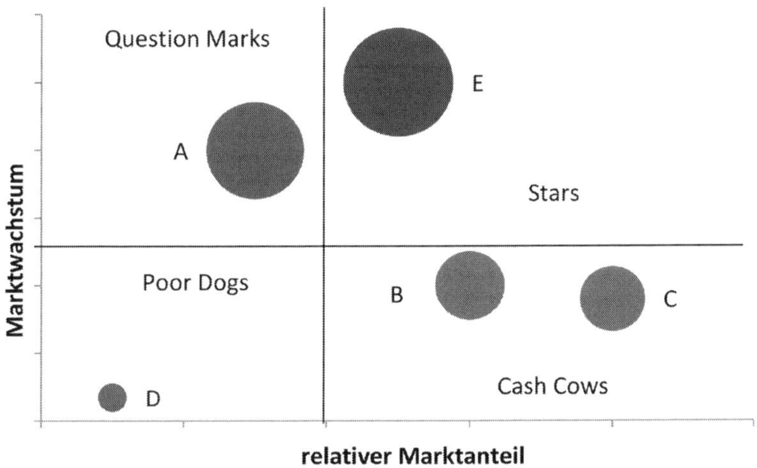

47.) Lösung: Die Produktion von Cash Cows sollte erst dann eingestellt werden, wenn diese zu Poor Dogs werden.

48.) Lösung: Die zu vergleichenden „Produkte" werden Scheidungsverfahren sein. Vergleichsmaßstab kann der durchschnittliche Gewinn pro Stunde (oder auch Tag) bei Scheidungsverfahren von Unternehmen der gleichen Branche, wie zB von anderen Anwaltskanzleien, die auf Scheidungsverfahren spezialisiert sind, sein. Es sollte also ein wettbewerbsorientiertes Benchmarking durchgeführt werden. Benchmarks sind somit jene Kanzleien, die den höchsten durchschnittlichen Gewinn pro Stunde in Scheidungsverfahren erzielen. Erläuterung: In der Praxis wird es jedoch schwer (kaum) möglich sein, die benötigten Daten der Konkurrenz zu erhalten.

49.) Lösung: Ein internes Benchmarking.
Erläuterung: So könnte beispielsweise der Umsatz der Filiale 59 dem Umsatz vergleichbarer Filialen (zB ähnliche Größe) des Unternehmens gegenübergestellt werden. Gibt es Filialen mit einem wesentlich höheren Umsatz als die Filiale 59, so dienen diese in der Folge als Benchmarks.

50.) Lösung: 1. Unternehmensanalyse: Stärken sind Kompetenz und Ruf; Schwächen sind Kosten (hohe Miete) und Preise; 2. Umfeldanalyse: Eine Chance wäre die Kostensenkung durch Kanzleiverlegung (der gute Ruf sichert vermutlich viele Stammkunden); ein Risiko stellt der Kundenrückgang (aufgrund der rückläufigen Anzahl von Scheidungsverfahren) dar; 3. Strategieentwicklung: Kanzleiverlegung an einen Standort mit günstigerer Miete und Kundenparkplätzen sowie Erschließung neuer Geschäftsfelder (zB verstärkte Nutzung der Sprachkompetenz der Anwältin durch Abwicklung internationaler Scheidungsverfahren).

2.5. Literatur zum Rechnungswesen

Bertl, R./Deutsch-Goldoni, E./Hirschler, K.: Buchhaltungs- und Bilanzierungshandbuch, 7. Aufl, Wien: LexisNexis-Verlag ARD Orac 2011.

Coenenberg, A./Fischer, T./Günther, T.: Kostenrechnung und Kostenanalyse, 8. Aufl, Stuttgart: Schäffer-Poeschel 2012.

Coenenberg, A./Haller, A./Mattner, G./Schultze, W.: Einführung in das Rechnungswesen: Grundlagen der Buchführung und Bilanzierung, HGB und internationale Standards, Einzel- und Konzernabschluss, 4. Aufl, Stuttgart: Schäffer-Poeschel 2012.

Denk, C./Feldbauer-Durstmüller, B./Mitter, C./Wolfsgruber, H.: Externe Unternehmensrechnung: Handbuch für Studium und Bilanzierungspraxis, 4. Aufl, Wien: Linde 2010.

Drukarczyk, J.: Finanzierung. Eine Einführung, 9. Aufl, Stuttgart: Lucius & Lucius 2003.

Fiedler, R./Gräf, J.: Einführung in das Controlling: Methoden, Instrumente und IT-Unterstützung, 3. Aufl, München: Oldenbourg 2012.

Fischer, T./Möller, K./Schultze, W.: Controlling: Grundlagen, Instrumente und Entwicklungsperspektiven, Stuttgart: Schäffer-Poeschel 2012.

Ginthör, O.: Bilanzlesen leicht gemacht: für Praktiker und Experten, 2. Aufl, Wien: LexisNexis-Verlag ARD Orac 2008.

Grbenic, S./Zunk, B.: Jahresabschlussanalyse: Grundlagen – Methodik – Anwendung, Wien: LexisNexis-Verlag ARD Orac 2012.

Grünberger, D.: Buchhaltung und Bilanz: Ein systematischer Überblick, 2. Aufl, Wien: LexisNexis-Verlag ARD Orac 2006.

Grünberger, H.: IFRS – Eine Einführung: Mit Fallbeispielen und Lösungen, 3. Aufl, Wien: Linde 2011.

Grünberger, H.: Praxis der Bilanzierung 2011/2012, 12. Aufl, Wien: Linde 2011.

Hilber, K./Hilber, M./Hilber, P.: Jahresabschlussanalyse & Kostenrechnung: Leitfaden für Unternehmer, 3. Aufl, Wien: Verlag Österreich 2009.

Hofer-Zeni, P.: Die 4 Elemente der Betriebswirtschaft: Jahresabschluss, Bilanzanalyse, Kostenrechnung, Gesellschaftsrecht, Graz: Bilanz-Verlag 2006.

Horváth, P.: Controlling, 12. Aufl, München: Vahlen 2011.

Jehle, M.: Finanzbuchhaltung – selbst lernen, verstehen und anwenden: Rechnungswesen, Teil 1, 3. Aufl, Wien: Verlag Österreich 2012.

Jung, H.: Allgemeine Betriebswirtschaftslehre, 12. Aufl, München/Wien: Oldenbourg 2010.

Kreidl, C./Messner, S.: Rechnungswesen – graphisch dargestellt, Wien: LexisNexis-Verlag ARD Orac 2010.

Küpper, H.: Controlling: Konzeption, Aufgaben, Instrumente, 5. Aufl, Stuttgart: Schäffer-Poeschel 2008.

Küpper, H./Friedl, G./Hofmann, C./Pedell, B.: Übungsbuch zur Kosten- und Erlösrechnung, 6. Aufl, München: Vahlen 2011.

Lechner, K./Egger, A./Schauer, R.: Einführung in die allgemeine Betriebswirtschaftslehre, 25. Aufl, Wien: Linde 2010.

Messner, S./Kreidl, C./Wala, T. (Hrsg): Grundlagen der Betriebswirtschaftslehre, 3. Aufl, Wien: LexisNexis-Verlag ARD Orac 2011.

Mihalic, V.: ABC der Betriebswirtschaft: Die etwas andere Einführung in die Welt betriebswirtschaftlicher Grundlagen und unternehmerischen Denkens, 8. Aufl, Wien: Linde 2012.

Petersen, K./Bansbach, F./Dornbach, E. (Hrsg): IFRS Praxishandbuch: Ein Leitfaden für die Rechnungslegung mit Fallbeispielen, 8. Aufl, München: Vahlen 2013.

Prell-Leopoldseder, S.: Grundlagen der Kostenrechnung: Lehrbuch zur Einführung in die Theorie und Praxis der Kostenrechnung, Wien: Linde 2010.

Reichmann, T.: Controlling mit Kennzahlen: Die systemgestützte Controlling-Konzeption mit Analyse- und Reportinginstrumenten, 8. Aufl, München: Vahlen 2011.

Rohatschek, R./Maukner, H.: Rechnungslegung nach IFRS: Überblick mit erläuternden Beispielen, 4. Aufl, Wien: Manz 2012.

Schildbach, T./Homburg, C.: Kosten- und Leistungsrechnung, 10. Aufl, Stuttgart: Lucius & Lucius 2009.

Schweitzer, M./Küpper, H.: Systeme der Kosten- und Erlösrechnung, 10. Aufl, München: Vahlen 2011.

Seicht, G.: Kosten- und Erfolgsrechnung: System und Systemelemente, Wien: LexisNexis-Verlag ARD Orac 2008.

Seicht, G.: Kostenrechnung und Controlling, Wien: LexisNexis-Verlag ARD Orac 2008.

Seicht, G.: Zur aktuellen Diskussion über Abschreibungskosten in der österreichischen amtlichen Preisregelung (Energiepreisregelung), in: Journal für Betriebswirtschaft 1991, S. 227–245.

Swoboda, P./Stepan, A./Zechner, J.: Kostenrechnung und Preispolitik: Eine Einführung mit Beispielen und Lösungen, 22. Auf., Wien: Linde 2004.

Swoboda, P.: Bewertung zu Wiederbeschaffungspreisen bzw Anschaffungspreisen, in: Kostenrechnungspraxis, 42. Jg (1998), S. 37–39.

Trautvetter, A.: Bedeutung der Eigenkapitalausstattung für den Mittelstand, Studie im Auftrag der bm-t Beteiligungsmanagement Thüringen GmbH, Hamburgisches Weltwirtschaftsinstitut (HWWI) 2011.

Urianek, J.: ABC der Buchhaltung: Buchhaltung lernen und verstehen, 4. Aufl, Wien: Linde 2009.

Wagenhofer, A.: Bilanzierung und Bilanzanalyse: Eine Einführung, 10. Aufl, Wien: Linde 2010.

Wagenhofer, A.: Internationale Rechnungslegungsstandards – IAS/IFRS: Grundlagen und Grundsätze – Bilanzierung, Bewertung und Angaben – Umstellung und Analyse, 6. Aufl, München: FinanzBuch-Verlag 2009.

Weber, J./Weißenberger, B.: Einführung in das Rechnungswesen: Bilanzierung und Kostenrechnung, 8. Aufl, Stuttgart: Schäffer-Poeschel 2010.

Wöhe, G./Döring, U.: Einführung in die allgemeine Betriebswirtschaftslehre, 24. Aufl, München: Vahlen 2010.

Wöhe, G./Kaiser, H./Döring, U.: Übungsbuch zur Einführung in die allgemeine Betriebswirtschaftslehre, 13. Aufl, München: Vahlen 2010.

3. Finanzwirtschaft

Während die Kapitalentscheidungen von Unternehmen (Betrieben) unter den Begriff „betriebliche Finanzwirtschaft“ subsumiert werden, sind die Kapitalentscheidungen privater Investoren unter dem Begriff „Portfoliotheorie“ zusammengefasst. Betriebliche Finanzwirtschaft und Portfoliotheorie sind wiederum Teilgebiete der **betriebswirtschaftlichen Kapitaltheorie**.[1] Kapitalentscheidungen umfassen Finanzierungsentscheidungen und Investitionsentscheidungen. Finanzierungsentscheidungen sind Entscheidungen über die **Mittelaufbringung**, Investitionsentscheidungen sind Entscheidungen über die **Mittelverwendung**. Finanzierungs- und Investitionsentscheidungen werden unter Rückgriff auf **finanzwirtschaftliche Beurteilungskriterien** getroffen. Finanzwirtschaftliche Beurteilungskriterien werden auf eine **Zahlungsreihe** angewendet. Unter einer Zahlungsreihe ist eine chronologisch geordnete Abfolge inhaltlich zusammengehörender Zahlungen (Ein- und Auszahlungen) zu verstehen.

Im ersten Abschnitt dieses Kapitels werden zunächst die **Grundlagen der Finanzmathematik** besprochen, die für das Verständnis und die Anwendung der **Beurteilungskriterien der Investitionsrechnung**, die im zweiten Abschnitt vorgestellt werden, nötig sind. Insbesondere wird dort das Kapitalwertkriterium als das bedeutendste Beurteilungskriterium der Investitionsrechnung erläutert. Davor werden noch die wichtigsten **Grundlagen der Investitionsrechnung** behandelt.

Im Anschluss daran werden im dritten Abschnitt verschiedene **Finanzierungsformen** vorgestellt. Mit den unterschiedlichen Formen der Finanzierung sollten nicht nur Finanzierungsexperten, sondern auch Unternehmer bzw Entscheidungsträger in Unternehmen vertraut sein; gibt es im Falle eines Finanzierungsbedarfes doch zahlreiche Alternativen zur weitgehend bekannten und überaus verbreiteten Kreditfinanzierung. Der Vorstellung unterschiedlicher Finanzierungsformen folgt die Präsentation ausgewählter **Finanzierungstitel des Kapitalmarktes**. Diesen Ausführungen folgen schließlich **Übungsbeispiele zur Finanzwirtschaft**.

3.1. Grundlagen der Finanzmathematik

Die Grundlagen der Finanzmathematik umfassen Ausführungen zur **Zins-** und zur **Rentenrechnung**. Im Rahmen der Zinsrechnung werden die Unterschiede zwischen einfacher Zinsrechnung und Zinseszinsrechnung erklärt, im Rahmen der Rentenrechnung wird auf konstante Renten eingegangen.[2]

3.1.1. Zinsrechnung

Zinsen sind Entgelt für die Überlassung von Kapital. Die Höhe der Zinsen hängt ua von folgenden Einflussfaktoren ab:

- **Zinssatz (i)**: Dieser wird idR in Prozent pro Jahr (pro anno, per annum, pa) angegeben.
- **Dauer der Kapitalüberlassung (n)**: Diese wird auch als Laufzeit bezeichnet und idR in Jahren angegeben.
- **Zeitpunkt der Zinszahlung**: Werden Zinsen am Beginn der Zinsperiode verrechnet, spricht man von vorschüssiger Verzinsung, erfolgt die Verrechnung am Ende der Zinsperiode, handelt es sich um nachschüssige Verzinsung.
- **Behandlung der Zinsen**: Hierbei unterscheidet man zwischen einfachen Zinsen und Zinseszinsen.

---

[1] Vgl *Fischer* (2009) XI.

[2] Zu weiterführenden Ausführungen zur Finanzmathematik vgl zB *Kruschwitz* (2010) sowie *Fischer* (2009) 206 ff.

- **Anzahl der Zinstermine (Zinsperioden) pro Jahr (m)**: Gibt es mehr als einen Zinstermin pro Jahr, liegt unterjährige Verzinsung vor.

Im Folgenden soll nun auf die unterschiedliche Behandlung der Zinsen, dh die **einfache Zinsrechnung** und die **Zinseszinsrechnung**, sowie die **unterjährige Verzinsung** eingegangen werden. Davor müssen folgende Symbole eingeführt werden:

- **t**: Zeitindex
- $\mathbf{K_t}$: Wert des Kapitals zum Zeitpunkt t. Die bedeutendsten Zeitwerte sind jene zu den Zeitpunkten t = 0 und t = n. Der Zeitwert des Kapitals zu Beginn der Kapitalüberlassung, $\mathbf{K_0}$, wird als **Kapitalwert oder Barwert** bezeichnet. Im Rahmen der Zinsrechnung entspricht dies dem **Anfangskapital.** Der Zeitwert des Kapitals am Ende der Kapitalüberlassung, $\mathbf{K_n}$, wird als **Endwert** bezeichnet. Im Rahmen der Zinsrechnung entspricht dies dem **Endkapital**. Abbildung 3-1 fasst unterschiedliche Zeitwerte und deren Beziehung zusammen.

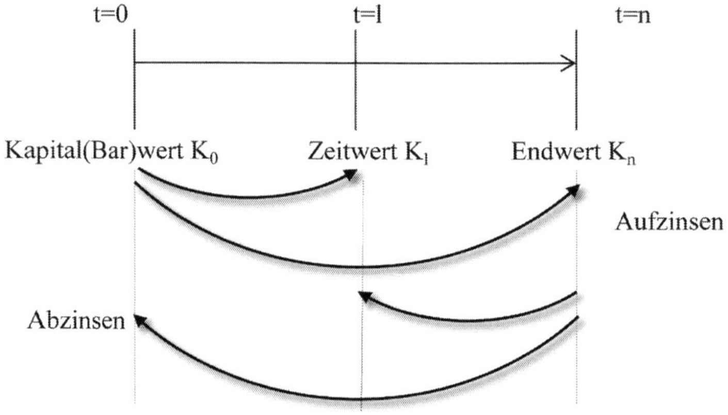

Abbildung 3-1: Zeitwerte zu t = 0, l, n

Bei der Ermittlung von Zeitwerten werden Zahlungen, die zu unterschiedlichen Zeitpunkten anfallen, vergleichbar gemacht. Dies erfolgt durch **Abzinsen (Diskontieren)** oder **Aufzinsen** der Zahlungen auf einen einheitlichen Zeitpunkt, idR t = 0 oder t = n. Abzinsen bedeutet, den Zeitwert von Zahlungen für einen Zeitpunkt zu ermitteln, der vor dem tatsächlichen Anfall der Zahlung liegt. Aufzinsen bedeutet, den Zeitwert von Zahlungen für einen Zeitpunkt zu ermitteln, der nach dem tatsächlichen Anfall der Zahlung liegt.

Im Falle der **einfachen Zinsrechnung** werden die Zinsen pro Periode immer vom Anfangskapital berechnet, dh, die Zinsen pro Periode sind konstant bzw es erfolgt keine Verzinsung von gutgeschriebenen Zinsen. Der Zusammenhang zwischen Anfangskapital und Endkapital bei einfacher Zinsrechnung kann wie folgt dargestellt werden:

$$K_n = K_0 \cdot (1 + n \cdot i) \text{ bzw. } K_0 = K_n / (1 + n \cdot i)$$

Beispiel 3-1

Fragestellung: Welches Endkapital haben Sie nach zehn Jahren, wenn Sie heute 1.000,– zu einem Zinssatz von 10 % pa bei einfacher Verzinsung auf ein Sparbuch legen?

Lösung: Das Endkapital beträgt 2.000,–.

Erläuterung: $K_{10} = 1.000 \cdot (1 + 10 \cdot 0{,}1) = 2.000{,}-$

Beispiel 3-2

Fragestellung: Welches Anfangskapital müssen Sie heute auf ein Sparbuch legen, damit Sie nach zehn Jahren bei einem Zinssatz von 10 % pa bei einfacher Verzinsung ein Endkapital von 2.000,– haben?

Lösung: Das erforderliche Anfangskapital beläuft sich auf 1.000,–.

Erläuterung: $K_0 = 2.000/(1+10 \cdot 0,1) = 1.000,-$

Im Falle der **Zinseszinsrechnung** werden die Zinsen pro Periode immer vom Endkapital der Vorperiode, dh vom Anfangskapital inklusive der bereits angefallenen Zinsen berechnet. Die bereits gutgeschriebenen Zinsen werden somit ebenfalls verzinst, wodurch die Zinsen pro Periode mit zunehmender Laufzeit steigen. Der Zusammenhang zwischen Anfangskapital und Endkapital bei Zinseszinsrechnung kann wie folgt dargestellt werden:

$$K_n = K_0 \cdot (1+i)^n \text{ bzw.} K_0 = K_n /(1+i)^n$$

Beispiel 3-3

Fragestellung: Welches Endkapital haben Sie nach zehn Jahren, wenn Sie heute 1.000,– zu einem Zinssatz von 10 % pa und Zinseszinsrechnung auf ein Sparbuch legen?

Lösung: Das Endkapital beträgt 2.594,–.

Erläuterung: $K_0 = 1.000 \cdot (1+0,1)^{10} = 2.594,-$

Beispiel 3-4

Fragestellung: Welches Anfangskapital müssen Sie heute auf ein Sparbuch legen, damit Sie nach zehn Jahren bei einem Zinssatz von 10 % pa und Zinseszinsrechnung ein Endkapital von 2.000,– haben?

Lösung: Das erforderliche Anfangskapital beläuft sich auf 771,–.

Erläuterung: $K_0 = 2.000/(1+0,1)^{10} = 771,-$

Ist die Zinsperiode kürzer als ein Jahr, liegt **unterjährige Verzinsung** vor. In diesem Fall wird ein **unterjähriger (relativer) Zinssatz i_m** berechnet, indem der Jahreszinssatz i durch die Anzahl der Zinsperioden pro Jahr (m) dividiert wird, dh $i_m = i/m$. Die Gesamtanzahl (M) der unterjährigen Zinsperioden (m) über die Laufzeit in Jahren (n) ergibt sich somit über $M = m \cdot n$. Im Falle einer unterjährigen Verzinsung können obige Bar- und Endwertformeln analog angewendet werden, sofern man n durch M und i durch i_m substituiert.

Beachte! Wird Geld bei einer Bank angelegt, so ist davon auszugehen, dass in Abhängigkeit vom jeweiligen Sparprodukt **Nebengebühren** (Spesen) anfallen, die den Zinsgewinn mindern. So heben viele Banken für Sparbücher im Falle der Auflösung eine Schließungsgebühr ein. Diese Schließungsgebühr entspricht üblicherweise jenem Betrag, der mindestens auf dem Sparbuch verbleiben muss. Manche Banken verrechnen auch Kontoführungsgebühren für Sparbücher. Dabei kann es sich um Pauschalbeträge handeln, die in Abhängigkeit von den erhaltenen Zinsen verrechnet werden. Bei geringen Zinsbeträgen können diese Gebühren einen erheblichen Teil der Zinsgutschrift aufzehren.

3.1.2. Rentenrechnung

Eine **Rente (R)** ist eine regelmäßige, dh periodisch wiederkehrende, Zahlung. Unter einer **Rentenperiode** ist der Zeitraum zwischen zwei Rentenzahlungen zu verstehen. Ähnlich wie bei der Zinsrechnung kann man zwischen **jährlichen** und **unterjährigen Renten** unterscheiden, je nachdem, ob die Rente im Jahresabstand oder in einem geringeren Abstand, zB monatlich oder quartalsmäßig, anfällt. Des Weiteren können Renten nach ihrer **Terminierung**, dh, ob sie am Beginn oder am Ende der Rentenperiode anfallen, unterschieden werden. Im ersten Fall spricht man von **vorschüssigen**, im zweiten Fall von **nachschüssigen Renten**.[3]

Für die Berechnung von Bar- und Endwerten nachschüssiger Renten können folgende Formeln herangezogen werden:

$$K_n = R \cdot \underbrace{\frac{(1+i)^n - 1}{i}}_{\text{Rentenendwertfaktor}} \quad \text{bzw.} \quad K_0 = R \cdot \underbrace{\frac{(1+i)^n - 1}{i \cdot (1+i)^n}}_{\text{Rentenbarwertfaktor}} \quad \text{bzw.} \quad K_0 = \frac{K_n}{(1+i)^n}$$

Liegt eine vorschüssige Rente vor, verzinst sich jede Rente um eine Rentenperiode länger, dh Bar- und Endwertformeln sind einfach mit dem Faktor (1+i) zu multiplizieren:

$$K_n = R \cdot \underbrace{(1+i) \cdot \frac{(1+i)^n - 1}{i}}_{\text{vorschüssige Rentenendwertfaktor}} \quad \text{bzw.} \quad K_0 = R \cdot \underbrace{(1+i) \cdot \frac{(1+i)^n - 1}{i \cdot (1+i)^n}}_{\text{vorschüssige Rentenbarwertfaktor}}$$

Beispiel 3-5

Fragestellung: Welches Endkapital haben Sie nach zehn Jahren, wenn Sie jährlich am *Jahresende* 1.000,– bei einem Zinssatz von 10 % pa auf ein Sparbuch legen?

Lösung: Das Endkapital beträgt 15.937,–.

Erläuterung:

$$K_{10} = 1.000 \cdot \frac{(1+0{,}1)^{10} - 1}{0{,}1} = 15.937,\text{-}$$

Beispiel 3-5 Fortsetzung

Fragestellung: Welches Endkapital haben Sie nach zehn Jahren, wenn Sie jährlich am *Jahresanfang* 1.000,– bei einem Zinssatz von 10 % pa auf ein Sparbuch legen?

Lösung: Das Endkapital beträgt 17.531,–.

Erläuterung:

$$K_{10} = 1.000 \cdot (1+0{,}1) \cdot \frac{(1+0{,}1)^{10} - 1}{0{,}1} = 17.531,\text{- bzw.}$$

$$K_{10} = 15.937 \cdot (1+0{,}1) = 17.531,\text{–}$$

[3] Die Terminierung der Renten ist nicht mit dem Zeitpunkt der Zinsverrechnung zu verwechseln. Hier wird ausschließlich von nachschüssiger Verzinsung ausgegangen.

Beispiel 3-6

Fragestellung: Wie hoch darf ein heute aufgenommener Kredit (dh das Kreditnominale) sein, wenn der Zinssatz 10 % pa beträgt, Sie genau 1.000,– (für Tilgung *und* Zinsen) *am Ende jedes Jahres* zahlen können und nach zehn Jahren schuldenfrei sein wollen?

Lösung: Die relevante Kredithöhe beträgt 6.145,–.

Erläuterung:

$$K_0 = 1.000 \cdot \frac{(1+0,1)^{10}-1}{0,1 \cdot (1+0,1)^{10}} = 6.145,\text{-}$$

Beispiel 3-6 Fortsetzung

Fragestellung: Wie hoch darf ein heute aufgenommener Kredit (dh das Kreditnominale) sein, wenn der Zinssatz 10 % pa beträgt, Sie genau 250,– (für Tilgung *und* Zinsen) *am Ende jedes Quartals* zurückzahlen können und nach zehn Jahren schuldenfrei sein wollen?

Lösung: Die relevante Kredithöhe beträgt 6.276,–.

Erläuterung:

$$\text{Da } m = 4 \text{ folgt} : i_m = \frac{0,1}{4} = 0,025 \quad \text{bzw.} \quad M = m \cdot n = 4 \cdot 10 = 40, \text{ sodass}$$

$$K_0 = 250 \cdot \frac{(1+0,025)^{40}-1}{0,025 \cdot (1+0,025)^{40}} = 6.276,\text{-}$$

3.2. Investition

Investition bedeutet Mittelverwendung. Im Folgenden wird unter einer Investition eine **Zahlungsreihe** verstanden, die zu Beginn, dh zu t = 0, mit einer **Auszahlung (A_0)** beginnt und in den Folgeperioden t zu **Einzahlungsüberschüssen** (= Einzahlung, E, minus Auszahlung, A, in der Periode t), sogenannten Cashflows (**C_t**), führt.[4] Die Investitionszahlungsreihe umfasst alle, durch diese Investition **zusätzlich** anfallenden Zahlungen. *Fischer* (2009)[5] definiert die zusätzlichen Zahlungen einer Investitionszahlungsreihe als Differenz zwischen den **Zahlungen im Unternehmen bei Durchführung des Investitionsprojektes** und den **Zahlungen im Unternehmen ohne Durchführung des Investitionsprojektes**. Damit werden nicht nur die tatsächlich zusätzlich anfallenden Zahlungen (wie zB zusätzliche Auszahlungen für Strom), sondern auch allfällige, aufgrund der Umsetzung der Investition entgehende Einzahlungen oder realisierbare Einsparungen berücksichtigt. Die zusätzlich anfallenden Zahlungen können somit einmalige Zahlungen, wie zB die Anschaffungsauszahlung, laufende zusätzliche Zahlungen, wie zB die zusätzlich erwirtschafteten Umsätze, aber auch Minderzahlungen, wie zB Umsatzeinbußen, sein. Kann der Vermögensgegenstand, in den investiert wurde, am Ende des Planungszeitraumes verwertet (verkauft) werden, so stellt dieser Verkaufserlös (**Restwert, R_n**) ebenfalls eine zu berücksichtigende zusätzliche Zahlung dar.

4 Diesen zahlungsorientierten Investitionsbegriff verwenden ua *Blohm/Lüder* (1994) 55, *Kruschwitz* (2011) 5 f und *Geyer et al* (2009) 2 und 75.

5 Vgl *Fischer* (2009) 17.

Beachte! Zur Anschaffungsauszahlung zählen nicht nur die Auszahlung, die der Beschaffung des entsprechenden Vermögensgegenstandes gilt, sondern auch alle Nebenkosten, wie zB Aufstellungs- und Inbetriebnahmekosten oder Einschulungskosten. Sämtliche Zahlungen sind netto, dh vor Umsatzsteuer, anzusetzen, da aus Unternehmenssicht die Umsatzsteuer infolge der Möglichkeit des Vorsteuerabzugs einen Durchlaufposten darstellt.

Bevor nun auf die Beurteilung von Investitionsprojekten näher eingegangen wird, sollen zum besseren Verständnis ausgewählte Grundlagen der Investitionsplanung besprochen werden.

3.2.1. Grundlagen

Investitionsprojekte weisen oftmals eine langfristige, tendenziell umfangreiche und kaum reversible Kapitalbindung auf, die idR große Bedeutung für die wirtschaftliche Lage eines Unternehmens hat. Deshalb sollten Investitionsprojekte äußerst sorgfältig geplant und umgesetzt werden. Ein idealtypischer **Investitionsplanungsprozess** sollte die folgenden **fünf Phasen** durchlaufen:[6]

- **Anregungsphase**: Die Idee zu einer Investition (Investitionsvorschlag) kann durch Mitarbeiter des Unternehmens (unternehmensintern) oder durch Personen bzw Institutionen außerhalb des Unternehmens (unternehmensextern) erfolgen.
- **Suchphase**: Im Zuge dieser Phase geht es darum, in Betracht kommende Investitionsalternativen zu ermitteln und zu strukturieren.
- **Optimierungsphase** (Investitionsplanung ieS): In dieser zentralen Phase des Investitionsplanungsprozesses erfolgt zunächst die Datenerhebung, damit die ermittelten Investitionsalternativen anschließend unter Rückgriff auf die Beurteilungskriterien evaluiert werden können.
- **Realisierungsphase**: Hier kommt es zur Bereitstellung des Kapitals für die Umsetzung der ausgewählten Alternative und zu den tatsächlichen Ein- und Auszahlungen.
- **Kontrollphase**: In regelmäßigen Abständen, zB jährlich, sollte eine sogenannte Investitionskontrollrechnung durchgeführt werden, in deren Rahmen den Planwerten die tatsächlichen Werte (Istwerte) gegenübergestellt werden. Im ungünstigsten Fall kann dies zu einer Desinvestitionsentscheidung, dh zum Abbruch des Investitionsprojektes, führen. Nach Ablauf des Investitionsprojektes ist jedenfalls eine Investitionsnachrechnung durchzuführen.

Um **Investitionsprojekte** besser strukturieren zu können, werden als Gliederungsmerkmale häufig die **Art der Investition**, die sich nach Beschaffenheit des Investitionsobjektes und/oder Zweck der Investition richtet, sowie die **Anzahl der Investitionsalternativen** verwendet:[7] Dient die **Beschaffenheit des Investitionsobjektes** als Gliederungskriterium, so können folgende Investitionsarten unterschieden werden:

- **Sachinvestitionen**: Dazu zählen beispielsweise Investitionen in Grundstücke, Gebäude, Maschinen oder auch Vorräte.
- **Finanzinvestitionen**: Davon spricht man, wenn etwa in Beteiligungen, Wertpapiere bzw Forderungen investiert wird.
- **Immaterielle Investitionen**: Darunter fallen zB Investitionen in Forschung, Entwicklung, Patente und Lizenzen.

Dient der **Investitionszweck** als Gliederungskriterium, unterscheidet man zwischen folgenden Investitionsarten:

---

6 Vgl dazu etwa *Wöhe/Döring* (2010) 524 f.
7 Vgl zB *Fischer* (2009) 1 sowie 14 oder *Carl et al* (2008) 145 f.

- **Neuinvestitionen** (Spezialfall: Gründungsinvestitionen): Dabei geht es um die Schaffung von Produktions- bzw Dienstleistungskapazitäten für neue Produkte bzw Dienstleistungen (zB Kauf eines neuen Bürogebäudes für eine neue Dienstleistungsschiene), ua auch im Fall einer Unternehmensgründung.
- **Ersatzinvestitionen**: Diese dienen der Aufrechterhaltung der Kapazitäten (zB Kauf eines neuen Bürogebäudes, nachdem das alte infolge eines Elementarereignisses unbenutzbar wurde).
- **Erweiterungsinvestitionen**: Diese dienen der Schaffung zusätzlicher Kapazitäten (zB Kauf eines weiteren Bürogebäudes, um die für die Ausweitung des Dienstleistungsprogramms eingestellten zusätzlichen Mitarbeiter unterbringen zu können).
- **Rationalisierungsinvestitionen**: Sie dienen der Aufrechterhaltung der Kapazitäten bei gleichzeitiger Senkung der (Stück)kosten (zB Verkauf des alten und Kauf eines neuen Bürogebäudes mit gleicher Nutzfläche, aber wesentlich geringeren Betriebskosten).

Zu beachten ist, dass Reinformen, wie sie eben beschreiben wurden, selten auftreten. In der Praxis sind eher Mischformen anzutreffen. Ist zB eine Kapazitätserweiterung notwendig und dafür eine Maschine anzuschaffen, ergibt sich oftmals gleichzeitig auch ein Rationalisierungseffekt als Folge einer technisch fortgeschrittenen Produktionstechnologie.

Beispiel 3-7

Werden im Rahmen einer Unternehmensgründung Wertpapiere angeschafft, um daraus zukünftig Zinsen für das Unternehmen zu lukrieren, so handelt es sich dabei um eine Finanzinvestition, die gleichzeitig eine Gründungsinvestition ist.

Beispiel 3-8

Wird das bisherige Forschung- und Entwicklungsprogramm eines Unternehmens durch ein umfangreicheres ersetzt (höheres Budget; Zunahme der Forschungs- und Entwicklungsleistungen), so stellt dies eine immaterielle Investition dar, die gleichzeitig eine Ersatz- (= Aufrechterhaltung der bisherigen Forschungs- und Entwicklungsleistungen) und Erweiterungsinvestition (= zusätzliche Forschungs- und Entwicklungsleistungen) ist.

In Abhängigkeit von der **Anzahl der Investitionsalternativen** lassen sich Investitionen wie folgt untergliedern:[8]

- **Einzelentscheidungen**: Hier gibt es keine Investitionsalternative(n). Es ist demnach lediglich zu entscheiden, ob ein einzelnes Investitionsprojekt realisiert werden soll oder nicht (zB: Soll eine zusätzliche Lagerhalle errichtet werden oder nicht?).
- **Auswahlentscheidungen**: Hier gibt es eine oder auch mehrere Investitionsalternative(n), die sich gegenseitig ausschließen. Es ist also zu entscheiden, welches von mehreren zur Auswahl stehenden Investitionsprojekten realisiert werden soll (zB: Soll eine zusätzliche Lagerhalle in Fertigbauweise oder eine zusätzliche Lagerhalle in Massivbauweise errichtet werden?).

Beachte! Auch im Falle einer Auswahlentscheidung kann es für ein Unternehmen am günstigsten sein, keines der zur Auswahl stehenden Investitionsprojekte zu realisieren. Dies ist dann der Fall, wenn alle Alternativen – also auch die beste – unter Rückgriff auf ein finanzwirtschaftliches Beurteilungskriterium zu einem negativen Ergebnis führen würden. Insofern inkludiert jede Auswahlentscheidung auch eine Einzelinvestitionsentscheidung.

---

8 Vgl beispielsweise *Geyer et al* (2009) 76.

Beispiel 3-9

Investitionsentscheidungsprozess in einem Architekturbüro

1.) Anregungsphase: Eine Mitarbeiterin des Büros schlägt vor, die vorhandene Planerstellungssoftware durch eine modernere Version zu ersetzen. Infolge der dadurch möglichen rascheren Planerstellung sollen Personalkosten eingespart werden. 2.) Suchphase: Recherchen und Beratungsgespräche mit Softwareexperten ergeben, dass es drei Produkte gibt, die infrage kommen. 3.) Es werden sämtliche relevanten Informationen für eine Investitionsrechnung erhoben. Die Investitionsrechnung (Betrachtungszeitraum: 5 Jahre; danach dürfte die Software wiederum veraltet und zu ersetzen sein) führt zu einer positiven Beurteilung aller drei Alternativen, wobei die Software des Anbieters XY am besten abschneidet. 4.) Realisierungsphase: Die Software wird gekauft, installiert und fünf Jahre lang eingesetzt. 5.) Kontrollphase: Während der fünfjährigen Laufzeit werden in Jahresabständen Kontrollrechnungen durchgeführt, die Abweichungen von den Plandaten zeigen. Das Ausmaß der Abweichungen ist jedoch nicht so hoch, dass eine vorzeitige Desinvestition veranlasst wird. Nach fünf Jahren werden die tatsächlich angefallenen Zahlungsströme den geplanten gegenübergestellt. Dabei zeigt sich, dass die Investitionskosten in geplanter Höhe angefallen sind, nicht aber die Personalkosteneinsparungen in geplanter Höhe erbracht haben. Als Ursache dafür wird die mangelnde Ausschöpfung des Potenzials der Software seitens der Mitarbeiter vermutet.

3.2.2. Beurteilungskriterien

Investitionsprojekte können unter Rückgriff auf **statische** oder **dynamische Beurteilungskriterien** evaluiert werden.[9] **Statische Kriterien** basieren auf Kosten und Erlösen und haben den Nachteil, dass der zeitliche Anfall der Zahlungen infolge der ausschließlichen Berücksichtigung von Durchschnittsgrößen unberücksichtigt bleibt, dh es spielt für die Beurteilung des Investitionsprojektes keine Rolle, ob zB eine hohe Auszahlung zu Beginn, in der Mitte oder am Ende der Laufzeit des Projektes anfällt. Dies kann zu erheblichen Ungenauigkeiten in der Berechnung führen. Um derartige Ungenauigkeiten zu vermeiden, sollte auf **dynamische Beurteilungskriterien** der Investitionsrechnung zurückgegriffen werden, bei denen der Zeitfaktor sehr wohl berücksichtigt wird. Um die Auswirkungen der Vernachlässigung des Zeitfaktors zu illustrieren, werden nachfolgend ausgewählte statische Kriterien kurz vorgestellt. Diese erfreuen sich auch in der Praxis zT noch immer großer Beliebtheit. Im Rahmen der Beschreibung der dynamischen Kriterien wird – wie bereits erwähnt – va auf den Kapitalwert eingegangen.

Bevor mit der eigentlichen Investitionsbeurteilung, dh der Investitionsrechnung ieS, begonnen werden kann, sind stets die **relevanten Informationen des Investitionsprojektes** einzuholen, was in der Praxis oftmals eine große Herausforderung darstellt. Viele relevante Informationen betreffen die Zukunft und können lediglich abgeschätzt werden. Zu den relevanten Informationen zählen va:[10]

- Die **relevanten Zahlungen**
  Relevante Zahlungen eines Investitionsprojektes sind jene Zahlungen, die bei Realisierung des Investitionsprojektes **zusätzlich** anfallen. Während sich die Anschaffungsauszahlung noch relativ exakt vorhersagen lässt, sind die künftigen Cashflows oft nicht mit Sicherheit

---

9 Für einen Überblick über die Beurteilungskriterien vgl zB *Becker* (2012) 41 ff oder auch *Wala/Kreidl/Haslehner* (2010) 7 ff.

10 Vgl *Fischer* (2009) 17 ff.

zu prognostizieren, da diese durch unterschiedliche Faktoren, wie zB die Wirtschaftslage, beeinflusst werden können. Um dieser Unsicherheit Rechnung zu tragen, werden Risikokorrekturverfahren eingesetzt. Da die Berücksichtigung derartiger Verfahren den Rahmen dieser einführenden Betrachtung sprengen würde, wird im Folgenden von Sicherheit hinsichtlich künftiger Zahlungen ausgegangen.

- Der **relevante Kalkulationszinssatz (k)**
  Für die Ermittlung des relevanten Kalkulationszinssatzes ist es notwendig zu unterscheiden, ob das Investitionsprojekt ausschließlich mit Eigenkapital oder teilweise mit Fremdkapital finanziert wird. Bei **reiner Eigenfinanzierung** entspricht der Kalkulationszinssatz jenem Zinssatz, der bei alternativer Veranlagung des für das Investitionsprojekt notwendigen Eigenkapitals erzielt werden kann. Bei **teilweiser Fremdfinanzierung** ist ein gewichteter durchschnittlicher Kalkulationszinssatz zu ermitteln.[11] Da auch die Berücksichtigung teilweiser Fremdfinanzierung den Rahmen sprengen würde, wird im Folgenden von reiner Eigenfinanzierung ausgegangen.
- Die **relevante Nutzungsdauer**
  Oftmals lässt sich nur schwer abschätzen, wie lange eine Investition genutzt werden kann. Die Festlegung einer realistischen Nutzungsdauer ist nicht nur für die Bestimmung der relevanten Zahlungen, sondern auch des relevanten Kalkulationszinssatzes von grundlegender Bedeutung.

Beispiel 3-9 Fortsetzung

Für die in Phase 3 des Investitionsentscheidungsprozesses durchzuführende Investitionsrechnung sind die relevanten Informationen zu erheben. Diesbezüglich werden folgende Überlegungen angestellt: Die relevanten Zahlungen umfassen die Anschaffungsauszahlungen für Beschaffung und Installation der drei betrachteten Softwareprodukte. Weitere Auszahlungen könnten durch Einschulungskosten sowie notwendige Wartungsarbeiten entstehen. Die Einzahlungen (aus Sicht des Unternehmens) ergeben sich aus den jährlichen Personalkosteneinsparungen, die als Differenz zwischen den Personalkosten bei Unterbleiben der Investition (= Weiterverwendung der bisherigen Software) und den (reduzierten) Personalkosten bei Durchführung der Investition berechnet werden. Wesentlich ist auch die relevante Nutzungsdauer der neuen Software, die für alle drei Produkte mit fünf Jahren angenommen wird. Letztendlich ist noch der relevante Kalkulationszinssatz zu bestimmen. Da die Investition rein eigenfinanziert werden soll, wird erhoben, welche Verzinsung für das notwendige Investitionskapital erzielbar ist, wenn man dieses für fünf Jahre bei einer Bank anlegt.

3.2.2.1. Statische Beurteilungskriterien

Das **wesentliche Merkmal** und damit ein **erheblicher Nachteil** statischer Beurteilungskriterien der Investitionsrechnung besteht – wie bereits erwähnt – darin, dass der zeitliche Anfall der relevanten Zahlungen nicht berücksichtigt, sondern mit Durchschnittsgrößen gearbeitet wird. Streng genommen basieren statische Kriterien damit nicht auf Einzahlungen und Auszahlungen, sondern auf Kosten und Erlösen. Die exakte Berücksichtigung des zeitlichen Anfalls von Zahlungen ist jedoch aufgrund der sogenannten **Minderschätzung künftiger Zahlungen** wichtig. Das bedeutet, dass ein Rückfluss in der Höhe von 1.000,– heute einem Rückfluss in derselben Höhe in einem Jahr vorzuziehen ist, weil diese 1.000,– entweder sofort

[11] Der Kalkulationszinssatz bei teilweiser Fremdfinanzierung stellt einen gewichteten Durchschnitt aus Alternativverzinsung des Eigenkapitals und Effektivverzinsung des Fremdkapitals dar und wird auch als „weighted average cost of capital", kurz WACC, bezeichnet. Vgl etwa *Fischer* (2009) 80 oder *Wöhe/Döring* (2010) 577.

für Konsumzwecke verwendet oder aber zum Kalkulationszinssatz k für ein Jahr wiederveranlagt werden können, wodurch in einem Jahr mehr als 1.000,– zur Verfügung stehen. Bei sehr kurzfristigen Projekten (Nutzungsdauer max ein Jahr) ist dies vernachlässigbar, da auch bei dynamischen Kriterien oft nur eine jahresweise Erhebung relevanter Zahlungen erfolgt. Die – va bei längerfristigen Projekten – (zu) starke Vereinfachung durch Vernachlässigung des zeitlichen Anfalls relevanter Zahlungen führt jedoch oft zu falschen Investitionsentscheidungen.

Der am häufigsten genannte **Vorteil** statischer Kriterien, der vermutlich noch immer die Hauptursache für die nach wie vor große Verbreitung dieser Verfahren in der Unternehmenspraxis darstellt, liegt in der leichten Berechnung auf Basis von Durchschnittswerten. Kenntnisse der Zinseszinsrechnung sind nicht erforderlich, da die relevanten Zahlungen nicht auf einen einheitlichen Vergleichszeitpunkt ab- bzw aufgezinst werden müssen.

Nachfolgend wird ein kurzer Überblick über drei gängige statische Beurteilungskriterien, Durchschnittskosten, durchschnittlicher Gewinn und durchschnittliche Rendite, gegeben. Im Falle von Auswahlentscheidungen werden die auf Basis dieser Kriterien durchgeführten Vergleiche als Kostenvergleichsrechnung, Gewinnvergleichsrechnung und Renditevergleichsrechnung bezeichnet.[12]

1.) Durchschnittskosten, ØK

Bei dem Kriterium „Durchschnittskosten" wird – wie der Name bereits ausdrückt – nur die Kostenseite betrachtet. Dieses Kriterium ist nur bei Auswahlentscheidungen sinnvoll. Als Entscheidungskriterium werden die geringsten durchschnittlichen Kosten, **ØK**, herangezogen, die Erlösseite wird überhaupt nicht berücksichtigt. Dies kann gravierende Fehlentscheidungen zur Folge haben, wenn auch die kostengünstigste von mehreren Alternativen zu Verlusten führt. Generell ist dieses Kriterium deshalb nur im Zuge von Auswahlentscheidungen bei Mussinvestitionen (als Beispiel könnte hier der verpflichtende Austausch der Bleiwasserrohre eines Bürogebäudes aufgrund nachweislich zu hoher Schadstoffbelastung angeführt werden) zu empfehlen. Die Durchschnittskosten ØK setzen sich aus folgenden Positionen zusammen:

$\varnothing K = \varnothing K_l + \varnothing K_k$, wobei

$\varnothing K_l$ die **durchschnittlichen zusätzlichen laufenden Kosten**

$$\varnothing K_l = \frac{\sum_{t=1}^{n} K_{l,t}}{n}$$

und $\varnothing K_k$ die **durchschnittlichen zusätzlichen kalkulatorischen Kosten** bezeichnet, die sich wiederum aus durchschnittlicher kalkulatorischer Abschreibung und durchschnittlichen kalkulatorischen Zinsen zusammensetzen:

$$\varnothing K_k = \underbrace{\frac{A_0 - R_n}{n}}_{\text{kalkulatorische Abschreibung}} + \underbrace{k \cdot \frac{A_0 + R_n + \frac{A_0 - R_n}{n}}{2}}_{\text{kalkulatorische Zinsen}}$$

Die durchschnittliche kalkulatorische Abschreibung stellt die durchschnittliche Wertminderung des eingesetzten Kapitals dar, während die durchschnittlichen kalkulatorischen Zinsen die durchschnittlichen Opportunitätskosten im Hinblick auf die alternative Ver-

---

12 Für eine weiterführende Darstellung vgl zB *Kruschwitz* (2011) 32 ff.

anlagung der Anschaffungsauszahlung ausdrücken. Basis für die kalkulatorischen Zinsen ist der Durchschnitt des gebundenen Kapitals am Beginn des ersten Jahres (= Anschaffungsauszahlung) und des letzten Jahres (= Restwert einschließlich einer kalkulatorischen Abschreibung). Kalkulatorische Abschreibung und kalkulatorische Zinsen verdeutlichen klar das Außer-Acht-Lassen des zeitlichen Anfalls der Zahlungen. Obgleich die Anschaffungsauszahlung zu t = 0 fällig ist, wird über den Ansatz der kalkulatorischen Abschreibung unterstellt, dass die Anschaffungsauszahlung, allenfalls vermindert um einen Restwert, gleich verteilt über die Laufzeit zu zahlen ist. Der Ansatz kalkulatorischer Zinsen berücksichtigt zwar den Zinsentgang des gebundenen Kapitals, Zinseszinsen werden jedoch außer Acht gelassen.

Beispiel 3-10

Fragestellung: Ein Steuerberater möchte Büroräumlichkeiten anmieten und anhand einer Kostenvergleichsrechnung ermitteln, welche von zwei Investitionsalternativen die günstigere ist. Dabei ist zu berücksichtigen, dass der Steuerberater die Räumlichkeiten zehn Jahre nutzen und danach an seinen Nachfolger übergeben wird. Investitionsalternative 1 stellt die Anmietung von Kanzleiräumlichkeiten für zehn Jahre (jährlicher Mietzins inklusive Betriebskosten: 30.000,–) dar. Bei Investitionsalternative 2 wird der Ankauf vergleichbarer Kanzleiräumlichkeiten zu einem Kaufpreis (A_0) von 500.000,–, jährlichen Betriebskosten in der Höhe von 3.000,– und einem voraussichtlichen Wiederverkaufspreis (R_n) nach zehn Jahren in der Höhe von 450.000,– kalkuliert. Die Alternativverzinsung des Eigenkapitals wird auf 5 % pa geschätzt.

Lösung: Auf Basis einer Kostenvergleichsrechnung wird sich der Steuerberater für die Alternative 1 entscheiden, da die durchschnittlichen zusätzlichen (jährlichen) Kosten der Alternative 1 mit 30.000,– geringer sind als jene der Alternative 2 mit 31.875,–.

Erläuterung: Die durchschnittlichen zusätzlichen (jährlichen) Kosten der Alternative 1 entsprechen den Mietkosten inkl Betriebskosten in Höhe von 30.000,–. Die durchschnittlichen zusätzlichen (jährlichen) Kosten der Alternative 2 werden wie folgt berechnet:

$$\varnothing K = \underbrace{\frac{3.000 \cdot 10}{10}}_{\text{Betriebskosten}} + \underbrace{\frac{500.000 - 450.000}{10}}_{\text{kalkulatorische Abschreibung}} + \underbrace{0,05 \cdot \frac{500.000 + 450.000 + \frac{500.000 - 450.000}{10}}{2}}_{\text{kalkulatorische Zinsen}}$$

$$= 31.875,-$$

2.) Durchschnittlicher Gewinn, Ø G

Bei diesem Beurteilungskriterium werden die **Kosten, K**, und die **Erlöse, E,** berücksichtigt, indem der **durchschnittliche (jährliche) Gewinn**, **Ø G**, der sich als Differenz zwischen durchschnittlichen Erlösen und durchschnittlichen Kosten ergibt, als Entscheidungskriterium herangezogen wird. Im Falle einer Einzelinvestitionsentscheidung wird das Projekt realisiert, wenn der Gewinn positiv ist. Bei Auswahlentscheidungen wird das Projekt mit dem höchsten positiven Gewinn gewählt. Die Formel für die Berechnung des durchschnittlichen Gewinns lautet:

$$\varnothing G = \underbrace{\frac{\sum_{t=1}^{n} E_t}{n} - \frac{\sum_{t=1}^{n} K_{1,t}}{n}}_{\sum_{t=1}^{n} C_t / n} - \frac{A_0 - R_n}{n} - k \cdot \frac{A_0 + R_n + \frac{A_0 - R_n}{n}}{2}$$

Beachte! Da der Gewinn eine Periodengröße ist, kann es im Falle einer Auswahlentscheidung aus Investitionsprojekten mit unterschiedlichen Nutzungsdauern auf Basis dieses Kriteriums zu Fehlentscheidungen kommen!

Beispiel 3-11

Fragestellung: Ein Handelsunternehmen möchte anhand des durchschnittlichen Gewinns ermitteln, welche von zwei Investitionsalternativen die günstigere ist. Die relevanten Informationen für Alternative 1 sind: Miete der Lagerhalle A für fünf Jahre bei einem jährlichen Mietzins inklusive Betriebskosten von 50.000,–; zusätzlicher jährlicher Erlös: 60.000,– (t = 1), 70.000,– (t = 2), 80.000,– (t = 3), 90.000,– (t = 4), 100.000,– (t = 5); Die relevanten Informationen für Alternative 2 sind: Miete der Lagerhalle B für fünf Jahre bei einem jährlichen Mietzins inklusive Betriebskosten von 40.000,–; zusätzlicher jährlicher Erlös: 90.000,– (t = 1), 80.000,– (t = 2), 70.000,– (t = 3), 60.000,– (t = 4), 50.000,– (t = 5).

Lösung: Auf Basis des durchschnittlichen Gewinns lässt sich keine Entscheidung treffen, da beide Alternativen einen identischen durchschnittlichen Gewinn von 30.000,– aufweisen.

Erläuterung:

1) Ermittlung der relevanten Zahlungen

Alternative 1

$$C_1 = 60.000 - 50.000 = 10.000,–$$
$$C_2 = 70.000 - 50.000 = 20.000,–$$
$$C_3 = 80.000 - 50.000 = 30.000,–$$
$$C_4 = 90.000 - 50.000 = 40.000,–$$
$$C_5 = 100.000 - 50.000 = 50.000,–$$

Alternative 2

$$C_1 = 90.000 - 40.000 = 50.000,–$$
$$C_2 = 80.000 - 40.000 = 40.000,–$$
$$C_3 = 70.000 - 40.000 = 30.000,–$$
$$C_4 = 60.000 - 40.000 = 20.000,–$$
$$C_5 = 50.000 - 40.000 = 10.000,–$$

2) Ermittlung des durchschnittlichen Gewinns

$$\varnothing G_1 = \frac{10.000 + 20.000 + 30.000 + 40.000 + 50.000}{5} = 30.000,–$$

$$\varnothing G_2 = \frac{50.000 + 40.000 + 30.000 + 20.000 + 10.000}{5} = 30.000,–$$

Beachte! Die kalkulatorischen Kosten sind bei beiden Varianten null, da keine Investition in ein abnutzbares Anlagegut getätigt wird. Somit handelt es sich bei diesem Beispiel genau genommen um keinen Anwendungsfall der Investitionsrechnung lt eingangs angeführter Definition.

Beachte! Betrachtet man die Zahlungsströme der beiden Alternativen näher, so lässt sich erkennen, dass Alternative 2 zu Beginn den höchsten Cashflow aufweist (50.000,– zu t = 1) und dieser dann kontinuierlich bis zum 5. Jahr abnimmt. Bei Alternative 1 verhält es sich genau umgekehrt. Das bedeutet, die bei Alternative 2 bereits am Ende des 1. Jahres zurückfließenden 50.000,– können für vier weitere Jahre genutzt (zB alternativ veranlagt) werden. Bei Alternative 1 liegt dieser Betrag bei lediglich 10.000,–.

3.) Durchschnittliche Rendite, Ø p

Das Beurteilungskriterium der durchschnittlichen Rendite, **Ø p**, stellt den durchschnittlichen prozentuellen Vermögenszuwachs, der bei Realisierung des Investitionsprojektes erzielt wird, dar. Die durchschnittliche Rendite entspricht dem Verhältnis von durchschnittlichem Gewinn vor Zinsen zu durchschnittlich gebundenem Kapital:

$$\varnothing\, p = \frac{\frac{\sum_{t=1}^{n} E_t}{n} - \frac{\sum_{t=1}^{n} K_{l,t}}{n} - \frac{A_0 - R_n}{n}}{\frac{A_0 + R_n + \frac{A_0 - R_n}{n}}{2}}$$

Im Falle einer Einzelinvestitionsentscheidung führt die Erzielung einer Rendite p, welche die Alternativverzinsung k übersteigt, zur Annahme des Investitionsprojektes. Bei einer Auswahlentscheidung ist jedoch von einer Reihung der Investitionsprojekte auf Basis der durchschnittlichen Rendite und dem anschließenden Vergleich mit der Alternativverzinsung abzuraten, da dieses Beurteilungskriterium bei Auswahlentscheidungen zu Fehlentscheidungen führen kann, wenn Unterschiede in Kapitalbindung und/oder Laufzeit vorliegen.

Beispiel 3-12

Fragestellung: Eine Papierfabrikantin möchte anhand der durchschnittlichen Rendite ermitteln, ob eine zusätzliche Papiermaschine angeschafft werden soll; Kaufpreis: 1.000.000,–; Nutzungsdauer: 20 Jahre; Restwert nach 20 Jahren: 250.000,–; zusätzlicher jährlicher Cashflow: 75.000,– (t = 1, …, 10) bzw 55.000,– (t = 11, …, 20). Das Eigenkapital kann alternativ zu einem Zinssatz von 4 % pa veranlagt werden.

Lösung: Auf Basis der durchschnittlichen Rendite wird sich die Papierfabrikantin für die Investition entscheiden, weil die durchschnittliche Rendite mit 4,3 % pa höher als die alternativ erzielbare Verzinsung von 4 % pa ist.

Erläuterung:

$$\varnothing\, p = \frac{\frac{10 \cdot 75.000 + 10 \cdot 55.000}{20} - \frac{1.000.000 - 250.000}{20}}{\frac{1.000.000 + 250.000 + \frac{1.000.000 - 250.000}{20}}{2}} = \frac{27.500}{643.750} = 0{,}043$$

3.2.2.2. Dynamische Beurteilungskriterien

Das **wesentliche Merkmal** und damit der entscheidende **Vorteil** dynamischer Kriterien der Investitionsrechnung liegt in der exakten Berücksichtigung des zeitlichen Anfalls relevanter Zahlungen. Zahlungen, die zu unterschiedlichen Zeitpunkten anfallen, werden mittels **Auf- oder Abzinsen** dieser Zahlungen auf einen einheitlichen Zeitpunkt vergleichbar gemacht. Dynamische Kriterien der Investitionsrechnung basieren nicht wie statische auf Kosten und Erlösen, sondern auf **Einzahlungen und Auszahlungen**, die dynamische Investitionsrechnung ist somit eine **Geldflussrechnung**. Als **Nachteil** der dynamischen Kriterien wird häufig deren Komplexität genannt, da idR die Anwendung finanzmathematischer Operationen notwendig ist. Mit der Unterstützung gängiger Software, wie zB MS Excel, können mittlerweile jedoch auch kompliziertere Berechnungen rasch durchgeführt werden.

Analog zu den statischen Kriterien wird ein Überblick über die **drei wichtigsten dynamischen Beurteilungskriterien** in der Investitionsrechnung gegeben. Das Beurteilungskriterium „Kapitalwert" wird aufgrund seiner großen praktischen Bedeutung etwas detaillierter besprochen.[13]

1.) Kapitalwert, K_0

Der Kapitalwert, K_0, entspricht dem Barwert künftiger Zahlungen. Für die Berechnung des Kapitalwerts werden somit sämtliche Zahlungen auf den Zeitpunkt $t = 0$ abgezinst und saldiert. Der Kapitalwert spiegelt den Vermögenszuwachs im Vergleich zur Alternativveranlagung wider. Ist der Kapitalwert positiv, wird im Vergleich zur Alternativveranlagung mehr zusätzliches Vermögen erwirtschaftet und das Investitionsprojekt ist zu realisieren. Bei Auswahlentscheidungen ist das Investitionsprojekt mit dem höchsten positiven Kapitalwert zu wählen. Für den Kapitalwert gibt es kein Äquivalent bei den statischen Kriterien, sieht man von der simplen Saldierung sämtlicher Zahlungen ab. Der Kapitalwert wird über folgende Formel berechnet:

$$K_0 = -A_0 + \sum_{t=1}^{n} \frac{C_t}{(1+k)^t} + \frac{R_n}{(1+k)^n}$$

Haben die Cashflows eines Investitionsprojektes die Form einer Rente, kann der Kapitalwert über Multiplikation des Cashflows mit dem Rentenbarwertfaktor wie folgt ermittelt werden:

$$K_0 = C \cdot \underbrace{\frac{(1+k)^n - 1}{k \cdot (1+k)^n}}_{\text{Rentenbarwertfaktor}} + \frac{R_n}{(1+k)^n}$$

Beispiel 3-13

Fragestellung: Stellen Sie die Formel für die Berechnung des Kapitalwerts bei einer Laufzeit des Investitionsprojektes von zwei Jahren (n = 2) dar.

Lösung:

$$K_0 = -A_0 + \sum_{t=1}^{2} \frac{C_t}{(1+k)^t} + \frac{R_2}{(1+k)^2} = -A_0 + \frac{C_1}{(1+k)^1} + \frac{C_2}{(1+k)^2} + \frac{R_2}{(1+k)^2}$$

[13] Der interessierte Leser sei auf folgende weiterführende Literatur verwiesen: *Swoboda* (1996) 21 ff, *Fischer* (2009) 31 ff oder *Geyer et al* (2009) 83 ff.

Beachte! Bei Anwendung des Kapitalwertkriteriums wird die **Wiederveranlagung sämtlicher Cashflows zum einheitlichen Kalkulationszinssatz k** unterstellt. Letztendlich wird beim Kapitalwertkriterium der Endwert von Cashflows, die über die jeweilige Restlaufzeit zum Kalkulationszinssatz k veranlagt werden, und Restwert dem Endwert der über die Laufzeit veranlagten Anschaffungsauszahlung (dieser Endwert entspricht dem Endwert bei alternativer Veranlagung der Anschaffungsauszahlung zum Alternativzinssatz k und stellt damit die Opportunitätskosten der Sachinvestition dar) gegenübergestellt. Übersteigt der Endwert von Cashflows und Restwert den Endwert der Anschaffungsauszahlung, ist das Investitionsprojekt vorteilhaft. Wird diese Differenz (Nettoendwert) über die Laufzeit diskontiert, erhält man den Zeitwert des Vermögenszuwachses des Investitionsprojektes zu t = 0, dh den Kapitalwert.

Beispiel 3-14

Fragestellung: Unternehmen X plant die Einführung eines neuen Produktes, für das eine Maschine mit folgenden Daten benötigt wird: Anschaffungsauszahlung: 100.000,–; Nutzungsdauer: drei Jahre; Restwert am Ende der Nutzungsdauer: 20.000,–. Durch das neue Produkt werden zusätzliche jährliche Einzahlungsüberschüsse von 50.000,– erzielt. Der Kalkulationszinssatz beträgt 10 % pa. Beurteilen Sie auf Basis des Kapitalwerts die Vorteilhaftigkeit dieser Investition.

Lösung: Das Investitionsprojekt soll realisiert werden, da ein zusätzliches Vermögen von 39.369,– erwirtschaftet wird.

Erläuterung: Der Kapitalwert wird wie folgt berechnet:

$$K_0 = -100.000 + \frac{50.000}{(1+0{,}1)^1} + \frac{50.000}{(1+0{,}1)^2} + \frac{50.000}{(1+0{,}1)^3} + \frac{20.000}{(1+0{,}1)^3}$$

$$= -100.000 + 50.000 \cdot \frac{(1+0{,}1)^3 - 1}{0{,}1 \cdot (1+0{,}1)^3} + \frac{20.000}{(1+0{,}1)^3}$$

$$= 39.369{,}-$$

Bei Realisierung des Investitionsprojektes lässt sich somit im Vergleich zur Alternativveranlagung ein zusätzliches Vermögen in Höhe von 39.369,– erwirtschaften. Der Kapitalwert der Alternativveranlagung wird wie folgt berechnet: Werden die 100.000,– nicht in die Sachinvestition, sondern in die Alternativveranlagung investiert, kann eine alternative Verzinsung von 10 % pa lukriert werden, dh das Vermögen beträgt zu t = 3 133.100,– (=100.000 · $1{,}1^3$). Der Kapitalwert der Alternativveranlagung wird berechnet über

$$K_0 = -100.000 + \frac{133.100}{(1+0{,}1)^3} = 0{,}-$$

und ist damit genau null.

Beispiel 3-15

Fragestellung: Eine Anwältin überlegt, in der Bezirkshauptstadt A eine Filiale einzurichten. Zu diesem Zweck soll eine Investitionsrechnung auf Basis des Kapitalwerts durchgeführt werden. Die Anschaffungsauszahlung (Errichtungskosten des Mietvertrages, Ablöse für übernommene Büromöbel, sonstige Büroausstattung) beträgt 100.000,–, die laufenden jährlichen Auszahlungen (Miet- und Personalkosten) betragen 75.000,–. Die Anwältin rechnet in den nächsten fünf Jahren mit folgenden jährlichen Einzahlungen: 50.000,– (t = 1), 75.000,– (t = 2), 125.000,– (t = 3, 4), 75.000,– (t = 5). Nach fünf Jahren will sie die Filiale wieder auflösen und die Büroausstattung um 25.000,– verkaufen. Der Kalkulationszinssatz wird mit 4 % pa angenommen. Soll sie diese Filiale eröffnen?

Lösung: Nein, da der Kapitalwert dieser Investition mit –16.300,– negativ ist.

Erläuterung:

1.) Ermittlung der relevanten Zahlungen

$$C_1 = 50.000 - 75.000 = -25.000,-$$
$$C_2 = 75.000 - 75.000 = 0,-$$
$$C_3 = C_4 = 125.000 - 75.000 = 50.000,-$$
$$C_5 = 75.000 - 75.000 = 0,-$$
$$R_5 = 25.000$$

2.) Berechnung des Kapitalwerts

$$K_0 = -100.000 + \frac{-25.000}{(1+0,04)^1} + \frac{0}{(1+0,04)^2} + \frac{50.000}{(1+0,04)^3} + \frac{50.000}{(1+0,04)^4} + \frac{0+25.000}{(1+0,04)^5}$$
$$= -16.300,-$$

3.) Interpretation des Kapitalwerts
Der negative Kapitalwert in Höhe von –16.300,– bedeutet, dass es für die Anwältin aus finanzwirtschaftlicher Sicht günstiger wäre, auf das Investitionsprojekt zu verzichten und stattdessen das eingesetzte Kapital (= die Anschaffungsauszahlung in Höhe von 100.000,–) zu 4 % alternativ zu veranlagen. Die Alternativveranlagung ergibt einen Endwert von 121.665,– (= 100.000 · $1{,}04^5$), der Endwert der zu 4 % pa veranlagten Cashflows inklusive Restwert des Investitionsprojektes ergibt dagegen nur einen Endwert von 101.834,– (= –25.000 · $1{,}04^4$ + 50.000 · $1{,}04^2$ + 50.000 · $1{,}04^1$ + 25.000 · $1{,}04^0$). Die Differenz der Endwerte ist somit mit –19.832,– (= 101.834 – 121.665) negativ. Werden die –19.832,– mit dem Kalkulationszinssatz von 4 % pa über 5 Jahre diskontiert, ergibt dies wiederum exakt den Kapitalwert in der Höhe von –16.300,–.

Beispiel 3-11 Fortsetzung

Fragestellung: Für welche Investitionsalternative würde sich das Handelsunternehmen auf Basis des Kapitalwerts entscheiden, wenn der Kalkulationszinssatz mit 3 % pa angenommen wird?

Lösung: Da der Kapitalwert von Alternative 2 mit 140.098,– höher ist als jener von Alternative 1 mit 134.685,–, ist Alternative 2 zu realisieren.

Erläuterung: 1) Berechnung der Kapitalwerte

$$K_0^1 = \frac{10.000}{(1+0{,}03)^1} + \frac{20.000}{(1+0{,}03)^2} + \frac{30.000}{(1+0{,}03)^3} + \frac{40.000}{(1+0{,}03)^4} + \frac{50.000}{(1+0{,}03)^5} = 134.685,-$$

$$K_0^2 = \frac{50.000}{(1+0{,}03)^1} + \frac{40.000}{(1+0{,}03)^2} + \frac{30.000}{(1+0{,}03)^3} + \frac{20.000}{(1+0{,}03)^4} + \frac{10.000}{(1+0{,}03)^5} = 140.098,-$$

2) Interpretation des Ergebnisses

Berechnet man die Abzinsungsfaktoren $1/(1+k)^t$ in Abhängigkeit von der Laufzeit, erkennt man, dass diese mit zunehmender Laufzeit sinken:

$$\frac{1}{(1+0{,}03)^1} = 0{,}97087; \quad \frac{1}{(1+0{,}03)^2} = 0{,}94256; \quad ...; \quad \frac{1}{(1+0{,}03)^5} = 0{,}86261$$

Damit ist auch der Barwert des Cashflows iHv 50.000,– zu t = 1 bei Variante 2 mit 48.544,– (= 50.000 · 0,97087) höher als der Barwert des Cashflows iHv 50.000,– zu t = 5 bei Variante 1 mit 43.130,– (= 50.000 · 0,86261). Der sinkende Cashflow-Verlauf bei Alternative 2 ist somit günstiger als der steigende Cashflow-Verlauf bei Alternative 1.

Beispiel 3-12 Fortsetzung

Fragestellung: Die Papierfabrikantin möchte auf Basis des Kapitalwerts ermitteln, ob eine zusätzliche Papiermaschine angeschafft werden soll.

Lösung: Da der Kapitalwert mit 23.782,– positiv ist, wird sich die Papierfabrikantin für die Investition entscheiden.

Erläuterung:

$$K_0 = -1.000.000 + 75.000 \cdot \left[\frac{1}{(1+0{,}04)^1} + \frac{1}{(1+0{,}04)^2} + ... + \frac{1}{(1+0{,}04)^{10}}\right]$$

$$+ 55.000 \cdot \left[\frac{1}{(1+0{,}04)^{11}} + \frac{1}{(1+0{,}04)^{12}} + ... + \frac{1}{(1+0{,}04)^{20}}\right] + \frac{250.000}{(1+0{,}04)^{20}} = 23.782,-$$

2.) Annuität, Ann

Vereinfacht ausgedrückt wird bei der Berechnung der Annuität der Kapitalwert in gleich hohe (jährliche) Zahlungen, **Ann** (= Renten), aufgeteilt. Da diese zu unterschiedlichen Zeitpunkten anfallen, wird der Kapitalwert nicht einfach durch die Laufzeit n dividiert, sondern mit dem sogenannten Annuitätenfaktor multipliziert:

$$\text{Ann} = K_0 \cdot \underbrace{\frac{k \cdot (1+k)^n}{(1+k)^n - 1}}_{\text{Annuitätenfaktor}}$$

<u>**Beachte!**</u> Der Annuitätenfaktor ist der Kehrwert des Rentenbarwertfaktors, dh, der Barwert der Annuitäten entspricht wiederum dem Kapitalwert.

Die Annuität kann als jene Zahlung interpretiert werden, welche dem Investor über die Laufzeit des Investitionsprojektes jährlich zusätzlich zur Verfügung steht. Ist die Annuität positiv, ist das Investitionsprojekt somit vorteilhaft. Bei Auswahlentscheidungen ist das

Investitionsprojekt mit der höchsten positiven Annuität zu realisieren. Das Äquivalent zur Annuität bei den statischen Verfahren ist der durchschnittliche Gewinn.

Beispiel 3-14 Fortsetzung

Fragestellung: Beurteilen Sie auf Basis der Annuität die Vorteilhaftigkeit der Investition.

Lösung: Da die Annuität mit 15.831,– positiv ist, ist die Investition zu realisieren.

Erläuterung:

$$\text{Ann} = 39.369 \cdot \frac{0{,}1 \cdot (1+0{,}1)^3}{(1+0{,}1)^3 - 1} = 15.831,-$$

Im Vergleich zur Alternativveranlagung erzielt der Investor jährlich ein zusätzliches Vermögen von 15.831,– (ist der Kapitalwert positiv, muss auch die Annuität positiv sein, da der Annuitätenfaktor immer positiv ist). Der Barwert der Annuitäten entspricht wiederum dem Kapitalwert der Investition.

<u>**Beachte!**</u> Die Annuität ist ein periodisches Entscheidungskriterium. Uneingeschränkt kann die Annuität bei Auswahlentscheidungen somit nur angewendet werden, wenn die Investitionsalternativen dieselbe Laufzeit aufweisen. Ist dies nicht der Fall, sollte eine Investitionsentscheidung auf Basis des Kapitalwerts getroffen werden.

3.) Interner Zinssatz, p (Interne Zinssatzmethode)

Der interne Zinssatz, **p**, stellt – unter exakter Berücksichtigung des zeitlichen Anfalls der Zahlungen des Investitionsprojektes – den prozentuellen Vermögenszuwachs dar, der bei Realisierung des Investitionsprojektes erzielt wird. Formal gesehen ist der interne Zinssatz p jener Zinssatz, bei dem der Kapitalwert null ist:

$$K_0 = -A_0 + \sum_{t=1}^{n} \frac{C_t}{(1+p)^t} + \frac{R_n}{(1+p)^n} = 0$$

Übersteigt der interne Zinssatz p den Kalkulationszinssatz k, wird im Vergleich zur Alternativveranlagung ein höheres zusätzliches Vermögen erwirtschaftet, und das Investitionsprojekt ist zu realisieren. Das Äquivalent zum internen Zinssatz bei den statischen Kriterien stellt die durchschnittliche Rendite dar.

<u>**Beachte!**</u> Im Gegensatz zum Kapitalwertkriterium wird bei Anwendung des Kriteriums des internen Zinssatzes nicht eine **Wiederveranlagung zum Kalkulationszinssatz k**, sondern eine **Wiederveranlagung zum jeweiligen internen Zinssatz** unterstellt. Dadurch kann es bei Auswahlentscheidungen auf Basis dieses Kriteriums zu Fehlentscheidungen kommen. Auswahlentscheidungen sollten somit auf Basis des Kapitalwerts getroffen werden.

3.3. Finanzierung

Finanzierung dient – vereinfacht ausgedrückt – der Beschaffung finanzieller Mittel (dh von Kapital), mit welcher im Wesentlichen zwei **Zwecke** verfolgt werden: Einerseits die Sicherung der Liquidität, dh der Zahlungsfähigkeit, andererseits die Bereitstellung von Kapital für die Durchführung von Investitionen. Im Folgenden wird Finanzierung als eine Zahlungsreihe definiert, die zu Beginn, dh zu $t = 0$, mit einer Einzahlung beginnt und in den folgenden Jahren $t = 1, \ldots, n$ zu Auszahlungen führt.[14]

Beachte! Diese Definition entspricht der Sichtweise des Kapitalnehmers, aus der Sicht des Kapitalgebers stellt der Vorgang eine Investition dar.

3.3.1. Überblick über ausgewählte Finanzierungsformen

Finanzierung kann nach unterschiedlichen Aspekten systematisiert werden.[15] Eine Möglichkeit besteht in der Systematisierung gemäß der **Herkunft des Kapitals**:

- **Interne Finanzierung (Innenfinanzierung)**: Dabei erwirtschaftet das Unternehmen das benötigte Kapital selbst, dh, das Kapital kommt „von innen".
- **Externe Finanzierung (Außenfinanzierung)** : Hier fließt dem Unternehmen Kapital von außerhalb, zB über den Kapital- oder Kreditmarkt, zu.

Beachte! **Leasing** und **Factoring** sind **Sonderformen der Finanzierung**, die sich weder der Innen- noch der Außenfinanzierung eindeutig zuordnen lassen.

Finanzierung kann auch nach der **Rechtsstellung der Kapitalgeber** systematisiert werden:

- **Eigenfinanzierung**: Dazu zählen sämtliche Aktivitäten zur Beschaffung von Eigenkapital des Unternehmens. Eigenkapital wird idR dauerhaft überlassen. Eigenkapitalgeber beanspruchen als Gegenleistung eine Erfolgsbeteiligung. Diese Ansprüche werden jedoch erst erfüllt, wenn die (erfolgsunabhängigen) Ansprüche der Fremdkapitalgeber befriedigt sind. Eigenkapital hat somit den Charakter von Risiko- bzw Haftungskapital.
- **Fremdfinanzierung**: In diesem Fall wird das Fremdkapital des Unternehmens erhöht, wobei die Überlassung von Fremdkapital zeitlich beschränkt und unter Vereinbarung von Festbetragsansprüchen (idR Zinsen und Tilgung des überlassenen Kapitals) erfolgt.

Beachte! Auch hinsichtlich der Rechtsstellung ist nicht immer eine eindeutige Zuordnung möglich, sodass hier ebenfalls **Sonderformen**, wie zB Gesellschafterdarlehen oder die Bildung einer stillen Gesellschaft, existieren.

Kombiniert man die beiden vorgestellten **Kriterien** (mit Ausnahme der Sonderformen), so ergeben sich die in Abbildung 3-2 enthaltenen Formen der Finanzierung, die nachfolgend detaillierter beschrieben werden.

	Interne Finanzierung	Externe Finanzierung
Eigenfinanzierung	Selbstfinanzierung	Beteiligungsfinanzierung
Fremdfinanzierung	Finanzierung aus Rückstellungen	Kreditfinanzierung

Abbildung 3-2: Finanzierungsformen

3.3.1.1. Interne Finanzierung (Innenfinanzierung)

Interne Finanzierung kann der Beschaffung von Eigen- und Fremdkapital dienen. **Interne Eigenfinanzierung** erfolgt durch Einbehaltung selbst erwirtschafteter Einzahlungsüberschüsse. Als Synonyme für interne Eigenfinanzierung werden auch die Begriffe „Selbst- und Überschussfinanzierung" verwendet. Zur **internen Fremdfinanzierung** zählt die Finanzierung aus Rückstellungen. Die **Finanzierung aus Abschreibungen** gehört ebenfalls zur internen

[14] Vgl etwa *Geyer et al* (2009) 2.
[15] Vgl zB *Wöhe/Döring* (2010) 523 ff.

Finanzierung, eine eindeutige Zuordnung zu Eigen- oder Fremdkapital ist jedoch nicht möglich. Im Folgenden werden diese drei Finanzierungsformen genauer betrachtet:[16]

1.) Interne Eigenfinanzierung (Selbst- bzw Überschussfinanzierung)

Die Selbstfinanzierung stellt die „klassische Form" der internen Finanzierung dar, sie erfolgt über Einbehaltung von Gewinnen (= **offene Selbstfinanzierung**) und/oder Bildung von Rücklagen (= **stille Selbstfinanzierung**). Während die offene Selbstfinanzierung aus dem Jahresabschluss ersichtlich ist, trifft dies auf die stille Selbstfinanzierung nicht zu, da diese Resultat einer Unterbewertung von Vermögen bzw Überbewertung von Fremdkapital ist.

Beispiel 3-16

Ein Hotelbetrieb kauft ein neues Firmenfahrzeug, das bar bezahlt wird. Das dafür eingesetzte Kapital stammt aus nicht entnommenen Gewinnen der letzten drei Jahre. Somit handelt es sich im Hinblick auf die Finanzierung um Selbstfinanzierung, genauer um interne Eigenfinanzierung in offener Form.

2.) Interne Fremdfinanzierung (Finanzierung aus Rückstellungen)

Rückstellungen werden für Verbindlichkeiten gebildet, die dem Grund und/oder der Höhe nach ungewiss sind. Bei der Bildung von Rückstellungen wird infolge der dafür erforderlichen Aufwandsbuchung der Gewinn geschmälert, wodurch Kapital im Unternehmen verbleibt, das bis zur Fälligkeit dieser Verbindlichkeit zur Finanzierung (zB von Investitionsprojekten) eingesetzt werden kann. Ein typisches Beispiel für interne Fremdfinanzierung ist die Bildung von Pensionsrückstellungen (für freiwillige Firmenpensionen).

Beispiel 3-16 Fortsetzung 1

Der Hotelbetrieb ist in einen großen Schadenersatzprozess verwickelt, der noch mehrere Jahre dauern kann. Für den Fall eines (teilweisen) Prozessverlustes werden Rückstellungen in Höhe von 100.000,– gebildet. Wird ein Teil der dadurch bewahrten Finanzmittel für den Kauf des Firmenfahrzeuges verwendet, spricht man von einer Finanzierung aus Rückstellungen.

3.) Finanzierung aus Abschreibungen

Abschreibungen vermindern den Gewinn und damit das Ausschüttungspotenzial des Unternehmens und sorgen somit ebenfalls dafür, dass liquide Mittel (in Höhe der Abschreibungen) im Unternehmen verbleiben. Damit hat das Unternehmen bis zum Zeitpunkt einer allfälligen Reinvestition Kapital zur Verfügung.

Beispiel 3-16 Fortsetzung 2

Die jährlichen Abschreibungen des Hotelbetriebes betragen 50.000,–. Die Hälfte der dadurch bewahrten Finanzmittel wird zur Bezahlung des Firmenfahrzeuges verwendet, womit eine Finanzierung aus Abschreibungen vorliegt.

---

[16] Vgl zB *Lechner/Egger/Schauer* (2010) 231 ff oder auch *Jung* (2010) 781 ff.

3.3.1.2. Externe Finanzierung (Außenfinanzierung)

In Analogie zur internen Finanzierung kann auch die externe Finanzierung der Aufbringung von Eigen- und Fremdkapital dienen. Während die Beteiligungsfinanzierung zur **externen Eigenfinanzierung** gerechnet wird, ist die Kreditfinanzierung der **externen Fremdfinanzierung** zuzuordnen. Diese beiden Finanzierungsformen werden nun genauer betrachtet:[17]

1.) Externe Eigenfinanzierung (Beteiligungsfinanzierung)

Im Zuge der externen Eigenfinanzierung wird dem Unternehmen von außen Eigenkapital in Form von Bar- oder Sachkapital zugeführt. Dies kann durch bestehende oder neue Anteilseigner geschehen, wobei die Rechtsform eines Unternehmens einen wesentlichen Einfluss auf die Gestaltungsmöglichkeiten hat. Bei **Einzelunternehmen** ist die Zufuhr von zusätzlichem Eigenkapital auf den Unternehmer selbst beschränkt. Neue Anteilseigner sind durch die Gesellschaftsform ausgeschlossen (Ausnahme: Beteiligung stiller Gesellschafter). Bei **Personengesellschaften** kann die Zufuhr von zusätzlichem Eigenkapital durch alte Gesellschafter über Erhöhung der Einlagen oder durch neue Gesellschafter erfolgen. Bei **Kapitalgesellschaften** ist zwischen einer **Gesellschaft mit beschränkter Haftung (GmbH)** und einer **Aktiengesellschaft (AG)** zu unterscheiden. Bei einer GmbH bedingt die Kapitalzufuhr, egal ob seitens der bisherigen oder neuer Gesellschafter, eine Änderung des Gesellschaftsvertrages. Im Falle einer **AG** kann eine Kapitalzufuhr durch Ausgabe junger Aktien (dh Erhöhung des Grundkapitals) erfolgen.

Beispiel 3-17

Eine als Einzelunternehmerin tätige Psychologin bringt Privatmöbel als neue Büroausstattung in ihr Unternehmen ein. Dabei handelt es sich um einen Fall von Beteiligungsfinanzierung. Sollen die Biedermeiermöbel der Tante der Psychologin als neue Büroausstattung dienen, wofür die Tante am Unternehmenserfolg beteiligt werden soll, ist für diesen Fall der Beteiligungsfinanzierung eine Änderung der Rechtsform des Unternehmens nötig.

2.) Externe Fremdfinanzierung

Externe Fremdfinanzierung bedeutet **Zufluss von Fremdkapital** durch **externe Kapitalgeber**. Fremdkapital von externen Kapitalgebern wird zeitlich befristet zur Verfügung gestellt. Fremdkapitalgeber sind im Vergleich zu Eigenkapitalgebern bevorzugt, da allfällige Verluste zunächst von den Eigenkapitalgebern aufgefangen werden. Für die Überlassung von Fremdkapital werden von den Kapitalgebern Zinsansprüche geltend gemacht. In Abhängigkeit von der Laufzeit wird zwischen kurz- bzw mittelfristiger und langfristiger externer Fremdfinanzierung unterschieden. Zur **langfristigen externen Fremdfinanzierung** zählen **Darlehen** und **Anleihen**, zur **kurzfristigen externen Fremdfinanzierung** zählen **Lieferantenkredite, Kundenanzahlungen und Kontokorrentkredite**. Diese Finanzierungsformen werden im Folgenden näher betrachtet:

a) **Darlehen**

Ein Darlehen ist ein langfristiger Kredit, der für Unternehmen, die keinen Zugang zum Kapitalmarkt haben, eine wichtige Finanzierungsquelle darstellt. Zu den wesentlichsten Ausstattungsmerkmalen von (kurz- und langfristigen) Krediten zählen:

- **Nominale**: Das ist der sogenannte Nennbetrag des Kredits, der die Basis für die Berechnung der Fremdkapitalzinsen darstellt.

[17] Zur Beteiligungsfinanzierung vgl zB *Fischer* (2009) 64 f sowie 178 ff oder *Geyer et al* (2009) 180 ff; Detailinformationen zur externen Fremdfinanzierung finden sich etwa in *Fischer* (2009) 65 ff und 188 ff oder in *Geyer et al* (2009) 138 ff und 157 ff.

- **Auszahlungsdisagio** oder **sonstige Vertragserrichtungsgebühren**: Dies sind Kosten in % der Nominale, die zu t = 0 vom Nennbetrag abgezogen werden, woraus ein Auszahlungsbetrag unter dem Nennbetrag resultiert.
- **Laufzeit**: Dauer der Kapitalüberlassung.
- **Nominalzinssatz**: Dies ist der vom Kreditnehmer für die Kapitalüberlassung zu zahlende jährliche Zinssatz. Im Nominalzinssatz sind keine Spesen, wie Auszahlungsdisagio, Vertragserrichtungsgebühren oder sonstige Kosten (zB Kontoführungsgebühren), enthalten. Grundsätzlich unterscheidet man zwischen einem fixen und einem variablen Zinssatz. Bei einer fixen Verzinsung bleibt der Nominalzinssatz während der gesamten Laufzeit unverändert, egal wie sich das allgemeine Zinsniveau entwickelt. Im Falle einer variablen Verzinsung wird der Zinssatz nach vereinbarten Bedingungen an das allgemeine Zinsniveau (in Abhängigkeit eines Referenzzinssatzes, wie zB des Euribor) angepasst.
- **Effektivzinssatz**: Dies ist die Verzinsung des Kredits unter Berücksichtigung (fast) aller sonstigen Kosten. Lt dem Österreichischen Bankwesengesetz (BWG) ist der Effektivzinssatz eines Kredits immer auszuweisen.
- **Tilgungsmodalitäten:** Im Zuge der Tilgungsmodalitäten wird vereinbart, in welchen Abständen, dh jährlich, quartalsmäßig oder monatlich, und in welcher Art, dh **endfällig, in gleichen Raten** (Ratentilgung) oder über **Annuitäten**, die Rückzahlung des Kredits erfolgt. Bei endfälliger Tilgung erfolgt die Rückzahlung des Kapitals erst am Ende der Laufzeit, wodurch die zu zahlenden Zinsen in jeder Periode konstant bleiben. Bei Ratentilgung wird die Nominale durch die Laufzeit dividiert und periodisch zurückgezahlt, wodurch die Zinsen, die jeweils auf die zu Beginn jeder Periode ausstehende Nominale berechnet werden, im Zeitablauf sinken. Bei Annuitätentilgung werden konstante Zahlungen geleistet, die die Zinsen abdecken und darüber hinaus der Tilgung der Nominale dienen. Mit zunehmender Laufzeit wird aufgrund der sinkenden ausstehenden Nominale der Zinsanteil geringer und der Tilgungsanteil höher.

Einer Kreditvergabe geht üblicherweise eine **Kreditwürdigkeitsprüfung** (Bonitätsprüfung) des Kreditwerbers voraus, in deren Rahmen das Kreditrisiko (Ausfallsrisiko) abgeschätzt wird.[18] Bei höherem Risiko werden idR **Kreditsicherheiten** (zB die Einräumung von Pfandrechten oder die Übernahme von Bürgschaften) verlangt.

Beispiel 3-18

Fragestellung: Eine Anwältin möchte eine Kanzlei gründen und dafür ein zehnjähriges Darlehen mit einer Nominale von 100.000,– und einem Nominalzinssatz von 5 % pa aufnehmen. Die Bank verrechnet neben einem Disagio iHv 2 % eine Bearbeitungsgebühr iHv 1,5 %. Wie hoch ist a) der Auszahlungsbetrag bzw b) die jährliche Zinsbelastung im Falle einer endfälligen (jährlichen) Tilgung?

Lösung: a) 96.500,–; b) 5.000,–

Erläuterung: a) Der Auszahlungsbetrag berechnet sich über 100.000 – 100.000 · (0,02 + 0,015) = 96.500,–

b) Die jährliche Zinsbelastung wird von der jeweils ausstehenden Nominale berechnet. Da die Tilgung erst am Ende der Laufzeit erfolgt, belaufen sich die Zinsen in jeder Periode auf 100.000 · 0,05 = 5.000,–.

[18] Die von Ratingagenturen für Unternehmen vergebenen Ratings stellen ebenso ein Maß für deren Kreditwürdigkeit dar. Vgl *Daum/Petzold/Pletke* (2012) 79.

Beispiel 3-18 Fortsetzung 1

Fragestellung: Wie hoch ist die Summe aus Zins- und Tilgungszahlung im dritten Jahr, wenn jährliche Ratentilgung bei sonst unveränderten Konditionen vereinbart wird?

Lösung: Die Summe aus Zins- und Tilgungszahlung im dritten Jahr beträgt 14.000,–.

Erläuterung: Jährliche Ratentilgung bedeutet, dass sich die ausstehende Nominale jährlich um die Nominaltilgung iHv 10.000,– (= 100.000/10) vermindert, wodurch zu Beginn des dritten Jahres die ausstehende Nominale 80.000,– beträgt. Die Zinszahlung im dritten Jahr beträgt 4.000,– (= 80.000 · 0,05), die zur Tilgungszahlung iHv 10.000,– addiert wird.

Beispiel 3-18 Fortsetzung 2

Fragestellung: Wie hoch ist im Falle einer jährlichen Annuitätentilgung bei sonst unveränderten Konditionen die konstante Zahlung?

Lösung: Die Annuität beträgt 12.950,–.

Erläuterung:

$$\text{Ann} = 100.000 \cdot \underbrace{\frac{0,05 \cdot (1+0,05)^{10}}{(1+0,05)^{10} - 1}}_{\text{Annuitätenfaktor}} = 12.950,-$$

<u>**Beachte!**</u> Wie Beispiel 3-18 zeigt, sind in den laufenden Zahlungen die Spesen, etwa in Form von Disagio und Krediterrichtungsgebühr, nicht enthalten. Dies ist insbesondere bei einem Kreditvergleich mit unterschiedlicher Spesenbelastung zu berücksichtigen. Ein finanzwirtschaftlich korrekter Vergleich hat in diesem Fall auf Basis der Effektivverzinsung zu erfolgen.

b) **Anleihen (Schuldverschreibungen, Obligationen)**

Eine Anleihe ist ein verbriefter, dh handelbarer Forderungstitel, bei dem die Kreditsumme durch den Kauf sog Teilschuldverschreibungen seitens einer Vielzahl von Gläubigern zur Verfügung gestellt wird. Die Käufer der Teilschuldverschreibungen fungieren somit als Kreditgeber, der Emittent der Anleihe als Kreditnehmer. In Abhängigkeit vom Emittenten kann zwischen Staatsanleihen, Kommunalanleihen, Bankanleihen, Pfandbriefen und Industrieanleihen unterschieden werden. Zu den wesentlichsten Ausstattungsmerkmalen von Anleihen zählen:

- **Emissionsvolumen**: Entspricht der Kreditsumme beim Darlehen.
- **Stückelung**: Entspricht dem Nennwert einer einzelnen Teilschuldverschreibung.
- **Laufzeit**: Dauer der Kapitalüberlassung.
- **Emissions- und Tilgungskurs**: Der Emissionskurs ist der Kurs, zu dem die Teilschuldverschreibung verkauft wird, der Tilgungskurs ist der Kurs, zu dem die Teilschuldverschreibung zurückgezahlt wird. Liegt der Emissionskurs über (unter) dem Tilgungskurs, liegt eine Überpari-Emission (Unterpari- Emission) vor. Im ersten Fall wird somit ein **Agio** (Aufgeld), im zweiten Fall ein **Disagio** (Abgeld) verrechnet.
- **Nominalzinssatz (Kupon):** Dies ist der vom Emittenten für die Kapitalüberlassung gezahlte jährliche Zinssatz. Vereinbart werden kann ein fixer Zinssatz (straight bond), ein variabler Zinssatz (floating rate bond) oder überhaupt keine Verzinsung

(zero bond). Bei Letzterem ergibt sich die Rendite der Anleihe als Differenz zwischen Emissions- und Tilgungskurs.

- **Effektivzinssatz:** Dieser entspricht der Verzinsung der Anleihe (= Rendite) unter Berücksichtigung aller Nebenkosten.
- **Tilgungsmodalitäten:** Hierbei wird im Wesentlichen zwischen endfälligen Anleihen (bullet bonds) und Serienanleihen (serial bonds) unterschieden. Bei ersteren erfolgt die Tilgung am Ende der Laufzeit, bei letzteren in Raten.

Beispiel 3-19

Fragestellung: Eine steirisches Industrieunternehmen möchte Fremdkapital durch Emission einer endfälligen Kuponanleihe mit folgenden Daten aufbringen: Emissionsvolumen: 100.000,–; Nominalzinssatz: 4 % pa; Stückelung: 1.000,–; Emissionskurs: 90 %; Tilgungskurs: 100 %, Laufzeit: vier Jahre. Welche Zahlungen sind aus Sicht a) des Emittenten und b) des Kreditgebers A (Zeichnungsbetrag 5.000,–) in den einzelnen Perioden zu erwarten?

Lösung:

t	a) Emittent			b) Zeichner (Kreditgeber) A		
	Einzahlungen	Auszahlungen		Einzahlungen		Auszahlungen
		Tilgung	Zinsen	Tilgung	Zinsen	
0	90.000					4.500
1			4.000		200	
2			4.000		200	
3			4.000		200	
4		100.000	4.000	5.000	200	

Erläuterung: Der Emittent bekommt bei vollständiger Begebung der Anleihe bei einem Emissionskurs von 90 % zu t = 0 100.000 · 0,9 = 90.000,–, in den Jahren eins bis vier sind Zinsen iHv 100.000 · 0,04 = 4.000,– zu zahlen, im vierten Jahr ist das Kapital bei einem Tilgungskurs von 100 % iHv 100.000,– zurückzuzahlen. Der Zeichner A der Anleihe muss zu t = 0 5.000 · 0,9 = 4.500,– zahlen, in den Jahren eins bis vier erhält er Zinszahlungen iHv von 5.000 · 0,04 = 200,–, im vierten Jahr erhält er zusätzlich Kapital zum Tilgungskurs iHv 5.000,–.

c) **Lieferantenkredite**[19]

Ein Lieferantenkredit liegt vor, wenn dem Käufer einer Ware vom Verkäufer eine Zahlung auf Ziel (unter Angabe eines Zielpreises) gewährt und diese Möglichkeit seitens des Käufers auch genutzt wird. Da bei Barzahlung innerhalb einer bestimmten Frist (= Skontofrist) idR ein Skonto eingeräumt wird, ist ein Lieferantenkredit oftmals ein teurer Kredit. Der Vorteil für den Kreditnehmer (Käufer) liegt darin, dass es keinerlei Vergabeformalitäten (zB Bonitätsprüfung) bei Inanspruchnahme eines Lieferantenkredits gibt.

d) **Kundenanzahlungen (Kundenkredite)**[20]

Eine Kundenanzahlung liegt vor, wenn der Verkäufer einer Ware vor deren Lieferung vom Käufer eine Teilzahlung des Kaufpreises erhält. Im Gegenzug wird dafür oftmals ein Preisnachlass gewährt. In manchen Branchen, wie etwa im Bereich des Anlagenbaus

---

19 Vgl zB *Fischer* (2009) 73, *Geyer et al* (2009) 179 und *Wöhe/Döring* (2010) 611 f.
20 Vgl beispielsweise *Geyer et al* (2009) 178.

oder bei Aufträgen für Einzelfertigungen, sind Anzahlungen generell üblich. Dadurch lässt sich das Abnahmerisiko minimieren. Oftmals sind Anzahlungen auch nötig, um umfangreiche Vorleistungen (zB hohe Planungskosten) zu finanzieren.

e) **Kontokorrentkredite**[21]

Im Rahmen von Kontokorrentkrediten wird kein fixer Auszahlungsbetrag, sondern ein flexibler Kreditrahmen vereinbart. Innerhalb dieses Rahmens können gegen Verrechnung einer Bereitstellungsgebühr Kreditbeträge in benötigter Höhe über ein Girokonto (Kontokorrentkonto) in Anspruch genommen werden. Kontokorrentkredite weisen idR eine höhere Verzinsung auf als Darlehen.

Beispiel 3-20

Fragestellung: Ein Handelsunternehmen hat einen kurzfristigen (Dauer: 14 Tage) Liquiditätsengpass von 10.000,– und sieht drei Möglichkeiten, diesen zu überbrücken: a) Für eine aktuelle Warenlieferung im Wert von 10.000,– wird ein Zahlungsziel von 28 Tagen gewährt. Bei Bezahlung innerhalb von drei Tagen wird ein Skonto von 3 % eingeräumt. b) Ein Großkunde, der aktuell eine Bestellung im Wert von 100.000,– getätigt hat, ist zu einer Anzahlung in Höhe von 10 % des Kaufpreises bereit. c) Das Handelsunternehmen verfügt im Rahmen des Kontokorrentkontos über einen Überziehungsrahmen von 50.000,–, der aktuell zu 50 % ausgeschöpft ist. Die Überziehungszinsen betragen 12 % pa. Für welche Möglichkeit sollte sich das Handelsunternehmen entscheiden?

Lösung: Am günstigsten ist die Inanspruchnahme der Kundenanzahlung.

Erläuterung: a) Die Kosten für die Inanspruchnahme des Lieferantenkredits betragen 10.000 · 0,03 = 300,–. b) Die Kundenanzahlung ist kostenlos. c) Die Kosten des Kontokorrentkredits belaufen sich auf 46,03 (= 10.000 · 0,12 · 14/365).

Beachte! Finanzwirtschaftlich korrekt wäre hier der Vergleich auf Basis der Effektivverzinsung der Finanzierungsvarianten. Auf deren Berechnung wird hier verzichtet.

Auf die kurzfristige externe Fremdfinanzierung, insbesondere den Kontokorrentkredit, wird vorwiegend bei Vorliegen kurzfristiger Liquiditätsengpässe zurückgegriffen. Um derartige Liquiditätsengpässe rechtzeitig erkennen zu können (und den Rahmen des Kontokorrentkredites dementsprechend anpassen zu können), bietet sich die Erstellung eines **kurzfristigen Finanzplanes** an. In diesem werden die geplanten Einzahlungen den geplanten Auszahlungen monats-, wochen- oder sogar tageweise in tabellarischer Form gegenübergestellt.

Beispiel 3-21

Fragestellung: Die Unternehmensberaterin A (Einzelunternehmerin) erwartet in den kommenden vier Wochen folgende Einzahlungen (va Honorarzahlungen): 5.000,– (t = 1), 2.500,– (t = 2), 10.000,– (t = 3), 1.000,– (t = 4); bzw Auszahlungen (ua Miete, Fremdleistungen, Privatentnahme zur Abdeckung der Lebenshaltungskosten): 7.500,– (t = 1), 2.000,– (t = 2), 9.000,– (t = 3), 5.000,– (t = 4). Der aktuelle Stand des Kontokorrentkontos beläuft sich auf +1.000,–. Welcher Überziehungsrahmen sollte mindestens vereinbart werden, um die Liquidität in den kommenden vier Wochen mithilfe eines Kontokorrentkredites sicherzustellen?

[21] Vgl zB *Wöhe/Döring* (2010) 613 f und *Geyer et al* (2009) 174.

Lösung: Der Überziehungsrahmen muss mindestens 4.000,– betragen.

Erläuterung: Die Gegenüberstellung von Ein- und Auszahlungen ergibt den Finanzmittelbedarf wie folgt:

	Woche 1	Woche 2	Woche 3	Woche 4
Einzahlungen	5.000	2.500	10.000	1.000
Auszahlungen	7.500	2.000	9.000	5.000
Kontostand am Beginn	1.000	–1.500	–1.000	0
Kontostand am Ende	–1.500	–1.000	0	–4.000

3.3.2. Überblick über ausgewählte Finanzierungstitel des Kapitalmarktes

Bevor nun ausgewählte **Finanzierungstitel** des Kapitalmarktes vorgestellt werden, sollen zunächst Einordnung, Begriff und Gliederung des **Kapitalmarktes** dargestellt werden.

3.3.2.1. Kapitalmarkt

Kapitalmarkt und **Geldmarkt** bilden gemeinsam den **Finanzmarkt**.[22] Eine Abgrenzung des Kapitalmarktes vom Geldmarkt wird über die Dauer der Kapitalbindung vorgenommen: Während am Kapitalmarkt langfristige Transaktionen, idR mit einer Bindung von mehr als einem Jahr, abgewickelt werden, werden am Geldmarkt kurzfristige Transaktionen getätigt. Am Kapitalmarkt wird somit langfristiges Kapital angeboten und nachgefragt. Der Kapitalmarkt kann wie folgt gegliedert werden:[23]

a) **Primär- und Sekundärmarkt:** Am Primärmarkt stehen sich Emittent und Kapitalgeber gegenüber, am Sekundärmarkt werden Finanzierungstitel von ihren Inhabern gehandelt. Der bekannteste Sekundärmarkt für verbriefte Finanzierungstitel ist die **Börse**.
b) **Kassa- und Terminmarkt**: Bei Transaktionen am Kassamarkt liegen Vertragsabschluss und Vertragserfüllung zeitlich nah zusammen (max zwei Börsen- bzw fünf Kalendertage), während am Terminmarkt die Vertragserfüllung dem Vertragsabschluss zeitlich stärker nachgelagert ist. Zu den Kassamärkten zählen die Wertpapier-, Devisen- und Warenbörsen, an den Terminmärkten werden bedingte (Optionen) und unbedingte (Forwards und Futures) Termingeschäfte abgewickelt.

Beispiel 3-22

Bei der Erstausgabe von Aktien handelt es sich um eine Transaktion auf dem Primärmarkt und gleichzeitig um ein Kassageschäft, da Vertragsabschluss und Vertragserfüllung zusammenfallen.

22 Vgl *Zantow/Dienauer* (2011) 47.
23 Vgl *Fischer* (2009) 175 ff.

3.3.2.2. Finanzierungstitel

Finanzierungstitel sind verbriefte Rechte und Pflichten eines Kapitalgebers. Zu den gängigsten Finanzierungstiteln zählen Aktien, Anleihen, Forwards, Futures und Optionen, die nachfolgend näher beschrieben werden:[24]

1.) Aktien

Aktien sind verbriefte **Beteiligungstitel** an einer **AG**. Eine AG ist eine juristische Person, deren Gesellschafter mit Einlagen auf das in Aktien zerlegte **Grundkapital** beteiligt sind, ohne persönlich für die Schulden der Gesellschaft zu haften (§ 1 AktG). Bei Gründung einer AG ist Grundkapital (= Nennkapital) von mindestens **70.000,– Euro** (§ 7 AktG) aufzubringen. Bei einem zusätzlichen Kapitalbedarf wird das Grundkapital durch **Ausgabe** sogenannter **junger Aktien** erhöht. Die **Nominale** einer Aktie entspricht dem Anteil am Grundkapital, den diese Aktie repräsentiert, der **Kurs** der Aktie stellt hingegen den aktuellen Handelswert der Aktie an der Börse dar. Aktien lassen sich nach folgenden zwei Kriterien **gliedern**:

- **Art und Übertragbarkeit**
  Hier unterscheidet man zwischen **Inhaberaktien, Namensaktien** und **vinkulierten Namensaktien**. Während Namensaktien auf den Namen des Aktionärs, der im Aktienbuch der AG einzutragen ist, ausgestellt sind, ist dies bei Inhaberaktien nicht der Fall; der Inhaber der Aktie ist anonym. Inhaberaktien werden wie eine gewöhnliche bewegliche Sache gehandelt, die Übertragung erfolgt durch übereinstimmende Willenserklärung und Übergabe der Inhaberaktie. Bei Namensaktien erfolgt die Übertragung der Rechte des Aktionärs durch ein Indossament (dh einen Übertragungsvermerk) und die Übergabe. Eine Sonderform stellen die vinkulierten Namensaktien dar, bei welchen für eine Übertragung die Zustimmung der Gesellschaft(er) erforderlich ist. Vinkulierte Namensaktien finden sich häufig bei Familienunternehmen.
- **Umfang der Rechte**
  Dabei wird zwischen **Stammaktien** und **Vorzugsaktien** unterschieden. Die Inhaber von Stammaktien haben folgende Rechte: Anspruch auf anteiligen Bilanzgewinn (dh Dividende) gemäß Beschluss der Hauptversammlung (HV), Auskunfts- und Stimmrecht in der HV, Bezugsrecht auf junge Aktien bei Kapitalerhöhungen sowie Anspruch auf Liquidationserlös. Inhabern von Vorzugsaktien werden gewisse Sonderrechte, zB bei der Gewinnverteilung, eingeräumt, die häufig mit einem Verzicht auf das Stimmrecht kombiniert sind. Die Ausgabe von Vorzugsaktien ohne Stimmrecht soll sicherstellen, dass die Machtverhältnisse innerhalb einer AG unverändert bleiben.

2.) Anleihen (Schuldverschreibungen, Obligationen)

Anleihen und deren Ausstattungsmerkmale wurden bereits in Abschnitt 3.3.1.2. beschrieben. Eine **Sonderform** der Anleihe stellt die sogenannte **Wandelschuldverschreibung** dar. Dabei handelt es sich um eine Anleihe, die das Recht (= Option) enthält, diese entweder innerhalb einer bestimmten Frist in einem vorab festgelegten Verhältnis in junge Aktien umzutauschen (= **Wandelanleihe**) oder innerhalb einer bestimmten Frist junge Aktien zu einem vorab festgelegten Preis zu kaufen (= **Optionsanleihe**).

3.) Forwards, Futures und Optionen

Forwards, Futures und Optionen zählen zu den sog **derivativen Finanzierungstiteln**, welche für die Abwicklung von **Termingeschäften** eingesetzt werden.[25] Der Begriff „derivativ" rührt daher, dass der Preis dieser Finanzierungstitel von der **Kurs- bzw Preisentwicklung von Referenzgrößen**, wie zB Rohstoffen, Aktien, Anleihen, Zinssätzen, Indizes

[24] Für eine Vertiefung zu den unterschiedlichen Finanzierungstiteln vgl etwa *Fischer* (2009) 178 ff.
[25] Vgl dazu etwa *Geyer et al* (2009) 255 ff.

etc, dh von sog **Basisobjekten (underlyings)**, abhängt. Dadurch werden die Handelbarkeit erleichtert, Transaktionskosten reduziert, Risiken umverteilt und neuartige Rendite-Risiko-Profile geschaffen. Innerhalb der Termingeschäfte unterscheidet man zwischen **bedingten und unbedingten Termingeschäften**. Während bei ersteren eine Vertragspartei am Fälligkeitstag wählen kann, ob das Geschäft zustande kommt oder nicht, entfällt dieses Wahlrecht bei den unbedingten Termingeschäften. Optionen zählen zu den bedingten, Forwards und Futures zu den unbedingten Termingeschäften. Diese drei Formen von Termingeschäften sollen nun näher betrachtet werden:

– **Optionen**
  Der Käufer der Option erwirbt das Recht, eine bestimmte Anzahl von Basisobjekten jederzeit innerhalb eines bestimmten Zeitraums (= **amerikanische Option**) bzw zu einem bestimmten Zeitpunkt (= **europäische Option**) zu einem heute fixierten Preis (= **Basispreis oder Ausübungspreis**) vom Verkäufer der Option (= **Stillhalter**) zu kaufen (= **Call**) oder an diesen zu verkaufen (= **Put**). In beiden Fällen ist **bei Geschäftsabschluss** vom Käufer der Option der **Optionspreis** zu bezahlen. **Während der Laufzeit** der amerikanischen Option bzw am Ende der Laufzeit der europäischen Option hat der Käufer, der eine sog **long Position** einnimmt, die Möglichkeit, im Falle einer für ihn günstigen Preisentwicklung (steigende Preise bei Kaufoptionen bzw fallende Preise bei Verkaufsoptionen) die Option auszuüben, die Option am Sekundärmarkt weiterzuverkaufen oder im Falle einer ungünstigen Preisentwicklung nichts zu tun, wodurch die Option am Ende der Laufzeit verfällt. Der Verkäufer der Option, der eine sog **short Position** einnimmt, hat hingegen eine rein passive Rolle und keinerlei Wahlmöglichkeit.

Beispiel 3-23

Fragestellung: Ein Anleger besitzt eine Aktie, die zum Kurs von 90,– notiert. Der Anleger erwartet für die nächste Zeit fallende Kurse und möchte sich dagegen absichern, ohne die Chance auf mögliche Kurssteigerungen zu verlieren. Er möchte die Aktie daher nicht verkaufen. Welche Möglichkeit hat der Anleger, sich gegen eventuelle Kursverluste abzusichern?

Lösung: Der Anleger kann eine Put-Option auf diese Aktie erwerben. Bei sinkendem Kurs wird er die Option ausüben, bei steigendem Kurs wird er die Option verfallen lassen.

– **Forwards**
  Der Käufer des Forwards verpflichtet sich, eine im Rahmen einer **nicht standardisierten Vereinbarung (unbedingtes Termingeschäft)** festgelegte Anzahl eines Basisobjektes zu einem festgelegten Termin gegen Zahlung eines heute fixierten Preises (= **Terminpreis**) zu kaufen. Der Verkäufer eines Forwards verpflichtet sich, die festgelegte Anzahl eines Basisobjektes zum festgelegten Termin bei Bezahlung des Terminpreises zu liefern. Der **Vorteil** von Forward-Kontrakten liegt darin, dass die Bedürfnisse der Vertragspartner durch **individuelle Vertragsgestaltung** berücksichtigt werden können. Nachteilig hingegen wirkt sich aus, dass Forwards **nicht handelbar** sind und oftmals ein erhebliches **Erfüllungsrisiko** aufweisen.

Beispiel 3-24

Fragestellung: Ein europäisches Unternehmen mit internationalem Kundenstamm erwartet per 31. 7. den Eingang von 1 Mio USD. Um das Wechselkursrisiko auszuschalten, schließt das Unternehmen heute (30. 6.) einen Forward-Kontrakt über die Lieferung von 1 Mio USD per 31. 7. zu einem heute fixierten Wechselkurs ab. Welche Position nimmt das Unternehmen dabei ein?

Lösung: Das Unternehmen nimmt eine short Position ein.

Erläuterung: Die short Position ergibt sich daraus, dass das Unternehmen als Verkäufer von 1 Mio USD auftritt.

- **Futures**
  Futures sind ebenso wie Forwards unbedingte Termingeschäfte, jedoch mit **standardisierten Verträgen**, die auf einem Sekundärmarkt, der sog Futuresbörse gehandelt werden. Über die Futuresbörse werden die exakten Kontraktspezifikationen, wie Basispreis, Kontraktgröße, Laufzeit, Fälligkeitstag und Erfüllungsort festgelegt. Zum Zeitpunkt des Abschlusses eines derartigen Festtermingeschäftes erfolgen keinerlei Zahlungen.

Beispiel 3-25

Fragestellung: Es wird ein Festtermingeschäft betreffend Rohstoff X abgeschlossen. Vereinbarter Preis: Marktpreis zum Zeitpunkt des Abschlusses. Bis zum vereinbarten Termin steigt der Marktpreis von X. Wer profitiert von dieser Preisentwicklung?

Lösung: Der Käufer.

Erläuterung: Der Käufer erhält den Rohstoff zum vereinbarten Termin zum Preis am Tag des Abschlusses, obwohl der Preis inzwischen gestiegen ist.

3.4. Übungsbeispiele zur Finanzwirtschaft

3.4.1. Fragestellungen

1.) Ist die Investitionstheorie ein Bestandteil der Betriebswirtschaftlichen Kapitaltheorie oder der betrieblichen Finanzwirtschaft?

2.) Ist eine Zahlungsreihe, die mit einer Einzahlung beginnt, eine Investition oder eine Finanzierung?

3.) Handelt es sich beim Kauf eines Bürogebäudes durch eine Unternehmensberatung, das diese selbst als Firmenzentrale nutzen möchte, um eine Investition oder eine Finanzierung?

4.) Welches Endkapital weist ein Sparbuch mit einem Zinssatz von 3 % pa nach fünf Jahren a) bei einfacher Verzinsung bzw b) bei Zinseszinsrechnung auf, wenn Sie heute 10.000,– einzahlen?

5.) Sie haben die Möglichkeit, 50.000,– für drei Jahre a) einfach verzinst zu einem Zinssatz von 5 % pa bzw b) unter Anwendung der Zinseszinsrechnung zu einem Zinssatz von 4,2 % pa anzulegen. Für welche Variante entscheiden Sie sich?

6.) Sie benötigen in fünf Jahren ein Endkapital von 10.000,– auf Ihrem Sparbuch, das mit 4 % pa verzinst ist. Welchen Betrag müssen Sie heute a) bei einfacher Zinsrechnung bzw b) bei Zinseszinsrechnung auf dieses Sparbuch einzahlen?

7.) Anwältin A möchte in zehn Jahren eine eigene Kanzlei eröffnen. Sie rechnet mit Eröffnungskosten von insgesamt 50.000,–. Wie hoch müssten ihre derzeitigen Ersparnisse mindestens sein, damit diese in zehn Jahren zur Abdeckung dieser Kosten ausreichen, wenn die Ersparnisse zu einem Zinssatz von a) 4,8 % pa einfach bzw b) 3,75 % pa mit Zinseszinsen verzinst werden?

8.) Sie wollen in fünf Jahren ein neues Auto kaufen. Wie viel können Sie in fünf Jahren für dieses Auto ausgeben, wenn Sie ab sofort jährlich (am Jahresende) 5.000,– auf ein mit 6 % pa verzinstes Sparbuch einzahlen?

9.) Sie wollen heute ein neues Auto kaufen und nehmen dafür einen Kredit auf, den Sie innerhalb von fünf Jahren zurückzahlen möchten. Sie zahlen jährlich (am Jahresende) für Tilgung und Zinsen 5.000,–. Der Kreditzinssatz beträgt 8 % pa. Wie teuer darf das neue Auto sein?

10.) In einer Fabrik soll eine alte Maschine gegen eine neue ausgetauscht werden. Um welche Art der Investition (Gliederung nach dem Investitionszweck) handelt es sich dabei, wenn die neue Maschine a) die gleiche Kapazität wie die alte aufweist bzw b) die doppelte Produktionsmenge erlaubt?

11.) Im Rahmen einer Unternehmensgründung wird ein Firmenauto gekauft. Um welche Art der Investition (Gliederung nach der Beschaffenheit des Investitionsobjektes sowie nach dem Investitionszweck) handelt es sich dabei?

12.) Um welchen Investitionsentscheidungsfall handelt es sich bei 11.), wenn verschiedene Automodelle zur Auswahl stehen?

13.) Ordnen Sie die folgenden Tätigkeiten im Rahmen eines Investitionsentscheidungsprozesses den relevanten Phasen zu:

a) Ein Firmenauto der Marke XY wird gekauft und in der Folge für vier Jahre eingesetzt.
b) Recherchen ergeben, dass es fünf Modelle gibt, die sich als Firmenauto eignen könnten.
c) Das Modell der Marke XY wird als Firmenauto ausgewählt.
d) Nach vier Jahren stellt sich heraus, dass das gewählte Modell höhere als die geplanten Kosten verursacht hat.
e) Mitarbeiterin A schlägt vor, aufgrund der zunehmenden Liefertätigkeit ein weiteres Firmenauto anzuschaffen.

14.) In einer Bäckerei wird überlegt, einen zusätzlichen Backofen anzuschaffen. Dieser würde bei der Firma A 10.000,– inkl Montage und bei der Firma B 8.000,– exkl Montage kosten. Für die Montage würde Firma B zusätzlich 1.500,– verrechnen. Der Backofen könnte zehn Jahre betrieben werden, soll jedoch nur fünf Jahre eingesetzt werden, da danach eine größere Reorganisation des Unternehmens geplant ist. Nach fünf Jahren kann der Backofen voraussichtlich um 3.000,– weiterverkauft werden. Mit dem zusätzlichen Backofen können planmäßig folgende jährliche Einzahlungsüberschüsse erwirtschaftet werden: 1.000,– (t = 1), 0,– (t = 2, 3), 5.000,– (t = 4, 5), 1.000,– (t = 6, 7, 8, 9, 10). Das für den Backofen notwendige Eigenkapital könnte alternativ in eine Anleihe (Zinssatz: 3 % pa) investiert werden. Wie lauten a) die relevanten Informationen und wie entscheiden Sie sich auf Basis b) des durchschnittlichen Gewinns, c) der durchschnittlichen Rendite bzw d) des Kapitalwerts?

15.) Wie lautet das Entscheidungskriterium für das unter 14.) genannte Investitionsprojekt, wenn Sie auf Basis a) des durchschnittlichen Gewinns bzw b) der durchschnittlichen Rendite entscheiden?

16.) Warum sollten keine statischen Kriterien im Rahmen der Investitionsbeurteilung eingesetzt werden?

17.) Jemand behauptet: „Wenn die Anwendung der Kapitalwertmethode einen negativen Kapitalwert ergibt, würde man für das zur Durchführung des Investitionsprojektes eingesetzte Kapital eine negative Verzinsung erhalten!“ Stimmt diese Behauptung?

18.) Bewerten Sie folgendes Investitionsprojekt mittels Kapitalwert und führen Sie einen detaillierten Vergleich mit der Alternativveranlagung durch. Die Daten lauten: Anschaffungsauszahlung (Maschine): 50.000,–; Laufzeit: vier Jahre; jährliche Einzahlungsüberschüsse: 10.000,– (t = 1), 20.000,– (t = 2), 0,– (t = 3), 25.000,– (t = 4); Restwert der Maschine nach 4 Jahren: 10.000,–. Der Kalkulationszinssatz beträgt 7,5 % pa.

19.) Beurteilen Sie mittels Kapitalwert, ob folgendes Investitionsprojekt dem unter 18) genannten vorzuziehen ist. Die Daten der Alternative lauten: Anschaffungsauszahlung

(Maschine): 50.000,–; Planungszeitraum: vier Jahre; jährliche Einzahlungsüberschüsse: 0,– (t = 1), 0,– (t = 2), 30.000,– (t = 3), 25.000,– (t = 4); Restwert der Maschine nach vier Jahren: 10.000,–.

20.) Handelt es sich bei der stillen Selbstfinanzierung um a) Außenfinanzierung bzw b) Eigenfinanzierung?

21.) Eine Steuerberaterin kauft für ihr Unternehmen eine neue EDV-Anlage und verwendet dafür einen Teil des Gewinnes aus dem Vorjahr. Um welche Form der Finanzierung handelt es sich dabei?

22.) Kann es bei einer Offenen Gesellschaft zu einer externen Eigenfinanzierung durch die Aufnahme neuer Gesellschafter kommen?

23.) Wann übersteigt bei einem Darlehen der jährliche Effektivzinssatz den jährlichen Nominalzinssatz?

24.) Ein Unternehmer möchte eine zusätzliche Maschine kaufen und dafür ein fünfjähriges Darlehen in Höhe von 25.000,– zu folgenden Konditionen aufnehmen: Nominalzinssatz 8 % pa (fixe Verzinsung); Disagio: 1,5 %. Welche Zahlungen sind im letzten Jahr im Falle a) endfälliger Tilgung bzw b) von Ratentilgung zu leisten?

25.) Erläutern Sie kurzfristige Fremdfinanzierung durch a) Lieferanten bzw b) Kunden.

26.) Eine Fachärztin mit eigener Praxis (Einzelunternehmerin) erwartet in den kommenden drei Monaten folgende monatliche Einzahlungen (va Honorare): 20.000,– (t = 1), 60.000,– (t = 2), 150.000,– (t = 3). An Auszahlungen sind monatlich 10.000,– für Personalkosten, 5.000,– für Miet- und Betriebskosten sowie 10.000,– für Privatentnahmen zu berücksichtigen. Im ersten Monat sind zudem folgende Auszahlungen fällig: für die jährliche Versicherungsprämie 5.000,– und für Praxisbedarf 10.000,–. Im dritten Monat treffen Lieferantenrechnungen iHv 30.000,– ein. Der aktuelle Stand des Kontokorrentkontos beläuft sich derzeit auf –20.000,–. Welcher Überziehungsrahmen sollte mindestens vereinbart werden, um die Liquidität in den kommenden drei Monaten mithilfe eines Kontokorrentkredites sicherzustellen?

27.) Nennen Sie die beiden Bestandteile des Finanzmarktes.

28.) Ein Großinvestor kauft an der Börse Siemens-Aktien. Handelt es sich dabei um a) eine Transaktion auf dem Primär- oder Sekundärmarkt bzw b) ein Kassa- oder ein Termingeschäft?

29.) Warum gibt es bei Familienunternehmen häufig vinkulierte Namensaktien?

30.) Wie erfolgen die Zinszahlungen bei Nullkuponanleihen?

31.) Jemand behauptet: „Optionsanleihen bieten die Möglichkeit, eine Anleihe in junge Aktien umzutauschen." Stimmt diese Behauptung?

32.) Hat der Käufer eines Futures ein Wahlrecht?

33.) Wird man von einem Call eher bei steigenden oder fallenden Preisen profitieren?

3.4.2. Lösungen

1.) Lösung: Von beiden.
Erläuterung: Die Betriebliche Finanzwirtschaft untergliedert sich in die Investitions- und die Finanzierungstheorie und ist selbst neben der Portfoliotheorie Teil der Betriebswirtschaftlichen Kapitaltheorie.

2.) Lösung: Eine Finanzierung.
Erläuterung: Nach dem zahlungsstromorientierten Finanzierungsbegriff ist eine Zahlungsreihe, die mit einer Einzahlung beginnt, auf die später Auszahlungen folgen, eine Finanzierung.

3.) Lösung: Um eine Investition.

Erläuterung: Im vorliegenden Beispiel werden finanzielle Mittel zum Kauf eines Gebäudes eingesetzt. Dies entspricht einer Mittelverwendung.

4.) Lösung: a) 11.500,–; b) 11.593,–.
Erläuterung: a) $K_5 = 1.000 \cdot (1 + 0{,}03 \cdot 5) = 1.000 \cdot 1{,}15 = 11.500{,}–$
b) $K_5 = 1.000 \cdot (1 + 0{,}03)^5 = 1.000 \cdot 1{,}159274 = 11.593{,}–$

5.) Lösung: Für die Variante mit der einfachen Verzinsung.
Erläuterung: a) $K_3 = 50.000 \cdot (1 + 0{,}05 \cdot 3) = 50.000 \cdot 1{,}15 = 57.500{,}–$
b) $K_3 = 50.000 \cdot (1 + 0{,}042)^3 = 50.000 \cdot 1{,}131366 = 56.568{,}–$

6.) Lösung: a) 8.333,–; b) 8.219,–
Erläuterung: a) $K_0 = 10.000/(1 + 0{,}04 \cdot 5) = 10.000/1{,}2 = 8.333{,}–$
b) $K_0 = 10.000/(1 + 0{,}04)^5 = 1.000/1{,}216653 = 8.219{,}–$

Beachte! Bei identischem Zinssatz und identischem Endkapital führt ein Abzinsen nach der Zinseszinsrechnung immer zu einem geringeren Anfangskapital als ein Abzinsen nach der einfachen Zinsrechnung, im Falle des Aufzinsens verhält es sich genau umgekehrt.

7.) Lösung: a) 33.784,–; b) 34.601,–
Erläuterung: a) $K_0 = 50.000/(1 + 0{,}048 \cdot 10) = 50.000/1{,}48 = 33.784{,}–$
b) $K_0 = 50.000/(1 + 0{,}0375)^{10} = 50.000/1{,}445044 = 34.601{,}–$

8.) Lösung: 28.185,–

$$K_5 = 5.000 \cdot \frac{1{,}06^5 - 1}{0{,}06} = 28.185{,}–$$

9.) Lösung: 19.964,–
Erläuterung:

$$K_0 = 5.000 \cdot \frac{1{,}08^5 - 1}{0{,}08 \cdot 1{,}08^5} = 19.964{,}–$$

10.) Lösung: a) Ersatzinvestition; b) Ersatz- und Erweiterungsinvestition.

11.) Lösung: Um eine Sachinvestition, die gleichzeitig eine Gründungsinvestition ist.

12.) Lösung: Um eine Auswahlentscheidung.

13.) Lösung: a) Realisierungsphase; b) Suchphase; c) Optimierungsphase; d) Kontrollphase; e) Anregungsphase.

14.) Lösung: a) relevante Zahlungen: –10.000,– (A) bzw –9.500,– (B) (t = 0); 1.000,– (t = 1), 0,– (t = 2, 3), 5.000,– (t = 4, 5); 3.000,– (Restwert zu t = 5); relevanter Kalkulationszinssatz: 3 % pa; relevante Nutzungsdauer: 5 Jahre
b) $ØG_A = 584{,}– < ØG_B = 693{,}– > 0$; daher B realisieren
c) $Øp_A = 11\ \% < Øp_B = 13\ \% > k = 3\ \%$, daher B realisieren
d) $K_0^A = 2.314{,}– < K_0^B = 2.814{,}– > 0$, daher B realisieren
Erläuterung: Bei der Ermittlung der relevanten Nutzungsdauer ist zu berücksichtigen, dass nicht die theoretisch mögliche, sondern die tatsächliche Nutzungsdauer relevant ist. Bei der Ermittlung der Anschaffungsauszahlung von Alternative B sind auch die Nebenkosten (= Montagekosten) iHv 1.500,– zu berücksichtigen. Da sich die Investitionsalternativen nur in der Anschaffungsauszahlung unterscheiden, ist Alternative B mit der geringeren Anschaffungsauszahlung jedenfalls Alternative A vorzuziehen. Ob Alternative B auch besser als die Alternativveranlagung des Kapitals ist, muss auf Basis des jeweiligen Beurteilungskriteriums beurteilt werden:

$$\varnothing G_B = \frac{1.000+0+0+5.000+5.000}{5} - \frac{9.500-3.000}{5} - 0{,}03 \cdot \frac{9.500+3.000+1.300}{2}$$
$$= 2.200 - 1.300 - 207 = 693,-$$

$$\varnothing p_B = \frac{2.200-1.300}{6.900} = 0{,}13$$

$$K_0^B = -9.500 + \frac{1.000}{1{,}03^1} + \frac{5.000}{1{,}03^4} + \frac{5.000}{1{,}03^5} + \frac{3.000}{1{,}03^5} = 2.814,-$$

15.) Lösung: a) Wähle das Projekt mit dem höchsten positiven durchschnittlichen Gewinn; b) Wähle das Projekt mit der höchsten durchschnittlichen Rendite, sofern diese die Alternativverzinsung übersteigt.
Erläuterung: a) Der durchschnittliche Gewinn sollte nur verwendet werden, wenn die Nutzungsdauern aller Alternativen gleich hoch sind; b) Es ist zu berücksichtigen, dass die Anwendung des Kriteriums der durchschnittlichen Rendite im Rahmen von Auswahlentscheidungen zu Fehlentscheidungen führen kann.

16.) Lösung: Diese können aufgrund der fehlenden Berücksichtigung des zeitlichen Anfalls der Zahlungen und der daraus resultierenden Durchschnittsbetrachtung zu Fehlentscheidungen führen.

17.) Lösung: Nein.
Erläuterung: Ein negativer Kapitalwert bedeutet nur, dass man bei Durchführung des Investitionsprojektes eine Verzinsung unter jener bei alternativer Veranlagung erhalten würde. Ob diese Verzinsung positiv, null oder bereits negativ ist, hängt von den relevanten Zahlungen ab.

18.) Lösung: Das Projekt sollte durchgeführt werden, da der Kapitalwert mit 2.817,– positiv ist und damit einen Vermögensvorteil im Vergleich zur Alternativveranlagung darstellt.
Erläuterung:

$$K_0 = -50.000 + \frac{10.000}{1{,}075^1} + \frac{20.000}{1{,}075^2} + \frac{0}{1{,}075^3} + \frac{25.000+10.000}{1{,}075^4} = 2.817,-$$

Unter Rückgriff auf die Wiederveranlagungsprämisse beim Kapitalwertkriterium könnte bei Veranlagung von Cashflows und Restwert über die jeweilige Restlaufzeit zu 7,5 % pa ein Endwert in der Höhe von 70.535,– erzielt werden. Werden die 50.000,– alternativ zu 7,5 % über vier Jahre veranlagt, wird ein Endkapital iHv 66.773,– erzielt. Zu t = 4 ergibt sich somit aus der Sachinvestition ein Vermögensvorteil von 3.762,–, welcher einem Vermögensvorteil zu t = 0 iHv 2.817,– entspricht.

19.) Lösung: Nein, da der Kapitalwert mit 357,– geringer ist als der Kapitalwert der Alternative mit 2.817,–.
Erläuterung:

$$K_0 = -50.000 + \frac{0}{1{,}075^1} + \frac{0}{1{,}075^2} + \frac{30.000}{1{,}075^3} + \frac{25.000+10.000}{1{,}075^4} = 357,-$$

Dass der Kapitalwert geringer ist als jener der unter 18) vorgestellten Alternative, ist zu erwarten, da beide Projekte identische Anschaffungsauszahlungen und identische Restwerte aufweisen, die Cashflows bei dem unter 18) beschriebenen Projekt allerdings früher anfallen.

20.) Lösung: a) Nein; b) Ja
Erläuterung: Die stille Selbstfinanzierung gehört zur Eigenfinanzierung, da es dadurch zu einer Erhöhung des Eigenkapitals kommt, jedoch nicht zur Außen-, sondern zur Innenfinanzierung, da das Kapital „von innen" kommt.

21.) Lösung: Offene Selbstfinanzierung.
Erläuterung: Durch die Finanzierung der EDV-Anlage über die Verwendung des Gewinnes wird das Eigenkapital erhöht. Das eingesetzte Kapital wurde durch das Unternehmen selbst erwirtschaftet, dh, es liegt interne Eigenfinanzierung in offener Form vor.

22.) Lösung: Ja.
Erläuterung: Bei der externen Eigenfinanzierung (= Beteiligungsfinanzierung) wird zusätzliches Eigenkapital von außen zugeführt. Dies kann bei einer OG sowohl durch die alten als auch durch neue Anteilseigner (= neue Gesellschafter) erfolgen.

23.) Lösung: Bei Verrechnung von Disagio, sonstigen Spesen und/oder unterjähriger Zins- und Tilgungsvereinbarung.
Erläuterung: Im Gegensatz zum Nominalzinssatz werden bei der Berechnung der Effektivverzinsung auch Spesen berücksichtigt. Zu diesen Spesen zählen beispielsweise ein Disagio (= Ausgabeabschlag), Vertragserrichtungsgebühren und Bearbeitungsgebühren. Eine unterjährige Zins- und Tilgungsvereinbarung bei gegebenem jährlichem Nominalzinssatz erhöht ebenfalls die jährliche Effektivverzinsung.

24.) Lösung: a) 27.000,–; b) 5.400,–
Erläuterung: a) Die Zahlungen im letzten Jahr umfassen die Rückzahlung der Nominale iHv 25.000,– und die Zinsen auf das am Beginn des fünften Jahres ausstehende Kapital iHv 25.000 · 0,08 = 2.000,–
b) Bei Ratentilgung sind im fünften Jahr die letzte Tilgungsrate von 25.000/5 = 5.000,– sowie die Zinsen auf das am Beginn des fünften Jahres noch ausstehende Kapital iHv 5.000 · 0,08 = 400,– zu zahlen.

25.) Lösung: a) Lieferantenkredit; b) Kundenanzahlung.
Erläuterung: a) Beim Lieferantenkredit gewährt ein Lieferant ein Zahlungsziel (= Bezahlung der gelieferten Waren zu einem späteren Zeitpunkt), das vom belieferten Unternehmen in Anspruch genommen wird. b) Bei der Kundenanzahlung erhält der Verkäufer einen Teilbetrag des Kaufpreises vor Lieferung der Ware.

26.) Lösung: Der Überziehungsrahmen muss mindestens 40.000,– betragen.
Erläuterung:

	Monat 1	Monat 2	Monat 3
Honorare	20.000	60.000	150.000
Personalkosten	-10.000	-10.000	-10.000
Miete und Betriebskosten	-5.000	-5.000	-5.000
Entnahmen	-10.000	-10.000	-10.000
Versicherungsprämie	-5.000		
Lieferantenrechnungen	-10.000		-30.000
Kontostand am Beginn	-20.000	-40.000	-5.000
Kontostand am Ende	-40.000	-5.000	90.000

27.) Lösung: Geldmarkt und Kapitalmarkt.
Erläuterung: Am Kapitalmarkt kommt es im Vergleich zum Geldmarkt tendenziell zu längerfristigen Kapitalbindungen.

28.) Lösung: a) Transaktion auf dem Sekundärmarkt bzw b) Kassageschäft
Erläuterung: Bei den Aktien von Siemens handelt es sich um bestehende Finanzierungstitel, die an einer Wertpapierbörse gehandelt werden. Diese ist eine Kassabörse; dh, Vertragsabschluss (Kauf) und Erfüllung (Bezahlung) liegen zeitlich eng beisammen.

29.) Lösung: Um den Verkauf von Aktien an unerwünschte Aktionäre zu verhindern.
Erläuterung: Bei vinkulierten Namensaktien erfordert die Übertragung die Zustimmung der Gesellschaft.
30.) Lösung: Bei Nullkuponanleihen gibt es keine Zinszahlungen.
Erläuterung: Das Entgelt für die Kapitalüberlassung ergibt sich aus der Differenz zwischen Ausgabe- und Tilgungskurs.
31.) Lösung: Nein.
Erläuterung: Optionsanleihen umfassen ein Bezugsrecht auf junge Aktien, wobei die jungen Aktien gekauft werden müssen. Die Anleihe selbst bleibt auch bei Ausübung der Option bestehen. Nur bei Wandelanleihen wäre ein Tausch der Anleihe in junge Aktien möglich.
32.) Lösung: Nein.
Erläuterung: Futures sind unbedingte Termingeschäfte, die sowohl den Käufer als auch den Verkäufer binden.
33.) Lösung: Ein Call ist bei steigenden Preisen vorteilhaft.
Erläuterung: Ein Call ist eine Kaufoption, bei welcher der Inhaber das Recht hat, eine bestimmte Anzahl von Basisobjekten innerhalb einer bestimmten Frist vom Optionsverkäufer zu einem vorab festgelegten Preis kaufen zu können. Steigt der Preis, kann der Optionskäufer die Option ausüben und die Basisobjekte zu einem geringeren als dem aktuellen Marktpreis erwerben.

3.5. Literatur zur Finanzwirtschaft

Becker, H.: Investition und Finanzierung: Grundlagen der betrieblichen Finanzwirtschaft, 5. Aufl, Wiesbaden: Gabler 2012.

Blohm, H., Lüder, K.: Investition, 8. Aufl, München: Vahlen 1995.

Carl, N./Fiedler, R./Jorasz, W./Kiesel, M.: BWL kompakt und verständlich: Für IT-Professionals, praktisch tätige Ingenieure und alle Fach- und Führungskräfte ohne BWL-Studium, 3. Aufl, Wiesbaden: Vieweg 2008.

Daum, A./Petzold, J./Pletke, M.: BWL für Juristen: Eine praxisnahe Einführung in die betriebswirtschaftlichen Grundlagen, 2. Aufl, Wiesbaden: Gabler 2012.

Drosse, V.: Investition: Intensivtraining, 2. Aufl, Wiesbaden: Gabler 1999.

Fischer, E./Keber, C./Maringer, D.: Arbeitsbuch zur Finanzwirtschaft für Anfänger, 2. Nachdruck, München/Wien: Oldenbourg 2002.

Fischer, E.: Finanzwirtschaft für Anfänger, 5. Aufl, München/Wien: Oldenbourg 2009.

Geyer, A./Hanke, M./Littich, E./Nettekoven, M.: Grundlagen der Finanzierung, 3. Aufl, Wien: Linde 2009.

Jung, H.: Allgemeine Betriebswirtschaftslehre, 12. Aufl, München: Oldenbourg 2010.

Kruschwitz, L.: Investitionsrechnung, 13. Aufl, München/Wien: Oldenbourg 2011.

Kruschwitz, L.: Finanzmathematik, 5. Aufl, München/Wien: Oldenbourg 2010.

Lechner, K./Egger, A./Schauer, R.: Einführung in die allgemeine Betriebswirtschaftslehre, 25. Aufl, Wien: Linde 2010.

Swoboda, P.: Investition und Finanzierung, 5. Aufl, Göttingen: Vandenhoeck 1996.

Wala, T./Kreidl, C./Haslehner, F.: Investitionsrechnung und betriebliche Finanzierung, 3. Aufl, Wien: LexisNexis-Verlag ARD Orac 2010.

Wöhe, G./Döring, U.: Einführung in die allgemeine Betriebswirtschaftslehre, 24. Aufl, München: Vahlen 2010.

Zantow, R./Dinauer, J.: Finanzwirtschaft des Unternehmens. Die Grundlagen modernen Finanzmanagements, 3. Aufl, München: Pearson 2011.

4. Marketing

Begriff und Inhalt des Marketings hängen stark davon ab, auf welcher Ebene das Marketing angesiedelt wird: Im überwiegenden Teil der betriebswirtschaftlichen Basisliteratur[1] und auch in den nachfolgenden Ausführungen wird **Marketing als** eine von mehreren **Unternehmensfunktionen** angesehen (neben Produktion, Management, Rechnungswesen sowie Finanzwirtschaft; vgl 1.1.3.1.). Das Marketing fungiert dabei als Schnittstelle zwischen Unternehmen und Unternehmensumwelt (Markt) und lässt sich vereinfacht als Menge der Entscheidungen und Maßnahmen zur Gestaltung der Austauschbeziehungen zwischen dem Unternehmen und dem Markt definieren. In der Spezialliteratur zum Marketing wird dagegen häufig vom Primat des Marketings ausgegangen, wonach sich das gesamte Unternehmen in erster Linie an den Bedürfnissen des Markts orientieren sollte und das **Marketing als Leitbild des Managements** angesehen wird.[2]

Beachte! Konzepte und Instrumente des Marketings werden nur dann benötigt, wenn es sich beim relevanten Markt um einen **Käufermarkt** handelt, bei dem das Angebot der auf diesem Markt agierenden Unternehmen die Nachfrage der Kunden übersteigt. Ist hingegen die Nachfrage größer als das Angebot, so spricht man von einem **Verkäufermarkt**, auf dem die erstellten Güter bzw Dienstleistungen auch ohne Absatzförderung problemlos verkauft werden können.

Je nach Branche bzw Art der erstellten Leistung, auf die sich die Marketingaktivitäten beziehen, lassen sich ua folgende **Marketingbereiche** unterscheiden:[3]

- **Konsumgütermarketing**: Dieses hat Gebrauchsgüter (zB Kleidung) und Verbrauchsgüter (zB Nahrungsmittel) zum Gegenstand und ist vorwiegend auf die Vermarktung von Produkten gegenüber Endverbrauchern auf Massenmärkten ausgerichtet. Ein charakteristisches Merkmal besteht im Einsatz von Massenwerbung.
- **Dienstleistungsmarketing**: Dieses hat Dienstleistungen (zB handwerkliche Tätigkeiten, Beratungsleistungen, Fremdenverkehrsleistungen) zum Gegenstand und ist schwerpunktmäßig auf die Vermarktung der Dienstleistungen gegenüber Endverbrauchern auf Massenmärkten, aber auch speziellen Märkten ausgerichtet. Ein charakteristisches Merkmal besteht im Aufbau einer Vertrauensbeziehung zwischen Kunden und Dienstleister. Problematisch ist dabei jedoch, dass die Qualität von Dienstleistungen schwanken kann, da deren Erbringung nicht automatisiert werden kann. Das **Handelsmarketing** kann als Sonderform des Dienstleistungsmarketings für den Bereich „Handel mit nicht selbst erstellten Gütern bzw. Dienstleistungen" angesehen werden.
- **Industriegütermarketing**: Dieses hat Industriegüter – darunter sind Güter zu verstehen, die andere Unternehmen zur Leistungserstellung benötigen (zB Rohstoffe oder Maschinen) – zum Gegenstand und ist va auf die Vermarktung dieser Güter gegenüber wenigen, fachlich versierten Kunden (= Einkäufer der Unternehmen, die diese Güter benötigen) ausgerichtet. Ein charakteristisches Merkmal besteht im Aufbau langfristiger Kunden-Lieferanten-Beziehungen.

Beachte! Industriegüter lassen sich in **Investitionsgüter**, bei denen es sich um Betriebsmittel handelt, die für die Leistungserstellung benötigt werden, und **Produktionsgüter**, bei

[1] Vgl zB *Wöhe* (2010) 384.
[2] Vgl etwa *Meffert/Burmann/Kirchgeorg* (2012) 13 ff.
[3] Die nachfolgenden Ausführungen gelten im Großen und Ganzen für alle Marketingbereiche, wobei der Schwerpunkt der Betrachtung stets auf dem Konsumgütermarketing liegt; für Details zum Dienstleistungsmarketing vgl zB *Bruhn/Meffert* (2012), für Details zum Industriegütermarketing vgl zB *Backhaus/Voeth* (2010).

denen es sich um Werkstoffe handelt, die im Rahmen der Leistungserstellung verbraucht werden, untergliedern (vgl 1.1.2.1.).

Nachfolgend werden die beiden zentralen Aufgaben des Marketings näher betrachtet: Im ersten Abschnitt, der den Schwerpunkt dieses Kapitels bildet, wird auf ausgewählte Aspekte der **Marktbearbeitung** eingegangen. Diese hat va die Förderung des Absatzes unter Einsatz geeigneter Marketinginstrumente auf Märkten, auf denen ein Unternehmen tätig ist, zum Inhalt. Der zweite Abschnitt ist der **Markforschung** gewidmet, bei der es darum geht, relevante Marktinformationen zu sammeln und auszuwerten. Am Ende des Kapitels befinden sich wiederum Übungsbeispiele und Literaturhinweise.

4.1. Marktbearbeitung

Die Marktbearbeitung läuft in mehreren Phasen ab:[4] Zu Beginn steht eine **Situationsanalyse**, im Rahmen derer die Marktsituation des Unternehmens analysiert wird. Anschließend erfolgt die Festlegung der **Marketingziele**, die sich in ökonomische und psychologische Ziele untergliedern lassen. Auf Basis der festgesetzten Ziele wird eine geeignete **Marketingstrategie** entwickelt. Dabei ist zwischen Marktwahlstrategien, die sich damit beschäftigen, auf welchen Märkten ein Unternehmen präsent sein möchte, und Marktteilnehmerstrategien, die das Verhalten gegenüber den Marktteilnehmern, also gegenüber Kunden, Konkurrenten und Händlern zum Inhalt haben, zu unterscheiden. Die vierte Phase der Marktbearbeitung umfasst die Auswahl der **Marketinginstrumente**. Dabei sind die Produkt-, Preis-, Kommunikations- und Vertriebspolitik zu bestimmen. Im Rahmen der fünften Phase erfolgen die **Umsetzung** der geplanten Maßnahmen, die laufende Kontrolle sowie die abschließende Evaluierung.

4.1.1. Situationsanalyse

Die Situationsanalyse dient der Erhebung der **Stellung eines Unternehmens am Markt**. Sie bezieht sich allerdings nicht nur auf den gegenwärtigen, sondern auch auf den vergangenen sowie den zukünftigen Markt. **Instrumente** einer Situationsanalyse sind zB die Marketingkennzahlenanalyse (vgl unten), die SWOT-Analyse (vgl 2.3.3.3.), die Erfahrungskurvenanalyse (vgl 2.3.3.1.), die Lebenszyklusanalyse (vgl 2.3.3.1.) und die Portfolioanalyse (vgl 2.3.3.1.).[5]

Im Zuge der Marketingkennzahlenanalyse können die folgenden **Marketingkennzahlen** herangezogen werden:[6]

- **Absatz**: Absatzmenge (eines Produkts bzw mehrerer oder aller Produkte) seitens eines Unternehmens auf allen von diesem Unternehmen bearbeiteten Märkten; Beispiel: Anzahl der insgesamt verkauften Mobiltelefone seitens der Firma X.
- **Umsatz**: zu Verkaufspreisen bewerteter Absatz; Beispiel: Wert der verkauften Mobiltelefone seitens der Firma X.
- **Marktpotenzial**: Maximale Absatzmenge (eines Produkts bzw mehrerer oder aller Produkte) auf einem bestimmten Markt seitens aller auf diesem Markt tätigen Unternehmen (Aufnahmefähigkeit des Markts); Beispiel: Wie viele Mobiltelefone könnten in Österreich maximal pro Jahr abgesetzt werden?
- **Absatzpotenzial**: Maximale Absatzmenge (eines Produkts bzw mehrerer oder aller Produkte) auf einem bestimmten Markt seitens eines Unternehmens; Beispiel: Wie viele

4 Vgl zB *Bruhn* (2012) 41 ff oder auch *Meffert/Burmann/Kirchgeorg* (2012) 18 ff.
5 Vgl zB *Vossebein* (2002) 87 ff.
6 Vgl zB *Wöhe* (2010) 414.

Mobiltelefone könnten in Österreich seitens der Firma X maximal pro Jahr abgesetzt werden?

- **Marktvolumen**: Tatsächliche Absatzmenge (eines Produkts bzw mehrerer oder aller Produkte) auf einem bestimmten Markt seitens aller auf diesem Markt tätigen Unternehmen; Beispiel: Wie viele Mobiltelefone wurden in Österreich im Jahr T abgesetzt?
- **Absatzvolumen**: Tatsächliche Absatzmenge (eines Produkts bzw mehrerer oder aller Produkte) auf einem bestimmten Markt seitens eines Unternehmens; Beispiel: Wie viele Mobiltelefone wurden in Österreich im Jahr T seitens der Firma X abgesetzt?
- **Marktanteil**: Verhältnis von Absatzvolumen zu Marktvolumen; Beispiel: Wie viel Prozent der im Jahr T in Österreich verkauften Mobiltelefone entfallen auf die Firma X?
- **Relativer Marktanteil** (vgl 2.3.3.1.): Verhältnis von Absatzvolumen eines Unternehmens zu Absatzvolumen des Hauptkonkurrenten (Konkurrent mit dem höchsten Absatzvolumen); Beispiel: Wie viele Mobiltelefone hat die Firma X in Österreich im Jahr T im Vergleich zum Hauptkonkurrenten Y abgesetzt?

Beispiel 4-1

Fragestellung: Das Versicherungsunternehmen A, das ausschließlich in Österreich tätig ist, hat im Jahr T 5.000 Kurzreiseversicherungen verkauft. Die durchschnittliche Prämie betrug 50,–. Insgesamt wurden im Jahr T in Österreich 50.000 Kurzreiseversicherungen verkauft. Am meisten Kurzreiseversicherungen, nämlich 10.000, hat in diesem Jahr das Unternehmen B verkauft. Berechnen Sie im Hinblick auf das Unternehmen A a) Absatz, b) Umsatz, c) Marktvolumen, d) Absatzvolumen, e) Marktanteil und f) relativen Marktanteil.

Lösung: a) 5.000; b) 250.000,–; c) 50.000; d) 5.000; e) 10 %; f) 50 %.

Erläuterung: a) Insgesamt hat das Unternehmen 5.000 Kurzreiseversicherungen verkauft, dh der Absatz beträgt 5.000; b) Umsatz = Absatz · Verkaufspreis = 5.000 · 50,- = 250.000,–; c) Die Gesamtzahl der im Jahr T in Österreich verkauften Kurzreiseversicherungen beträgt 50.000, dh das Marktvolumen beträgt 50.000; d) Im Gegensatz zum Absatz, der sich auf die von Unternehmen A insgesamt (dh auf allen bearbeiteten Märkten) verkauften Versicherungen bezieht, betrifft das Absatzvolumen einen bestimmten Markt (hier: Österreich). Da Unternehmen A nur in Österreich tätig ist, sind Absatz und Absatzvolumen hier identisch, dh das Absatzvolumen beträgt ebenfalls 5.000; e) Marktanteil = Absatzvolumen A/Marktvolumen = 5.000/50.000 = 0,1 ® 10 %; f) relativer Marktanteil = Absatzvolumen A/Absatzvolumen B = 5.000/10.000 = 0,5 ® 50 %.

Für eine umfassende Situationsanalyse sind zahlreiche **Informationen** erforderlich. Zu diesen zählen:[7]

- **unternehmensinterne Informationen**, wie zB über Umsätze oder Produktionsmenge
- **Informationen über Rahmenbedingungen**, wie zB ökonomische, rechtliche, technische oder auch politische Rahmenbedingungen
- **Marktinformationen**, wie zB Informationen über Marktteilnehmer (Konsumenten, Konkurrenten), aber auch Informationen über die Wirkung von Marketinginstrumenten (Produkt-, Preis-, Kommunikations- und Vertriebspolitik)

Während unternehmensinterne Informationen und auch Informationen über Rahmenbedingungen idR ohne großen Aufwand beschafft werden können (zB durch Studium von Veröffentlichungen von Wirtschaftsorganisationen oder politischen Parteien), sind die erforder-

[7] Vgl *Wöhe* (2010) 395 f.

lichen Marktinformationen häufig nur aufwendig im Rahmen von **Marktforschungsstudien** zu ermitteln (vgl 4.2.).

4.1.2. Festlegung der Marketingziele

Bei der Definition der Marketingziele ist nicht nur auf die Ergebnisse der Situationsanalyse sowie die übergeordneten Unternehmensziele, sondern auch auf den Unterschied zwischen ökonomischen und psychologischen Marketingzielen Bedacht zu nehmen:[8]

a) **Ökonomische (quantitative) Ziele** sind exakt messbar und haben häufig die Festsetzung erwünschter Ausprägungen verschiedener **Marketingkennzahlen** (vgl 4.1.1.) zum Inhalt. Beispiel: Erhöhung des Marktanteils um 5 Prozentpunkte innerhalb eines Jahres.
b) **Psychologische (qualitative) Ziele** sind hingegen schwer messbar und haben Veränderungen in der **Wahrnehmung der Konsumenten** zum Inhalt. Psychologische Ziele können sich beispielsweise auf den Bekanntheitsgrad oder das Image von Produkten, Marken und Unternehmen, die Kundenzufriedenheit, Kaufpräferenzen oder auch die Kundenbindung beziehen. Beispiel: Erhöhung der Kundenbindung.

4.1.3. Entwicklung einer Marketingstrategie

Die **Marketingstrategie** legt die Vorgangsweise zur Erreichung der angestrebten Marketingziele fest. Eine Marketingstrategie kann je nach angestrebten Zielen sehr unterschiedliche Inhalte haben. Nachfolgend wird eine Auswahl der möglichen Inhalte einer Marketingstrategie vorgestellt, wobei zwischen Marktwahlstrategien und Marktteilnehmerstrategien unterschieden werden kann.[9]

4.1.3.1. Marktwahlstrategien

Hinsichtlich der Marktwahlstrategien können die Marktfeldstrategie, die Marktsegmentierungsstrategie und die Marktbearbeitungsstrategie unterschieden werden.

Wenn ein Unternehmen vermutet, dass die angestrebten (Marketing-)Ziele (zB mittelfristige Steigerung des Absatzes um 50 %) mit den bisherigen Geschäftsfeldern (zB Verkauf von 10 Automodellen in 20 Ländern) nicht zu erreichen sind, dann wird es versuchen, die Geschäftsfelder zu erweitern. Zu diesem Zweck wird eine geeignete **Marktfeldstrategie** (Geschäftsfeldstrategie) gewählt, wobei gemäß **Produkt-Markt-Matrix** (diese wird nach ihrem Urheber auch Ansoff-Matrix genannt) folgende vier Strategien zur Verfügung stehen (vgl Abbildung 4-1):[10]

	Gegenwärtiger Markt	Neuer Markt
Gegenwärtige Produkte	Marktdurchdringung	Marktentwicklung
Neue Produkte	Produktentwicklung	Diversifikation

Abbildung 4-1: Marktfeldstrategien

8 Vgl zB *Becker* (2013) 61 ff.
9 Vgl zB *Meffert/Burmann/Kirchgeorg* (2012) 291 ff.
10 Vgl dazu etwa *Becker* (2013) 148 ff. Zum Teil erfolgt sogar eine Unterteilung in neun Marktfelder, so etwa bei *Pepels* (2012) 1521 ff.

a) **Marktdurchdringung**
Im Zuge der Marktdurchdringungsstrategie sollen am gegenwärtigen Markt zusätzliche Mengen des vorhandenen Produkts abgesetzt werden. Dies kann durch Erhöhung des Konsums seitens bisheriger Kunden, durch Abwerbung von Kunden der Konkurrenz oder durch Gewinnung von Neukunden im Hinblick auf die relevanten Produkte (Beispiel: Der Absatz der 10 Automodelle in den 20 belieferten Ländern soll durch Gewinnung von Erstkäufern erhöht werden) erfolgen.

b) **Marktentwicklung**
Im Zuge der Marktentwicklungsstrategie sollen auf neuen Märkten bzw in neuen Marktsegmenten (vgl unten), zusätzliche Mengen des vorhandenen Produkts abgesetzt werden. (Beispiel: Der Absatz der 10 Automodelle soll durch die Belieferung von 10 weiteren Ländern erhöht werden).

c) **Produktentwicklung**
Im Zuge der Produktentwicklungsstrategie sollen am gegenwärtigen Markt neue Produkte bzw neue Produktvarianten abgesetzt werden. (Beispiel: Die Modellpalette wird um zwei Automodelle erweitert, wodurch der Absatz in den 20 belieferten Ländern erhöht werden soll).

d) **Diversifikation**
Im Zuge der Diversifikationsstrategie sollen auf neuen Märkten neue Produkte abgesetzt werden. Diese Strategie stellt die riskanteste, gleichzeitig aber auch diejenige mit den größten Chancen dar. Diversifikation lässt sich in eine horizontale und eine vertikale Diversifikation untergliedern. Bei der **horizontalen** Diversifikation werden neue Produkte auf der gleichen Stufe der Wertschöpfungskette (Beispiel: Für ein neues Absatzland wird extra ein spezielles Automodell entwickelt) erstellt. Bei der **vertikalen** Diversifikation werden neue Produkte auf vor- oder nachgelagerten Stufen der Wertschöpfungskette (Beispiel: Für ein neues Absatzland wird ein eigenes Zubehörprogramm für die angebotenen Automodelle kreiert) erstellt.

Bei Wahl einer **Marktsegmentierungsstrategie** geht man davon aus, dass es für Unternehmen von Vorteil ist, den Gesamtmarkt in Segmente (Teilmärkte) zu zerlegen und diese getrennt voneinander zu bearbeiten. Eine derartige Marktabgrenzung[11] erfolgt ua nach

a) **Anbietermerkmalen** (zB traditionelle Anbieter versus Online-Anbieter),
b) **Produktmerkmalen** (zB Preisklassen versus Größenklassen),
c) **Kundenmerkmalen**: Diese haben in der Praxis die größte Bedeutung; eine Marktabgrenzung nach Kundenmerkmalen kann nach **demografischen** (zB Alter, Geschlecht, Familienstand), **sozioökonomischen** (zB Ausbildung, Einkommen, soziale Schicht), **psychografischen** (zB Einstellungen, Lebensstile, Persönlichkeitsmerkmale) oder **Verhaltenskriterien** (zB Markenwahl, Kaufintensität, Preisverhalten) erfolgen.

Im Hinblick auf die Frage, welche Segmente mit welchen Produkten bearbeitet werden sollen, gibt es fünf Grundformen von **Marktbearbeitungsstrategien**:[12]

a) **Nischenspezialisierung**: Bearbeitung eines ausgewählten Segments mit einem bestimmten Produkt (zB Bearbeitung von Segment 2 mit Produkt 2; das entspricht Z_{22} in Abbildung 4-2). Gründe für eine derartige Strategie können die Nichtbearbeitung der Nische durch die Konkurrenz oder auch die besondere Attraktivität des Segments sein.
b) **Produktspezialisierung**: Bearbeitung aller Segmente mit einem bestimmten Produkt (zB Bearbeitung aller n-Segmente mit Produkt 2; das entspricht Z_{21} bis Z_{2n} in Abbildung 4-2).

[11] Vgl zB *Kotler et al* (2010) 455 ff.
[12] Vgl dazu etwa *Bruhn* (2012) 61 f.

Eine solche Strategie wird häufig angewandt, um Wettbewerbsvorteile (Erfahrungskurvenkonzept: vgl 2.3.3.1.) zu generieren.

c) **Marktspezialisierung**: Bearbeitung eines ausgewählten Segments mit allen Produkten (zB Bearbeitung von Segment 2 mit m Produkten; das entspricht Z_{12} bis Z_{m2} in Abbildung 4-2). Ein Grund für eine derartige Strategie kann in der genauen Kenntnis des relevanten Segments liegen.
d) **Selektive Spezialisierung**: Bearbeitung ausgewählter Segmente mit ausgewählten Produkten (zB Bearbeitung von Segment 2 mit Produkt 1 und Bearbeitung von Segment 1 mit Produkt m; das entspricht Z_{12} und Z_{m1} in Abbildung 4-2). Ein Grund für eine derartige Strategie kann wiederum die besondere Attraktivität der ausgewählten Segmente sein.
e) **Gesamtmarktabdeckung**: Bearbeitung aller Segmente mit allen Produkten (das entspricht der Bearbeitung aller Zellen in Abbildung 4-2). Ein Grund für eine solche Strategie kann darin liegen, dass man der Konkurrenz keine Nische überlassen möchte.

	Segment 1	Segment 2	...	Segment n
Produkt 1	Z_{11}	Z_{12}		Z_{1n}
Produkt 2	Z_{21}	Z_{22}		Z_{2n}
...				
Produkt m	Z_{m1}	Z_{m2}		Z_{mn}

Abbildung 4-2: Marktbearbeitungsstrategien[13]

Beispiel 4-2

Fragestellung: Ein Küchenhersteller, der in Österreich und Deutschland tätig ist und aktuell 100 Produktvarianten anbietet, möchte in diesen beiden Ländern zukünftig den Absatz dieser 100 Produktvarianten erhöhen, indem Kunden von der Konkurrenz abgeworben werden. Zudem soll der Markt in Zukunft nach dem Einkommen der (potenziellen) Kunden segmentiert werden, wobei nur noch das Segment „hohes Einkommen" bedient werden soll.

Geben Sie an, a) welche Marktfeldstrategie der Küchenhersteller anstrebt, b) welche Grundform der Marktbearbeitungsstrategie der Küchenhersteller aktuell verfolgt bzw c) in Zukunft verfolgen möchte sowie d) welche Marktsegmentierungsstrategie zukünftig gelten soll.

Lösung: a) Marktdurchdringung; b) aktuell: Gesamtmarktabdeckung; c) zukünftig: Marktspezialisierung; d) Marktsegmentierung nach sozioökonomischen Kundenmerkmalen.

Erläuterung: a) Am gegenwärtigen Markt soll der Absatz der bereits vorhandenen Produkte (100 Küchenmodelle) erhöht werden, indem Kunden von der Konkurrenz abgeworben werden; b) Aktuell wird der gesamte Markt (es gibt keine Segmentierung) mit allen Produkten bearbeitet; c) In Zukunft soll nur mehr ein Segment, nämlich jenes für Kunden mit einem hohen Einkommen, mit allen Produkten bearbeitet werden; d) Das Einkommen stellt ein sozioökonomisches Kriterium zur Klassifikation von Kunden dar.

[13] In der Abbildung steht Z für die bearbeiteten Zellen.

4.1.3.2. Marktteilnehmerstrategien

Die Marktteilnehmerstrategien sind auf die verschiedenen **Marktteilnehmer** gerichtet. Diesbezüglich unterscheidet man zwischen folgenden Strategien:[14]

a) **Abnehmerorientierte Strategien** beziehen sich auf die Kunden des Unternehmens. Im Zentrum steht hier die Frage, welche Vorteile das Unternehmen den Abnehmern im Vergleich zur Konkurrenz bieten kann: Handelt es sich dabei um Qualitätsvorteile, so wird die Strategie der **Qualitätsführerschaft** verfolgt, handelt es sich um Preisvorteile, jene der **Preisführerschaft**.
b) **Konkurrenzorientierte Strategien** beziehen sich auf die Mitbewerber des Unternehmens. Im Mittelpunkt steht dabei die Festlegung des Verhaltens gegenüber der Konkurrenz. Hinsichtlich konkurrenzorientierter Strategien lassen sich folgende Substrategien unterscheiden:
   - **Konfliktstrategie**: Hier verhält man sich aggressiv gegenüber den Mitbewerbern (zB durch direkten Vergleich in der Werbung).
   - **Kooperationsstrategie**: Hier arbeitet man mit einem oder mehreren Mitbewerbern zusammen, um sich gegenüber weiteren Mitbewerbern zu verbünden oder große Investitionen gemeinsam zu tragen.
   - **Ausweichstrategie**: Hier versucht man, den Mitbewerbern auszuweichen (zB durch Schaffung innovativer Produkte).
   - **Anpassungsstrategie**: Hier orientiert man sich an den Aktivitäten der Mitbewerber (zB durch Anpassung der eigenen Serviceleistungen an jene der Konkurrenten), man agiert also passiv.
c) **Händlerorientierte Strategien**, sogenannte absatzmittlerorientierte Strategien, sind im Falle eines indirekten Vertriebs (vgl 4.1.4.4.) erforderlich. Bei händlerorientierten Strategien geht es darum, das Verhalten gegenüber den Händlern festzulegen. Die möglichen Substrategien entsprechen namentlich den konkurrenzorientierten Substrategien:
   - **Konfliktstrategie**: Hier strebt das Unternehmen eine dominante Machtposition an, Forderungen der Händler werden weitgehend ignoriert. Eine derartige Strategie ist nur bei bekannten und erfolgreichen Produkten möglich, die jeder Händler anbieten möchte.
   - **Kooperationsstrategie**: Hier arbeiten Unternehmen und Händler eng zusammen, um für beide Parteien ein Optimum herauszuholen.
   - **Ausweichstrategie**: Hier versucht man, eine Zusammenarbeit mit dem Handel zu vermeiden (zB durch Schaffung eines Onlinevertriebs).
   - **Anpassungsstrategie**: Hier wird die Machtposition des Handels akzeptiert, Forderungen der Händler werden weitgehend erfüllt (zB im Lebensmittelhandel).

Beispiel 4-2 Fortsetzung

Fragestellung: Der Küchenhersteller verfolgt die Strategie, maximale Qualität zu akzeptablen Preisen anzubieten. Der Vertrieb der Küchen erfolgt in unternehmenseigenen Verkaufslokalen und über das Internet. Die geplante Abwerbung der Kunden von der Konkurrenz soll durch einen Vergleich mit der Konkurrenz in der Werbung unterstützt werden.

Geben Sie an, welche Marktteilnehmerstrategie der Küchenhersteller hinsichtlich a) Abnehmer, b) Konkurrenz und c) Händler verfolgt.

Lösung: a) Qualitätsführerschaft; b) Konfliktstrategie; c) Ausweichstrategie.

[14] Vgl *Bruhn* (2012) 75 ff.

Erläuterung: a) Der größte Vorteil, den der Küchenhersteller den Abnehmern im Vergleich zur Konkurrenz bieten kann, liegt in der hohen Qualität der Küchen. b) Man verhält sich gegenüber der Konkurrenz aggressiv, indem man vergleichende Werbung einsetzt, um Kunden abzuwerben. c) Durch den Vertrieb der Küchen in eigenen Verkaufslokalen bzw über das Internet wird eine Zusammenarbeit mit dem Handel vermieden.

4.1.4. Auswahl der Marketinginstrumente

Zur Umsetzung der gewählten Marketingstrategie werden geeignete Marketinginstrumente eingesetzt. Diese beziehen sich auf die vier Bereiche Produkt, Preis, Kommunikation und Vertrieb. In Anlehnung an die Anfangsbuchstaben der englischsprachigen Bezeichnungen, dh product, price, promotion und placement, wird auch von den **4P** gesprochen. Die für ein Unternehmen aus diesen 4P gewählte Kombination von Marketinginstrumenten wird als **Marketing-Mix** bezeichnet[15] und stellt die zentrale Säule einer erfolgreichen Marktbearbeitung dar. Abbildung 4-3 zeigt ein vereinfachtes Beispiel für einen möglichen Marketing-Mix von zwei Unternehmen mit unterschiedlicher abnehmerorientierter Marktteilnehmerstrategie.

	Unternehmen	
Strategien	A	B
Abnehmerorientierte Marktteilnehmerstrategie	Kostenführerschaft	Qualitätsführerschaft
Produktpolitik	Akzeptable Qualität	Hohe Qualität
Preispolitik	Unterdurchschnittliche Preise	Überdurchschnittliche Preise
Kommunikationspolitik	Werbung in Massenmedien	Werbung in Hochglanzmagazinen
Vertriebspolitik	Vertrieb in Supermärkten	Vertrieb in eigenen Geschäftslokalen

Abbildung 4-3: Marketing-Mix[16]

4.1.4.1. Produktpolitik

Im Rahmen der Produktpolitik geht es um die **Gestaltung des Leistungsprogramms** eines Unternehmens. Im Zentrum steht die Entwicklung bzw Herstellung von Produkten und Dienstleistungen, die den Kundenbedürfnissen entsprechen.[17] Die Produktpolitik umfasst sowohl Entscheidungen über die Gestaltung eines Produkts, man spricht hier vom **Kernbereich** der Produktpolitik, als auch Entscheidungen über die Produktbezeichnung (Markenpolitik), die Produktverpackung (Verpackungspolitik) und die Serviceleistungen (Servicepolitik). Marken-, Verpackungs- und Servicepolitik werden auch als **Randbereich der Produktpolitik** bezeichnet.[18]

Beachte! Infolge einer zunehmenden Nivellierung vieler Produkte im Hinblick auf den Kernbereich und aufgrund veränderter Kundenbedürfnisse spielt der **Randbereich** der Produktpolitik eine **immer größere Rolle**.[19]

15 Vgl zB *Becker* (2013) 481 ff.
16 Vgl *Messner/Kreidl/Wala* (2011) 69.
17 Für Details zur Produktpolitik vgl beispielsweise Bruhn (2012) 123 ff, *Kotler* et al (2010) 581 ff oder auch *Meffert/Burmann/Kirchgeorg* (2012) 385 ff.
18 Vgl *Wöhe* (2010) 422.
19 Vgl *Bruhn* (2012) 124.

Zum Kernbereich der Produktpolitik zählen va die Festlegung der (technischen) Produktbeschaffenheit, der Produktqualität sowie des Produktdesigns. Typische **Entscheidungen im Kernbereich**[20] sind somit Entscheidungen im Hinblick auf

a) **Produktinnovationen**
Von Produktinnovationen spricht man, wenn neue Produkte entwickelt und am Markt eingeführt werden. Auslöser für Produktinnovationen können veränderte Kundenbedürfnisse, aber auch technischer Fortschritt sein. Der Prozess der Produktinnovation umfasst idR folgende **Schritte**:
   - **Ideengewinnung**: Dazu können interne (zB Produktideen von Mitarbeitern) oder externe Quellen (zB Produktideen von Kunden oder Lieferanten) herangezogen werden.
   - **Grobbewertung**: Die gewonnenen Ideen können beispielsweise anhand einer Nutzwertanalyse bewertet werden.
   - **Detailbewertung**: Für die besten Produktideen laut Grobbewertung werden Wirtschaftlichkeitsanalysen, wie etwa Kapitalwertvergleiche (vgl 3.2.2.2.), durchgeführt.
   - **Produktentwicklung**: Dabei werden die einzelnen Produktelemente (Produktbeschaffenheit, Produktqualität und Produktdesign) festgelegt und umgesetzt.
   - **Produkteinführung**: Hier ist ua zu entscheiden, wann und wo das Produkt eingeführt werden soll.

b) **Produktvariationen**
Davon spricht man, wenn bereits vorhandene Produkte verbessert werden, indem Produkteigenschaften (dazu zählen sowohl die Produktelemente im Kernbereich als auch die Aspekte im Randbereich der Produktpolitik) verändert werden. Kann ein Produkt am Ende des Lebenszyklus durch Variation seiner Produkteigenschaften wieder in eine frühere Phase dieses Zyklus zurückversetzt werden, so liegt ein **Produktrelaunch** vor.

c) **Produkteliminationen**
Davon spricht man, wenn vorhandene Produkte vom Unternehmen nicht mehr hergestellt werden. Befindet sich ein Produkt am Ende seines Lebenszyklus, so verschwindet es idR gänzlich vom Markt. Passt ein grundsätzlich marktfähiges Produkt nicht mehr ins Sortiment eines Unternehmens, so wird es zwar aus dem Sortiment dieses Unternehmens eliminiert, aber häufig weiterhin von anderen Unternehmen angeboten. In diesem Fall wird das Unternehmen, welches das Produkt eliminiert hat, versuchen, Know-how und vorhandene produktspezifische Ressourcen (zB Maschinen) an die anderen Anbieter zu verkaufen.

Typische **Entscheidungen im Randbereich**[21] der Produktpolitik sind Entscheidungen im Hinblick auf

a) **Markenpolitik**
Eine Marke kann ein einzelnes Produkt (**Einzelmarke**, wie zB die Bezeichnung für ein spezielles Kosmetikprodukt), eine Produktgruppe (**Familienmarke**, wie zB dieselbe Bezeichnung für alle Kosmetikprodukte eines Unternehmens) oder auch sämtliche Produkte eines Unternehmens (**Dachmarke**, wie zB eine einheitliche Bezeichnung für die Kosmetik- und Haushaltsprodukte eines Unternehmens) bezeichnen und soll den Konsumenten als Kennzeichen für die Qualität der unter dieser Marke verkauften Produkte dienen. Um diese Funktion zu erfüllen, ist es seitens des Unternehmens nötig, ein entsprechendes Vertrauen in die Marke aufzubauen.

[20] Vgl zB *Wöhe* (2010) 422 ff.
[21] Vgl zB *Bruhn* (2012) 144 ff.

b) **Verpackungspolitik**
Während die ursprüngliche Funktion einer Produktverpackung im **Schutz** eines Produkts bei Transport und Lagerung lag, kommen der Verpackung mittlerweile noch zahlreiche **weitere Funktionen** zu, wie beispielsweise jene der
   - **Warenpräsentation**, welche der Verkaufsförderung im Geschäft dient
   - **Gebrauchserleichterung** beim Konsum, wie zB in Form wiederverschließbarer Verpackungen für Lebensmittel
   - **Nutzenerweiterung**, wie zB in Form der Weiteverwendung der Verpackung als Transportbehälter

c) **Servicepolitik**
Serviceleistungen sollen den Kundennutzen und die Kundenzufriedenzeit steigern und umfassen ua
   - **Lieferleistungen**: Von großer Bedeutung sind hohe **Lieferbereitschaft**, also die Fähigkeit, rasch und umfassend auf Lieferwünsche reagieren zu können, und hohe **Lieferzuverlässigkeit**, also die Einhaltung zugesagter Liefertermine. Zudem ist hier festzulegen, inwieweit das Unternehmen für die **Zustellung** der Produkte zu den Kunden Sorge trägt.
   - **Garantieleistungen**: Im Mittelpunkt stehen dabei **Garantieumfang** und **Garantiedauer**.

     Beachte! Im Gegensatz zur gesetzlichen **Gewährleistung** sind Unternehmen hinsichtlich der Gestaltung der Garantiebedingungen (Garantieleistungen) ungebunden. Allerdings kann eine Vielzahl an Klauseln rasch zu einem negativen Image führen.

   - **Kundendienstleistungen**: Diese können Leistungen **vor** (zB Beratung), **während** (zB Installation, Einschulung, Wartung, Reparatur) und **nach der Nutzung** (zB Entsorgung) eines Produkts umfassen.

Zur Produktpolitik wird idR auch die **Programm-** bzw **Sortimentspolitik** gezählt, bei der es darum geht, das optimale Produktangebot (Leistungsprogramm bzw Sortiment) eines Unternehmens festzulegen. Handelt es sich beim Unternehmen um ein Produktionsunternehmen, so spricht man von Programmpolitik (vgl 2.2.4.2.), im Falle eines Handelsunternehmens von Sortimentspolitik.

4.1.4.2. Preispolitik

Die Preispolitik im weiteren Sinn, auch als **Entgeltpolitik** bezeichnet, gliedert sich in die Preispolitik im engeren Sinn und die Konditionenpolitik. Bei der Preispolitik im weiteren Sinn geht es um die finanziellen Aspekte im Zuge der Marktbearbeitung, also um die Bestimmung von Preisen und sonstigen Kaufbedingungen.[22]

Im Zuge der **Preispolitik im engeren Sinn** geht es va um die Festsetzung geeigneter Preise. Dabei sind jedenfalls die folgenden drei **Einflussfaktoren** zu berücksichtigen:[23]

a) **Selbstkosten**
Die **Selbstkosten** bilden eine wichtige Basis für die Preisfestsetzung. Während die vollen Selbstkosten als mittel- bis langfristige Preisuntergrenze heranzuziehen sind, können die variablen Selbstkosten als kurzfristige Preisuntergrenze dienen (vgl 2.2.3.2.). Anzustreben ist jedenfalls ein Verkaufspreis, der über den Selbstkosten liegt, da möglichst hohe Gewinne

---

[22] Für Details zur Preispolitik vgl beispielsweise *Bruhn* (2012) 165 ff, *Kotler et al* (2010) 723 ff oder auch *Meffert/Burmann/Kirchgeorg* (2012) 466 ff.
[23] Vgl etwa *Pepels* (2012) 567 ff.

erzielt werden sollen. Aus diesem Grund wird zu den ermittelten Selbstkosten ein entsprechender Gewinnaufschlag hinzugezählt werden.

b) **Konkurrenzpreise**
Die Preise der Konkurrenz bilden einen wichtigen Orientierungspunkt für die Festsetzung der eigenen Verkaufspreise. Dabei ist zu beachten, dass die eigene Preisfestsetzung wiederum zu **Preisreaktionen der Konkurrenz** führen kann, die wiederum eine neue Preisfestsetzung notwendig macht. Das Ausmaß der Preisreaktionen wird dabei von der Anzahl der Konkurrenten abhängig sein.

c) **Zahlungsbereitschaft der Konsumenten**
Die Zahlungsbereitschaft der Konsumenten richtet sich nicht nach den Kosten der Herstellung (Selbstkosten), sondern nach dem Nutzen eines Produkts und wird in Form von **Preis-Absatz-Funktionen** dargestellt. Dabei wird der Zusammenhang zwischen Höhe des Preises und Absatzmenge eines Produkts dargestellt. Wie Abbildung 4-4 illustriert, wird die Nachfrage der Konsumenten, also die Absatzmenge des Produkts, mit zunehmendem Preis sinken.

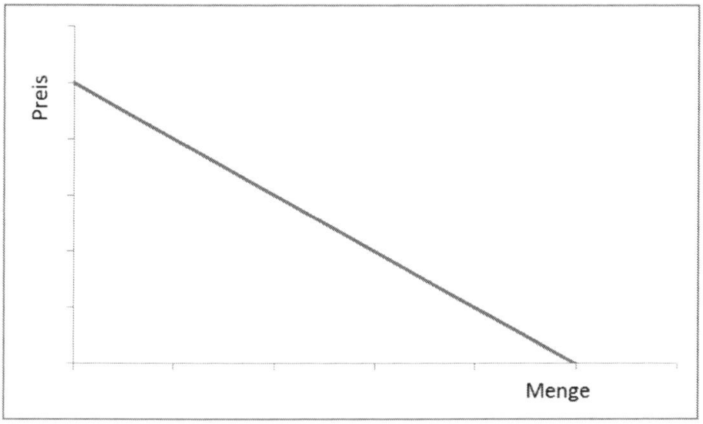

Abbildung 4-4: Lineare Preis-Absatz-Funktion

In Abhängigkeit von der Preishöhe und der Dauerhaftigkeit der Preisfestsetzung lassen sich vier **Preisfestsetzungsstrategien** unterscheiden (vgl Abbildung 4-5):[24]

		Dauerhaftigkeit der Preisfestsetzung	
		vorübergehend (bei Markteinführung)	dauerhaft
Preishöhe	hoch	Abschöpfungsstrategie	Prämienpreisstrategie
	niedrig	Durchdringungsstrategie	Promotionspreisstrategie

Abbildung 4-5: Preisfestsetzungsstrategien

a) **Abschöpfungsstrategie** (Skimming-Strategie)
Bei der Abschöpfungsstrategie wird bei Markteinführung ein hoher Preis festgesetzt, um möglichst rasch hohe Gewinne zu erzielen. Dies ist va für innovative Produkte realistisch, die viele Konsumenten unbedingt haben möchten, und die daher bereit sind, diesen hohen Preis zu bezahlen. Durch die erzielbaren hohen Preise werden jedoch Konkurrenten an-

[24] Vgl *Vossebein* (2002) 134 f.

gelockt, die versuchen, möglichst rasch ähnliche Produkte auf den Markt zu bringen, was bei einer erfolgreichen Umsetzung zu einem Absinken des Preisniveaus führt.

b) **Durchdringungsstrategie** (Penetrations-Strategie)
Bei der Durchdringungsstrategie wird bei Markteinführung ein niedriger Preis festgesetzt, um möglichst rasch eine hohe Zahl an Konsumenten zu gewinnen und damit Mengeneffekte zu erzielen. Problematisch bei dieser Art der Preisfestsetzung ist ein aus dem niedrigen Preis möglicherweise resultierendes schlechtes Produktimage. Als vorteilhaft kann die Abschreckung potenzieller Konkurrenten durch die niedrigen Verkaufspreise angesehen werden.

c) **Prämienpreisstrategie**
Bei der Prämienpreisstrategie wird dauerhaft ein hoher Preis angestrebt, was nur bei entsprechender Qualität bzw sehr gutem Image eines Produkts möglich ist. Eine Prämienpreisstrategie erfordert auch immer eine entsprechende Produktpolitik sowie darüber hinaus eine geeignete Kommunikations- (zB extravagante Werbung; vgl 4.1.4.3.) sowie Vertriebspolitik (zB Exklusivvertrieb; vgl 4.1.4.4.).

d) **Promotionspreisstrategie**
Bei der Promotionspreisstrategie dienen niedrige Preise als Hauptargument für den Kauf der betroffenen Produkte.
Zusätzlich zu diesen vier Preisfestsetzungsstrategien kann auch die **Preisdifferenzierung** als Preisfestsetzungsstrategie eingesetzt werden. Die Preisdifferenzierung erfolgt ua[25]
- **zeitlich**, zB in Form von variierenden Preisen für die Neben-, Zwischen- und Hauptsaison
- **mengenmäßig**, zB in Form von Rabatten bei Kauf größerer Mengen (Mengenrabatt)
- **räumlich**, zB in Form von unterschiedlichen Preise in unterschiedlichen geografischen Regionen (je nach Kaufkraft)
- **personell**, zB in Form von Vorzugspreisen für Schüler, Studierende oder Senioren
- **leistungsbezogen**, zB in Form von unterschiedlichen Preisen für unterschiedliche Zimmerkategorien in einem Hotel

Im Zuge der **Konditionenpolitik** geht es darum, geeignete sonstige Kaufbedingungen, dh Bedingungen unabhängig von der eigentlichen Preisfestsetzung, festzulegen, wobei die Abgrenzung zwischen Preispolitik im engeren Sinn und Konditionenpolitik teilweise fließend ist. Maßnahmen der Konditionenpolitik umfassen ua[26]

a) **Preisnachlässe**
Dabei ist zwischen **Rabatten**, das sind sofortige Nachlässe auf den Preis aufgrund der Erfüllung bestimmter Bedingungen beim Kauf (zB Mengenrabatt oder Nachlässe für wichtige Käufer), **Boni**, das sind rückwirkende Preisnachlässe aufgrund der Erfüllung einer bestimmten Bedingung während einer Abrechnungsperiode (zB Kauf einer bestimmten Menge innerhalb eines Jahres), und **Skonti**, das sind Preisnachlässe bei Bezahlung innerhalb eines bestimmten Zeitraums (zB 2 % Skonto bei Bezahlung innerhalb von 14 Tagen), zu unterscheiden.

b) **Zahlungsbedingungen**
Die Zahlungsbedingungen umfassen ua die Zahlungsweise (zB Barzahlung) sowie den Zahlungszeitpunkt (zB bei Lieferung).

c) **Lieferbedingungen**
Die Lieferbedingungen umfassen ua die Kosten der Lieferung (zB frei Haus) sowie die Umtauschmöglichkeiten (zB innerhalb eines Monats).

---

[25] Vgl zB *Scharf/Schubert/Hehn* (2012) 351 ff.
[26] Vgl etwa *Jung* (2010) 640 ff.

4.1.4.3. Kommunikationspolitik

Während Produkt- und Preispolitik in erster Linie auf die Leistungserstellung gerichtet sind, geht es bei der Kommunikationspolitik hauptsächlich um die **Leistungsdarstellung**, also um Informationen über Produkteigenschaften und Produktvorteile, va gegenüber Konsumenten (externe Kommunikationspolitik), aber auch gegenüber Mitarbeitern des eigenen Unternehmens (interne Kommunikationspolitik; zB durch Mitarbeiterzeitschriften). Letztere wird jedoch nachfolgend nicht näher betrachtet.[27]

Zu den **Instrumenten** der externen Kommunikationspolitik zählen die folgenden fünf Maßnahmen, die idR parallel eingesetzt werden:[28]

a) **Mediawerbung** (Klassische Werbung)
Bei der Mediawerbung handelt es sich um Werbung in Form von Massenkommunikationsmitteln mit dem Ziel, das Verhalten der Konsumenten zugunsten des werbenden Unternehmens zu beeinflussen. Die Mediawerbung erfolgt für ein **Werbeobjekt** (zB ein Produkt oder eine Dienstleistung) durch ein **Werbemittel** (zB Anzeige, Plakattext, Radio- und Fernsehspot), das eine **Werbebotschaft** (zB Nutzen oder Preiswürdigkeit des beworbenen Produkts) enthält, und über geeignete Medien (zB Tageszeitungen, Wochenzeitschriften, Fachzeitschriften, Plakate, Radio, Fernsehen, Internet), die als **Werbeträger** bezeichnet werden, verbreitet wird. Hinsichtlich der Umsetzung der Mediawerbung gibt es mit der internen und der externen Lösung zwei unterschiedliche Ansätze. Während bei der **internen Lösung** die Durchführung sämtlicher Werbemaßnahmen durch eine unternehmenseigene Werbeabteilung erfolgt, wird bei der **externen Lösung** mit einer Werbeagentur zusammengearbeitet. Der Erfolg der Mediawerbung wird im Rahmen der **Werbewirkungsforschung**, einem Teilbereich der Marktforschung (vgl 4.2.), überprüft.

Beachte! Eine verbreitete Kennzahl im Bereich der Mediawerbung ist der **Tausenderkontaktpreis**, der die Kosten angibt, um 1.000 Mediennutzer (= potenzielle Konsumenten) zu erreichen (Beispiel: Kostet eine Zeitungsanzeige 5.000,– und hat die Zeitung eine Auflage von 100.000 Stück, so beträgt der Tausenderkontaktpreis 5.000/100.000 · 1.000 = 50,–).

b) **Verkaufsförderung** (Sales Promotion)
Die Verkaufsförderung besteht va aus kurzfristig wirkenden Aktionen, um den Absatz zu erhöhen. Eine **konsumentenorientierte** Verkaufsförderung kann beispielsweise durch die Gewährung von Sonderpreisen, die Verteilung von Gutscheinen und Kostproben, den Versand von Prospekten oder auch durch die Abhaltung von Gewinnspielen erfolgen.

Beachte! Im Bereich des **Konsumgütermarketings** hat sich in letzter Zeit die Relation zwischen Mediawerbung und Verkaufsförderung zugunsten letztgenannter verschoben.[29]

Beachte! Neben der konsumentenorientierten Verkaufsförderung spielen auch die **handelsorientierte** (zB durch Werbezuschüsse für oder Schulungen der Händler) sowie die **verkaufspersonalorientierte** Verkaufsförderung (zB durch Schulungen des Verkaufspersonals) in der Praxis eine gewisse Rolle.

c) **Öffentlichkeitsarbeit** (Public Relations)
Die Öffentlichkeitsarbeit umfasst sämtliche Maßnahmen zur Verbesserung des Images des gesamten Unternehmens. Die Öffentlichkeitsarbeit entfaltet ihre Wirkung idR langfristig. Verantwortlich sind dafür oftmals nicht die Marketingabteilungen, sondern andere Ab-

---

27 Für Details zur Kommunikationspolitik vgl beispielsweise *Bruhn* (2012) 199 ff, *Kotler et al* (2010) 787 ff oder auch *Meffert/Burmann/Kirchgeorg* (2012) 606 ff.

28 Vgl zB *Kreutzer* (2013) 332 ff.

29 Vgl *Bruhn* (2012) 227.

teilungen bzw Stellen, bei denen es sich nicht selten um Stabsstellen handelt. **Maßnahmen** der Öffentlichkeitsarbeit sind ua

- Pressearbeit, wie zB Pressekonferenzen oder Pressemitteilungen
- Vorträge an Hochschulen, wie zB Praxisvorträge
- Unternehmensführungen
- Sponsoring, wie zB von Sport- oder Kulturveranstaltungen

d) **Persönlicher Verkauf**

Von persönlichem Verkauf spricht man, wenn die Kunden vom Verkäufer persönlich, also von Angesicht zu Angesicht oder auch per Telefon, kontaktiert werden. Der persönliche Verkauf kann durch angestellte Handelsreisende oder selbstständige Handelsvertreter, die potenzielle Käufer an ihren Arbeitsstellen oder zu Hause besuchen, im Rahmen von Produktpräsentationen (zB bei Messen) oder auch in Form von Anrufen bei potenziellen Käufern erfolgen. Ziele des persönlichen Verkaufs sind einerseits die Kontaktpflege und andererseits der unmittelbare Kaufabschluss. Untersuchungen haben ergeben, dass durch den persönlichen Verkauf die Chancen eines Kaufabschlusses deutlich erhöht werden.

e) **Direktmarketing**

Im Zuge des Direktmarketings werden Konsumenten mit individualisierten Informationen (zB durch personalisierte Angebote per E-Mail) angesprochen. Voraussetzung für ein erfolgreiches Direktmarketing ist eine qualitativ hochwertige **Kundendatenbank**, die es ermöglicht, personalisierte Angebote zu erstellen. Problematisch ist, dass Maßnahmen des Direktmarketings seitens der Konsumenten als belästigend empfunden werden können.

Beachte! Gemäß **§ 107 Telekommunikationsgesetz** (TKG) sind sowohl Anrufe zu Werbezwecken im Zuge des persönlichen Verkaufs als auch die Versendung von E-Mails oder SMS zu Zwecken des Direktmarketings ohne vorherige Einwilligung des Angerufenen bzw Empfängers unzulässig.

Beispiel 4-3

Fragestellung: Ein Automobilkonzern lädt zu einem Technikerkongress, auf dem a) nur die eigenen Produkte vorgestellt werden bzw b) wissenschaftliche Vorträge über den Stand der Technik in der Automobilbranche gehalten werden. Um welche Instrumente der Kommunikationspolitik handelt es sich dabei?

Lösung: a) Verkaufsförderung; b) Öffentlichkeitsarbeit.

Erläuterung: a) Durch diese Maßnahme soll die Bekanntheit der eigenen Produkte und damit der Absatz gefördert werden; b) Durch diese Maßnahme soll das Image des Unternehmens verbessert werden.

4.1.4.4. Vertriebspolitik

Im Rahmen der Vertriebspolitik, auch **Distributionspolitik** genannt, soll sichergestellt werden, dass das Produkt den Weg vom Hersteller zum Konsumenten effizient durchläuft.[30] Bezüglich der Vertriebspolitik sind **zwei Bereiche** zu unterscheiden:[31] Beim **akquisitorischen Vertrieb** geht es va um die Optimierung der Struktur der Absatzkanäle, dh jener Wege, über die ein Produkt vertrieben wird. In diesem Zusammenhang wird auch von **Absatzkanalpolitik** gesprochen. Beim **logistischen Vertrieb** geht es hingegen um die optimale Lagerung der er-

[30] Für Details zur Vertriebspolitik vgl beispielsweise *Bruhn* (2012) 245 ff, *Kotler et al* (2010) 995 ff oder auch *Meffert/Burmann/Kirchgeorg* (2012) 542 ff.
[31] Vgl *Scharf/Schubert/Hehn* (2012) 454.

stellten Produkte sowie den optimalen physischen Transport vom Hersteller zum Endabnehmer. Nachfolgend wird ausschließlich auf die mögliche Gestaltung der Absatzkanäle eingegangen.

Hinsichtlich der Gestaltung der Absatzkanäle kann zwischen einer vertikalen und einer horizontalen **Absatzkanalstruktur** unterschieden werden.[32] Bei Entscheidungen hinsichtlich der **vertikalen Absatzkanalstruktur** geht es darum, die Anzahl der Absatzstufen festzulegen, wobei grundsätzlich zwischen folgenden **Grundoptionen** unterschieden werden kann:

a) **Direkter Vertrieb**
Darunter versteht man den direkten Verkauf durch den Hersteller an den Endverbraucher. Als **Vertriebskanäle** können unternehmenseigene Verkaufsstellen (zB Factory Outlets oder Flagship Stores), Vertriebsmitarbeiter im Außendienst (zB Versicherungs- oder Pharmavertreter) oder auch das Internet (zB Homepage des Herstellers, auf der Produkte bestellt werden können) dienen. **Vorteile** des direkten Vertriebs sind ua die Möglichkeiten der direkten Steuerung und Kontrolle des Verkaufsgeschehens durch den Hersteller, das direkte Feedback seitens der Endabnehmer sowie der Verbleib der gesamten Handelsspanne beim Hersteller. Zu den **Nachteilen** zählt va der hohe Kapitalbedarf zum Aufbau eines flächendeckenden Vertriebssystems (sofern nicht ausschließlich auf das Internet zurückgegriffen werden soll).

Beachte! Der direkte Vertrieb wurde früher hauptsächlich im Industriegüterbereich sowie von kleinen Herstellern eingesetzt. Mittlerweile spielt der direkte Vertrieb infolge der Etablierung neuer Kommunikationstechnologien (zB Internet) jedoch auch im **Konsumgüterbereich** eine bedeutende Rolle.

b) **Indirekter Vertrieb**
Darunter versteht man die Zwischenschaltung von **Absatzmittlern** zwischen Hersteller und Endabnehmern. Der indirekte Vertrieb kann ein-, zwei- oder auch mehrstufig erfolgen. Im Falle eines **einstufigen** indirekten Vertriebs fungieren ausschließlich Einzelhändler – das sind Handelsunternehmen, die Produkte vom Hersteller kaufen und an Endabnehmer weiterverkaufen – als Absatzmittler. Im Falle eines **zweistufigen** indirekten Vertriebs kommen Großhändler – das sind Handelsunternehmen, die Produkte vom Hersteller kaufen und an Einzelhändler weiterverkaufen – auf einer weiteren Stufe hinzu. Im Falle eines **mehrstufigen** indirekten Vertriebs agieren Großhändler auf mehreren Stufen (zB Stufe 1: Spezialgroßhändler; Stufe 2: Sortimentsgroßhändler). **Vorteile** des indirekten Vertriebs sind ua die große Flexibilität im Hinblick auf die Absatzkanäle (Anzahl der Vertriebsstufen sowie Art und Anzahl der Absatzmittler), die schnelle Expansionsmöglichkeit sowie die geringe Kapitalbindung im Vertrieb aufseiten des Herstellers. Zu den **Nachteilen** zählen va die Abhängigkeit von den Absatzmittlern, die mangelnde Vertriebskontrolle sowie die reduzierten Gewinnspannen aufseiten des Herstellers.

c) **Multi-Channel-Vertrieb**
Darunter versteht man die parallele Nutzung des direkten und indirekten Vertriebs durch den Hersteller. Für den **Hersteller** ist ein Multi-Channel-Vertrieb günstig, da dadurch die Absatzchancen erheblich steigen, für die **Absatzmittler** hingegen ungünstig, da sie durch den direkten Vertrieb unmittelbare Konkurrenz erhalten. Kritisch wird es für die Absatzmittler, wenn die Preise im direkten Vertrieb unter jenen der Einzelhändler liegen. Ob Absatzmittler einen parallelen direkten Vertrieb dulden, hängt von der Marktmacht des Herstellers ab. Besonders häufig tritt der Multi-Channel-Vertrieb in Form des parallelen und direkten Vertriebs über das **Internet** in Erscheinung.

Bei Entscheidungen hinsichtlich der **horizontalen Absatzkanalstruktur**, die von der vertikalen Absatzkanalstruktur abhängig ist, geht es darum, Art und Anzahl der Absatzmittler

[32] Vgl *Bruhn* (2012) 250 ff.

auf den einzelnen Absatzstufen festzulegen, wobei grundsätzlich zwischen folgenden **Grundoptionen** unterschieden werden kann:

a) **Universalvertrieb**
Beim Universalvertrieb akzeptiert der Hersteller jeden Absatzmittler, da der Hersteller in erster Linie **Ubiquität** anstrebt, dh sein Produkt soll nach Möglichkeit überall erhältlich sein (Beispiel: Verkauf einer Orangenlimonade in Supermärkten, Restaurants, Baumärkten oder auch an Tankstellen).

b) **Selektivvertrieb**
Beim Selektivvertrieb akzeptiert der Hersteller nur Absatzmittler, die bestimmte **qualitative Selektionskriterien** (zB Gewährleistung einer fachkundigen Beratung oder Vorliegen einer bestimmten Geschäftsgröße) erfüllen. Die Anzahl der Absatzmittler ist dabei nicht beschränkt (Beispiel: Verkauf von hochwertigen Möbeln nur über Einzelhändler, die einen eigens gestalteten Verkaufsbereich für dieses Produkt eingerichtet haben).

c) **Exklusivvertrieb**
Beim Exklusivvertrieb gelten – wie beim Selektivvertrieb – **qualitative und** darüber hinaus **quantitative Selektionskriterien** für die Auswahl der Absatzmittler, dh die Absatzmittler müssen nicht nur bestimmte qualitative Selektionskriterien erfüllen, sondern sind auch in ihrer Anzahl beschränkt (Beispiel: Verkauf von Autos einer bestimmten Marke bei zB maximal drei Exklusivhändlern in einer bestimmten Region, die entsprechend gestaltete Verkaufsräumlichkeiten mit einer Mindestgröße aufweisen).

Beispiel 4-4

Fragestellung: Ein Uhrenhersteller hat ein neues exklusives Modell entwickelt, das dauerhaft zu einem hohen Preis verkauft werden soll. Für dieses Modell soll auf Plakaten geworben werden. Der Verkauf soll ausschließlich durch 20 Einzelhändler erfolgen, die eine qualitativ hochwertige Beratung bieten müssen.

Wie sieht der Marketing-Mix für dieses Uhrenmodell im Hinblick auf a) Produktpolitik, b) Preispolitik, c) Kommunikationspolitik und d) Vertriebspolitik aus?

Lösung: a) Produktinnovation; b) Prämienpreisstrategie; c) Mediawerbung; d) Exklusivvertrieb.

Erläuterung: a) Ein neues Produkt ist entwickelt und soll am Markt eingeführt werden. b) Es wird dauerhaft ein hoher Preis angestrebt, was bei einem exklusiven Uhrenmodell möglich sein sollte. c) Für das neue Uhrenmodell soll mittels Plakatwerbung, einem Massenkommunikationsmittel, geworben werden. d) Einzelhändler, die das neue Uhrenmodell anbieten wollen, müssen ein bestimmtes qualitatives Selektionskriterium, nämlich die Sicherstellung einer qualitativ hochwertigen Beratung, erfüllen. Zudem ist ihre Anzahl auf 20 begrenzt. Da sich der Hersteller dieser Absatzmittler bedient, handelt es sich um einen indirekten Vertrieb.

4.1.5. Umsetzung und Kontrolle

In der fünften Phase der Marktbearbeitung sind die geplanten Marketingmaßnahmen entsprechend **umzusetzen**. Im Rahmen der **Marketingkontrolle** werden Umsetzung, Erreichung der gesetzten Ziele sowie Effizienz der durchgeführten Maßnahmen überprüft.[33]

[33] Für Details zum Marketingcontrolling vgl beispielsweise *Meffert/Burmann/Kirchgeorg* (2012) 819 ff.

4.2. Marktforschung

Die Marktforschung, vielfach aufgrund ihres über die reine Erforschung des Markts hinausreichenden Umfangs auch als **Marketingforschung** bezeichnet,[34] hat die **Aufgabe**, die im Zuge der Marktbearbeitung benötigten Informationen über die Unternehmensumwelt, also den Markt, bereitzustellen. Im ersten Teil dieses Abschnitts werden verschiedene **Formen der Marktforschung**, die sich hinsichtlich des Untersuchungsobjekts unterscheiden, vorgestellt. Im zweiten Teil wird auf den **Prozess der Marktforschung**, also die Vorgangsweise bei Marktforschungsstudien, eingegangen.[35]

4.2.1. Formen der Marktforschung

Untersuchungsobjekte der Marktforschung können der Markt in seiner Gesamtheit, verschiedene Marktteilnehmer, aber auch einzelne Marketinginstrumente sein. Demnach lassen sich folgende Formen der Marktforschung unterscheiden:[36]

a) **Erforschung des Markts**: Hier geht es darum, den aktuellen Markt zu analysieren, dh bisherige Entwicklungen zu beobachten und Prognosen für die Zukunft abzuleiten. Zu diesem Zweck werden ua marktbezogene **Marketingkennzahlen**, wie Marktvolumen, Marktanteil oder Marktpotenzial (vgl 4.1.1.), ermittelt.
b) **Erforschung der Marktteilnehmer**: Hier geht es darum, das aktuelle Verhalten der Marktteilnehmer zu beobachten und zu analysieren, um deren zukünftiges Verhalten abschätzen zu können. Je nach Art der Marktteilnehmer wird zwischen folgenden **Varianten** der Marktteilnehmerforschung differenziert:
   - **Konsumentenforschung**: Im Zuge der Konsumentenforschung werden die Eigenschaften und das Verhalten von Konsumenten untersucht. Es wird beispielsweise analysiert, nach welchen Kriterien Konsumenten die Einkaufsstätte auswählen, ob und inwieweit mit Änderungen im Bedarf bzw in den Verbrauchsgewohnheiten zu rechnen ist, oder inwieweit beim Kauf Markentreue besteht.
   - **Konkurrenzforschung**: Die Konkurrenzforschung zielt auf die Identifikation der wichtigsten Mitbewerber ab, um deren Stellung im Markt mit der des eigenen Unternehmens vergleichen zu können. Dabei wird das aktuelle Verhalten dieser Mitbewerber analysiert, um Prognosen bezüglich ihres zukünftigen Verhaltens erstellen zu können.
   - **Handelsforschung** (Absatzmittlerforschung): Dabei wird nicht nur die Stellung des eigenen Unternehmens im Handel erhoben, sondern es werden auch die Verhaltensweisen und Anforderungen der Absatzmittler untersucht.
c) **Erforschung der Wirkung der Marketinginstrumente**: Hier geht es einerseits darum, die mögliche Wirkung von Marketinginstrumenten ex ante abzuschätzen, und andererseits darum, deren tatsächliche Wirkung ex post zu ermitteln und auszuwerten. Je nach Art des Marketinginstruments wird zwischen folgenden **Varianten** der Wirkungsforschung unterschieden:
   - **Produktforschung**: Im Zuge der Produktforschung wird ua untersucht, wie hoch die Akzeptanz eines neuen Produkts ist, wie anwenderfreundlich ein Produkt ist oder welches Image ein Produkt besitzt.
   - **Preisforschung**: Die Preisforschung beschäftigt sich ua mit den Fragen, welchen Preis die Kunden akzeptieren, und wie die Kunden und Konkurrenten auf Preisänderungen reagieren (Preis-Absatz-Funktion; vgl 4.1.4.2.).

[34] Vgl zB *Bruhn* (2012) 87.
[35] Für Details zur Marktforschung vgl zB *Berekoven/Eckert/Ellenrieder* (2009) oder *Kuß* (2012).
[36] Vgl zB *Bruhn* (2012) 89 ff.

- **Kommunikationsforschung**: Gegenstand der Kommunikationsforschung ist va die Untersuchung der Frage, inwieweit die eingesetzten Instrumente der Kommunikationspolitik das Verhalten der Zielgruppe tatsächlich beeinflussen. Größte praktische Bedeutung hat jener Teil der Kommunikationsforschung, der sich auf die Mediawerbung bezieht und als **Mediaforschung** bezeichnet wird. Hier wird zB analysiert, wie viele Konsumenten mit einem bestimmten Werbeträger erreicht werden können (Erforschung der Medienreichweite), oder welche Wirkung die Mediawerbung auf die Einstellung und das Verhalten der Konsumenten hat (Werbewirkungsforschung).
- **Vertriebsforschung**: Die Vertriebsforschung dient hauptsächlich der Überprüfung der Effizienz der aktuellen Vertriebskanäle sowie der Abschätzung der Erfolgschancen neuer Vertriebsmöglichkeiten.

Beispiel 4-5

Fragestellung: Geben Sie an, welche Formen der Marktforschung zur Beantwortung nachstehender Fragen eingesetzt werden sollten.

a) Wie wird das Marktpotenzial in fünf Jahren aussehen?; b) Wie alt ist der Durchschnittskäufer von Produkt A?; c) Mit welchen Marketingmaßnahmen ist in den kommenden Monaten seitens der Konkurrenz zu rechnen?; d) Ist die Bedienungsanleitung des Produkts B benutzerfreundlich verfasst?; e) Hat die letzte Werbekampagne zu einem Umsatzwachstum geführt?

Lösung: a) Erforschung des Markts; b) Konsumentenforschung; c) Konkurrenzforschung; d) Produktforschung; e) Mediaforschung.

Erläuterung: a) Hier ist eine marktbezogene Marketingkennzahl, nämlich das Marktpotenzial, zu ermitteln. b) Das Durchschnittsalter stellt eine Eigenschaft der Konsumenten dar, die im Rahmen der Erforschung der Marktteilnehmer erhoben wird. c) Hier geht es um das zukünftige Verhalten der Konkurrenz, das im Rahmen der Erforschung der Marktteilnehmer ermittelt wird. d) Nachdem eine Eigenschaft des Produkts (Produktzubehörs) analysiert werden soll, bedient man sich der Produktforschung. e) Die Wirkung einer Werbemaßnahme wird im Rahmen der Werbewirkungsforschung, einem Teilbereich der Mediaforschung, erhoben.

4.2.2. Prozess der Marktforschung

Marktforschungsstudien laufen im Wesentlichen nach folgendem Schema ab, das aus **vier Phasen** besteht:[37]

a) **Zieldefinition**: Dabei ist festzulegen, welche (fehlenden) Informationen anhand der Studie beschafft werden sollen.
b) **Wahl des Forschungsdesigns**: In dieser Phase sind Aufbau und Ablauf der Studie festzulegen, wobei ua zu entscheiden ist,
   - ob es sich um eine **Primärstudie**, für die erst Daten erhoben werden müssen, oder um eine **Sekundärstudie**, die auf bereits vorhandene Daten zurückgreift, handeln soll.
   - ob es sich um eine zeitpunktbezogene (einmalige Datenerhebung) **Querschnitt-** (zB Untersuchung der aktuellen Situation) oder eine zeitraumbezogene (mehrmalige Datenerhebung) **Längsschnittuntersuchung** (zB Untersuchungen von Veränderungen im Zeitverlauf) handeln soll.

[37] Vgl *Wöhe* (2010) 397 ff.

- welche **Erhebungsmethode(n)** eingesetzt werden soll(en). Verbreitete Erhebungsmethoden sind Befragungen, Beobachtungen, Inhaltsanalyen und Experimente.
- welche Art der Messung durchgeführt werden soll. Während die **quantitative** Marktforschung (zB Konsumentenbefragung mittels standardisiertem Fragebogen) auf zahlenmäßig erfassbaren Tatbeständen beruht, versucht die **qualitative Marktforschung** (zB unstrukturiertes Expertengespräch) Meinungen zu kaum oder nur schwer quantifizierbaren Tatbeständen zu erheben.
- wer Träger der Marktforschung sein soll. Diesbezüglich wird zwischen **interner** Marktforschung (betriebliche Marktforschung) und **externer Marktforschung** (Instituts-Marktforschung) unterschieden.

c) **Informationsgewinnung**: Nach der Festlegung des Forschungsdesigns sind die benötigten Informationen zu erheben.
d) **Informationsauswertung**: In dieser Phase sind die erhobenen Informationen auszuwerten, um daraus Prognosen abzuleiten und Strategien für künftige Handlungsweisen festlegen zu können.

4.3. Übungsbeispiele zum Marketing

4.3.1. Fragestellungen

1.) Handelt es sich beim Markt für anwaltliche Leistungen um einen Käufer- oder um einen Verkäufermarkt? Begründen Sie Ihre Antwort.
2.) Um welchen Marketingbereich handelt es sich beim „anwaltlichen“ Marketing?
3.) Was sind die zentralen Aufgaben des Marketings?
4.) In welchen Phasen läuft die Marktbearbeitung ab?
5.) Sie sollen den Pkw-Markt in Österreich analysieren. Insgesamt wurden im Betrachtungszeitraum (Jahr T) 300.000 Pkw verkauft. Der Durchschnittspreis betrug 20.000,–. Unternehmen A hat im Jahr T 20.000 Pkw verkauft (davon 10.000 in Österreich), Unternehmen B (Hauptkonkurrent) 40.000 (davon 20.000 in Österreich). Berechnen Sie, bezogen auf das Unternehmen A bzw den österreichischen Markt, die folgenden Marketingkennzahlen: a) Absatz; b) Umsatz; c) Marktvolumen; d) Absatzvolumen; e) Marktpotenzial; f) Absatzpotenzial; g) Marktanteil; h) relativer Marktanteil.
6.) Ein Getränkehersteller A ist bisher nur in Österreich tätig. Erzeugt wird ausschließlich Fruchtsaft in fünf verschiedenen Sorten. Um welche Marktfeldstrategie handelt es sich, wenn das Unternehmen A a) die fünf verschiedenen Fruchtsaftsorten auch in China anbieten möchte und b) eine neue sechste Fruchtsaftsorte in Österreich anbieten möchte?
7.) Ein Spielwarenunternehmen bietet Spielzeug für fünf verschiedene Altersklassen an. Welche Marktsegmentierungsstrategie verfolgt dieses Unternehmen?
8.) Ein Versicherungsunternehmen, das in Österreich tätig ist und aktuell 15 verschiedene Versicherungsprodukte anbietet, möchte in Österreich zukünftig den Absatz dieser 15 Produktvarianten steigern, indem Neukunden, die bisher noch keine entsprechenden Versicherungen haben, gewonnen werden. Zudem soll der Markt in Zukunft nach dem Preisverhalten der (potenziellen) Kunden segmentiert werden. Die Segmentierung sieht eine Einteilung in fünf Segmente vor, von welchen die beiden Segmente „preisbewusste Konsumenten“ und „sehr preisbewusste Konsumenten“ jedoch nicht mehr bearbeitet werden sollen. Geben Sie an, a) welche Marktfeldstrategie das Versicherungsunternehmen anstrebt, b) welche Grundform der Marktbearbeitungsstrategie das Versicherungsunternehmen aktuell verfolgt bzw c) in Zukunft verfolgen möchte sowie d) welche Marktsegmentierungsstrategie zukünftig gelten soll.

9.) Welche abnehmerorientierte Marktteilnehmerstrategie wird der unter 6.) genannte Getränkehersteller verfolgen, wenn das Unternehmensmotto „Gute Qualität hat ihren Preis" lautet?

10.) Lebensmittelproduzent A, der sich den inländischen Markt mit dem Hauptkonkurrenten B teilt, verfolgt die Strategie, akzeptable Qualität zu günstigen Preisen anzubieten. Auf dem inländischen Markt gibt es ein dominierendes Lebensmitteleinzelhandelsunternehmen, das den Lebensmittelproduzenten die Lieferbedingungen vorschreibt. Diese Vorgaben werden seitens der Lebensmittelproduzenten akzeptiert, um überhaupt Lieferverträge zu erhalten. Geben Sie an, welche Marktteilnehmerstrategie Lebensmittelproduzent A im Hinblick auf a) die Abnehmer, b) seinen Konkurrenten und c) den Händler verfolgt.

11.) Beschreiben Sie das Leistungsprogramm (Sortiment) des unter 6.) genannten Getränkeherstellers.

12.) Handelt es sich bei a) Coca Cola bzw b) BMW um eine Einzel-, Familien- oder Dachmarke?

13.) Sie betreiben ein Hotel. Nennen Sie jeweils ein Beispiel für eine a) zeitliche, b) personelle sowie c) leistungsbezogene Preisdifferenzierung.

14.) Sie führen für das unter 13.) genannte Hotel folgende Aktionen durch: a) Verteilung von Gutscheinen für Übernachtungen zu Sonderpreisen; b) Unterstützung des lokalen Sportvereins (Finanzierung der Sportbekleidung); c) Aussendung eines speziellen Angebots per E-Mail an Stammkunden. Um welches Instrument der Kommunikationspolitik handelt es sich dabei jeweils?

15.) Unternehmen X produziert Designermöbel. Diese werden über ausgewählte Einzelhändler, die über ansprechend gestaltete Verkaufsräumlichkeiten verfügen müssen, vertrieben. Welche Absatzkanalpolitik (vertikal und horizontal) verfolgt das Unternehmen X?

16.) Ein Schuhhersteller möchte ein neues Modell entwickeln, das dauerhaft zu einem günstigen Preis verkauft werden soll. Für dieses Modell soll in Zeitungsanzeigen geworben werden. Der Verkauf soll durch möglichst viele Einzelhändler erfolgen. Wie sieht der Marketing-Mix für dieses Schuhmodell im Hinblick auf die a) Produktpolitik, b) Preispolitik, c) Kommunikationspolitik und d) Vertriebspolitik aus?

17.) Ein Dienstleistungsunternehmen möchte wissen, nach welchen Kriterien bestimmte Dienstleister von den Konsumenten ausgewählt werden. Welche Form der Marktforschung wird das Unternehmen zur Beantwortung dieser Fragestellung durchführen?

18.) Sie möchten wissen, ob die unter 14.) genannten Aktionen zu einer Erhöhung der Nächtigungszahlen geführt haben. Welche Form der Marktforschung werden Sie durchführen?

19.) Im Rahmen der Marktforschung sollen folgende Fragen beantwortet werden: a) Wie wird das Marktvolumen in fünf Jahren aussehen?; b) Welche Markentreue weisen die Kunden auf?; c) Mit welchen Marketingmaßnahmen ist in den kommenden Monaten seitens des Einzelhandels zu rechnen?; d) Wie erfolgreich ist der Internetvertrieb des eigenen Unternehmens? Geben Sie an, welche Formen der Marktforschung zur Beantwortung der obigen Fragen eingesetzt werden sollten.

20.) Im Rahmen der Konsumentenforschung sollen die Konsumenten über zwei Jahre hinweg alle drei Monate hinsichtlich ihrer Zufriedenheit mit den Produkten eines Unternehmens befragt werden. Handelt es sich dabei um eine Querschnitt- oder eine Längsschnittstudie?

4.3.2. Lösungen

1.) Lösung: Um einen Käufermarkt.
Erläuterung: Das Angebot ist größer als die Nachfrage.

2.) Lösung: Dienstleistungsmarketing.
Erläuterung: Es geht um die Vermarktung von Dienstleistungen (Beratungsleistungen).

3.) Lösung: Marktbearbeitung und Marktforschung.

4.) Lösung: 1. Situationsanalyse; 2. Definition der Marketingziele; 3. Entwicklung einer Marketingstrategie; 4. Auswahl geeigneter Marketinginstrumente; 5. Umsetzung und Kontrolle.

5.) Lösung: a) 20.000 Pkw; b) 400.000.000,-; c) 300.000 Pkw; d) 10.000 Pkw; e) Offen; f) Offen; g) 3,33 %; h) 50 %.
Erläuterung: a) Der Absatz spiegelt die gesamte Absatzmenge von Pkw (auf allen bearbeiteten Märkten) seitens des Unternehmens A wider; b) Umsatz von A = Absatz · Verkaufspreis = 20.000 Stück · 20.000,– = 400.000.000,–; c) Das Marktvolumen ist die auf dem österreichischen Markt tatsächlich abgesetzte Anzahl an Pkw; d) Das Absatzvolumen ist die tatsächliche Absatzmenge von Pkw auf dem österreichischen Markt seitens des Unternehmens A; e) Das Marktpotenzial stellt den in Österreich maximal möglichen Absatz an Pkw innerhalb eines Jahres dar, welcher für das Jahr T mindestens 300.000 Pkw (= Marktvolumen) beträgt; f) Das Absatzpotenzial stellt den in Österreich maximal möglichen Absatz von Pkw seitens des Unternehmens A innerhalb eines Jahres dar, welcher für das Jahr T mindestens 10.000 Pkw (= Absatzvolumen) beträgt; g) Marktanteil = Absatzvolumen des Unternehmens A/Marktvolumen = 10.000 Pkw/300.000 Pkw = 0,0333 ® 3,33 %; h) Relativer Marktanteil = Absatzvolumen des Unternehmens A/Absatzvolumen des Hauptkonkurrenten (Unternehmen B) = 10.000 Pkw/20.000 Pkw = 0,5 → 50 %.

6.) Lösung: a) Marktentwicklung; b) Produktentwicklung.
Erläuterung: a) Hier werden bereits vorhandene Produkte (fünf Sorten Fruchtsaft) auf einem neuen Markt (China) angeboten; b) Hier wird am gegenwärtigen Markt (Österreich) ein neues Produkt (neue Fruchtsaftsorte) angeboten.

7.) Lösung: Eine Marktsegmentierung nach Kundenmerkmalen, und zwar nach demografischen Kriterien.
Erläuterung: Das Alter ist ein demografisches Kriterium.

8.) Lösung: a) Marktdurchdringung; b) Gesamtmarktabdeckung; c) Selektive Spezialisierung; d) Marktsegmentierung nach Kundenmerkmalen, und zwar nach Verhaltenskriterien.
Erläuterung: a) Der Absatz bereits vorhandener Produkte (15 Versicherungsprodukte) soll am gegenwärtigen Markt über Gewinnung von Neukunden gesteigert werden; b) Aktuell wird der gesamte Markt (es gibt keine Segmentierung) mit allen Produkten bearbeitet; c) In Zukunft sollen nur noch drei Segmente (wie diese genau aussehen, bleibt hier offen) mit allen Produkten bearbeitet werden; d) Das Preisverhalten stellt ein Verhaltenskriterium aufseiten der Kunden dar.

9.) Lösung: Qualitätsführerschaft.

10.) Lösung: a) Preisführerschaft; b) Kooperationsstrategie; c) Anpassungsstrategie.
Erläuterung: a) Der größte Vorteil, den das Unternehmen den Abnehmern im Vergleich zur Konkurrenz bieten kann, liegt im günstigen Preis der Produkte; b) Man verhält sich gegenüber der Konkurrenz kooperativ, indem der Markt aufgeteilt wird; c) Die Machtposition des Händlers wird notgedrungen akzeptiert, die Forderungen des Handels werden erfüllt.

11.) Lösung: Es handelt sich dabei um die fünf verschiedenen Fruchtsaftsorten.

12.) Lösung: a) Einzelmarke; b) Dachmarke.
Erläuterung: a) Coca Cola bezeichnet ein einzelnes Produkt des Unternehmens, ist somit eine Einzelmarke; b) BMW umfasst sämtliche Produkte des Unternehmens, dh verschiedene Pkw-Modelle, aber auch Motorräder, Fahrräder oder Zubehör, ist also eine Dachmarke.

13.) Lösung: a) Variierende Zimmerpreise für die Hoch- und Nebensaison; b) Ermäßigungen für Senioren und Jugendliche; c) Unterschiedliche Preise für Standard- und Komfortzimmer.

14.) Lösung: a) Verkaufsförderung; b) Öffentlichkeitsarbeit; c) Direktmarketing.
Erläuterung: a) Die Verteilung von Gutscheinen für Übernachtungen zu Sonderpreisen ist eine Maßnahme der konsumentenorientierten Verkaufsförderung; b) Hierbei handelt es sich um eine Sonderform der Öffentlichkeitsarbeit, nämlich um ein Sponsoring, wobei als Gegenleistung für das Sponsoring vermutlich der Name des Hotels auf der Sportbekleidung abgedruckt wird; c) Hier werden spezielle Kunden, und zwar Stammkunden, durch ein personalisiertes Angebot angesprochen.

15.) Lösung: Vertikal handelt es sich um einen indirekten Vertrieb, horizontal um einen Selektivvertrieb.
Erläuterung: Vertikal liegt ein indirekter Vertrieb vor, da Absatzmittler, dh ausgewählte Einzelhändler, zwischengeschaltet werden. Horizontal liegt ein Selektivvertrieb vor, da der Hersteller nur Absatzmittler akzeptiert, die das Qualitätskriterium in Form von ansprechend gestalteten Verkaufsräumlichkeiten erfüllen. Die Anzahl der Absatzmittler ist jedoch nicht beschränkt.

16.) Lösung: a) Produktinnovation; b) Promotionspreisstrategie; c) Mediawerbung; d) Universalvertrieb.
Erläuterung: a) Ein neues Produkt soll entwickelt und am Markt eingeführt werden; b) Es wird dauerhaft ein niedriger Preis angestrebt; c) Für das neue Schuhmodell soll mittels Massenkommunikationsmittel geworben werden, indem eine Anzeige in einer Zeitung geschaltet wird; d) Jeder Einzelhändler, der das neue Schuhmodell anbieten möchte, bekommt dieses auch geliefert. Da sich der Hersteller verschiedener Absatzmittler bedient, handelt es sich um einen indirekten Vertrieb (vertikal), und zwar um einen Universalvertrieb (horizontal).

17.) Lösung: Konsumentenforschung.
Erläuterung: Es geht um die Erforschung des Verhaltens der Konsumenten.

18.) Lösung: Werbewirkungsforschung.
Erläuterung: Es geht hier um die Erforschung der Wirkung der eingesetzten Marketinginstrumente im Bereich der Werbung, also um Kommunikationsforschung. Im Detail handelt es sich um eine Sonderform der Mediaforschung.

19.) Lösung: a) Erforschung des Markts; b) Konsumentenforschung; c) Handelsforschung; d) Vertriebsforschung.
Erläuterung: a) Hier ist mit dem Marktvolumen eine marktbezogene Marketingkennzahl zu ermitteln; b) Die Markentreue stellt ein Verhalten der Konsumenten dar, das im Rahmen der Erforschung der Marktteilnehmer erhoben wird; c) Hier geht es um das zukünftige Verhalten der Absatzmittler, das im Rahmen der Erforschung der Marktteilnehmer ermittelt wird; d) Nachdem die Effizienz des direkten Vertriebs via Internet analysiert werden soll, bedient man sich der Vertriebsforschung.

20.) Lösung: Um eine Längsschnittstudie.
Erläuterung: Um Veränderungen zu erfassen, werden die Konsumenten über einen festgelegten Zeitraum wiederholt befragt. Es handelt sich also um eine zeitraumbezogene Erhebung.

4.4. Literatur zum Marketing

Backhaus, K./Voeth, M.: Industriegütermarketing, 9. Aufl, München: Vahlen 2010.

Becker, J.: Marketing-Konzeption: Grundlagen des ziel-strategischen und operativen Marketing-Managements, 10. Aufl, München: Vahlen 2013.

Berekoven, L./Eckert, W./Ellenrieder, P.: Marktforschung: Methodische Grundlagen und praktische Anwendung, 12. Aufl, Wiesbaden: Gabler 2009.

Bruhn, M.: Marketing: Grundlagen für Studium und Praxis, 11. Aufl, Wiesbaden: Gabler 2012.

Bruhn, M./Meffert, H.: Handbuch Dienstleistungsmarketing: Planung – Umsetzung – Kontrolle, Wiesbaden: Gabler 2012.

Jung, H.: Allgemeine Betriebswirtschaftslehre, 12. Aufl, München/Wien: Oldenbourg 2010.

Kotler, P./Armstrong, G./Wong, V./Saunders, J.: Grundlagen des Marketing, 5. Aufl, München ua: Pearson Studium 2010.

Kreutzer, R.: Praxisorientiertes Marketing: Grundlagen – Instrumente – Fallbeispiele, 4. Aufl, Wiesbaden: Gabler 2013.

Kuß, A.: Marktforschung: Grundlagen der Datenerhebung und Datenanalyse, 4. Aufl, Wiesbaden: Gabler 2012.

Meffert, H./Burmann, C./Kirchgeorg, M.: Marketing Arbeitsbuch: Aufgaben – Fallstudien – Lösungen, 11. Aufl, Wiesbaden: Gabler 2013.

Meffert, H./Burmann, C./Kirchgeorg, M.: Marketing: Grundlagen marktorientierter Unternehmensführung, 11. Aufl, Wiesbaden: Gabler 2012.

Messner, S./Kreidl, C./Wala, T. (Hrsg): Grundlagen der Betriebswirtschaftslehre, 3. Aufl, Wien: LexisNexis-Verlag ARD Orac 2011.

Pepels, W.: Handbuch des Marketing, 6. Aufl, München: Oldenbourg 2012.

Scharf, A./Schubert, B./Hehn, P.: Marketing: Einführung in Theorie und Praxis, 5. Aufl, Stuttgart: Schäffer-Poeschel 2012.

Vossebein, U.: Marketing: Intensivtraining, 3. Aufl, Wiesbaden: Gabler 2002.

Wöhe, G./Döring, U.: Einführung in die allgemeine Betriebswirtschaftslehre, 24. Aufl, München: Vahlen 2010.

Wöhe, G./Kaiser, H./Döring, U.: Übungsbuch zur Einführung in die allgemeine Betriebswirtschaftslehre, 13. Aufl, München: Vahlen 2010.

5. Zusammenfassendes Beispiel

Anhand eines alle Kapitel dieses Buches umfassenden Beispiels sollen nachfolgend wichtige Aspekte der BWL nochmals behandelt werden. Um den Rahmen des Buches nicht zu sprengen, bleibt dieses Beispiel auf ausgewählte Inhalte beschränkt und kann die Lektüre der einzelnen Kapitel somit keinesfalls ersetzen. Das zusammenfassende Beispiel ist so aufgebaut, dass im ersten Abschnitt im Rahmen der **Aufgabenstellung** zahlreiche Informationen zu einem hypothetischen Unternehmen präsentiert werden. Anschließend werden 20 Aussagen zu diesem Unternehmen aufgelistet, die anhand der vorhandenen Informationen als richtig oder falsch identifiziert werden sollen. Im zweiten Abschnitt des Kapitels werden die **Lösungen** präsentiert, im dritten Abschnitt erfolgen entsprechende **Erläuterungen** zu den Lösungen.

5.1. Aufgabenstellung

In einem **Pharmaunternehmen**, das die Rechtsform einer KG aufweist und ausschließlich in der Produktion tätig ist (Unternehmensgegenstand: Arzneimittelherstellung, jedoch keine eigenen Forschungsabteilungen), werden im Jahr T ua die folgenden Produktionsfaktoren eingesetzt: Arbeitskraft in Form von Sekretariatstätigkeiten, Managementtätigkeiten und Leistungserstellungstätigkeiten. Das Unternehmen weist im Jahr T eine einheitliche Leitungsspanne von acht sowie eine Leitungstiefe von vier auf.

Bei der Produktionsplanung wird grundsätzlich so vorgegangen, dass zunächst ein umfassender Gesamtplan erstellt wird, aus dem dann die untergeordneten Teilpläne abgeleitet werden. In der Produktionsabteilung A1 wird überlegt, für das kommende Jahr entweder gleich fünf zusätzliche Mitarbeiter oder keine zusätzlichen Mitarbeiter anzustellen. Die Kosten pro Mitarbeiter und Jahr betragen 50.000,-, welchen bei Vollbeschäftigung ein Erlös pro Mitarbeiter und Jahr in Höhe von 200.000,- gegenübersteht. Mit einer Wahrscheinlichkeit von 50 % gibt es im folgenden Jahr keine zusätzlichen Aufträge, mit einer Wahrscheinlichkeit von 30 % kommen Zusatzaufträge herein, durch die zwei zusätzliche Mitarbeiter beschäftigt werden können, und mit einer Wahrscheinlichkeit von 20 % sind sogar Zusatzaufträge für fünf zusätzliche Mitarbeiter zu erwarten.

Im Rahmen der Personalbedarfsplanung des Unternehmens wurde für Ende des nächsten Jahres unter Berücksichtigung der Einstellung der fünf zusätzlichen Mitarbeiter ein Nettopersonalbedarf von +150 VZÄ ermittelt. Da im kommenden Jahr die Produktionsabteilung B4 geschlossen wird, sollen die drei dort beschäftigten Arbeiter einen Lohnverrechnungskurs besuchen, um künftig in der Personalabteilung eingesetzt werden zu können.

Das Pharmaunternehmen hat Rohstoffe auf Lager liegen, die im Jahr T um 150.000,– eingekauft wurden. Aufgrund eines Preisverfalls können die Rohstoffe zum Bilanzstichtag (31. 12.) um 100.000,– erworben werden. Im Laufe des kommenden Jahres ist ein Preisverfall um weitere 50 % zu erwarten.

Für die Berechnung des EGT des Unternehmens liegen folgende Daten vor: Materialaufwand: 200.000.000,–, Personalaufwand: 550.000.000,–, Erlöse aus dem Verkauf von Produkten: 600.000.000,–, Zinserträge (aus Pensionsrückstellungen in Form von Anleihen): 20.750.000,-, Zinsaufwendungen (für Darlehen): 750.000,- und Erträge aus dem Verkauf von Teilen des Betriebsareals: 100.000.000,–.

Gemäß der Schlussbilanz am 31. 12. ergibt sich, dass das Unternehmen über ein Anlagevermögen in Höhe von 1.000.000.000,– und langfristiges Umlaufvermögen in Höhe von 550.000.000,– verfügt. Das langfristige Fremdkapital beträgt 950.000.000,–, das Eigenkapital beträgt 650.000.000,–.

In der Produktionsabteilung A8 soll im kommenden Jahr auch das innovative neue Medikament M-0815 produziert werden, für das variable Kosten in Höhe von 12,–/Stück und Fixkosten in Höhe von 500.000,– prognostiziert werden, um den derzeit stockenden Absatz des Medikaments M-5180 abzufedern. Eine Marktstudie hat ergeben, dass für das neue Medikament mit einem Preis von 25,–/Stück bei einem Absatz von 45.000 Stück zu rechnen ist.

In der Produktionsabteilung C7 wird überlegt, eine zusätzliche Produktionsmaschine anzuschaffen. Diese würde 100.000,– inkl Montage kosten. Die Maschine könnte drei Jahre betrieben werden. Nach diesen drei Jahren kann die Maschine voraussichtlich um 30.000,– weiterverkauft werden. Mit der zusätzlichen Maschine können planmäßig folgende jährliche Cashflows erwirtschaftet werden: 10.000,– (t = 1), 50.000,– (t = 2 und 3). Die Maschine soll ausschließlich eigenfinanziert werden, wobei das für die Maschine notwendige Eigenkapital alternativ in eine Anleihe (Zinssatz: 4 % pa) investiert werden könnte.

Da das Pharmaunternehmen plant, eine andere Pharmafirma zu übernehmen, möchte es den damit entstehenden Finanzierungsbedarf über eine Nullkuponanleihe decken. Das Pharmaunternehmen ist bisher ausschließlich in Europa tätig. Nach der Übernahme möchte das Unternehmen seine Produkte jedoch auch in Asien anbieten, allerdings nur für Personen, die sich die Medikamente als Privatzahler leisten können.

Kreuzen Sie nun an, ob die folgenden **20 Aussagen** zum vorgestellten Pharmaunternehmen **richtig oder falsch** sind:

Aussage 1

Bei den Sekretariatstätigkeiten handelt es sich um dispositive Arbeit, bei der Leistungserstellung dagegen um ausführende Arbeit.

☐ richtig ☐ falsch

Aussage 2

Das Pharmaunternehmen hat mindestens zwei Gesellschafter, wobei einer davon unbeschränkt haftet.

☐ richtig ☐ falsch

Aussage 3

Im Unternehmen sind exklusive Geschäftsführung insgesamt 4.680 Personen beschäftigt.

☐ richtig ☐ falsch

Aussage 4

Die Produktionsplanung erfolgt progressiv.

☐ richtig ☐ falsch

Aussage 5

Unter Heranziehung der μ-Regel sollte die Produktionsabteilung A1 für das nächste Jahr die fünf zusätzlichen Mitarbeiter anstellen.

☐ richtig ☐ falsch

Aussage 6

Ein Nettopersonalbedarf von +150 VZÄ bedeutet, dass im kommenden Jahr 150 neue Mitarbeiter einzustellen sind, sofern es bis dahin keine Personalabgänge gibt.

☐ richtig ☐ falsch

Aussage 7

Der Besuch des Lohnverrechnungskurses seitens der drei Arbeiter stellt eine Fortbildungsmaßnahme dar.

☐ richtig ☐ falsch

Aussage 8

Die gelagerten Rohstoffe sind mit einem Wert von 100.000,- zu bilanzieren.

☐ richtig ☐ falsch

Aussage 9

Das Pharmaunternehmen weist ein positives EGT auf.

☐ richtig ☐ falsch

Aussage 10

Zur Beseitigung eines Liquiditätsengpasses sollte das Unternehmen ein Sale-and-Lease-Back einem Factoring vorziehen.

☐ richtig ☐ falsch

Aussage 11

Das Unternehmen erfüllt im Jahr T die goldene Bilanzregel.

☐ richtig ☐ falsch

Aussage 12

Die kurzfristige Preisuntergrenze für das aktuell schwer absetzbare Pharmaprodukt M-5180 sollte keinesfalls unter den Vollkosten liegen.

☐ richtig ☐ falsch

Aussage 13

Die Break-even-Menge für das Medikament M-0815 beträgt weniger als 30.000 Stück.

☐ richtig ☐ falsch

Aussage 14

Das Medikament M-0815 wird im kommenden Jahr bereits in die Wachstumsphase eintreten.

☐ richtig ☐ falsch

Aussage 15

In der Produktionsabteilung C7 sollte die zusätzliche Produktionsmaschine angeschafft werden.

☐ richtig ☐ falsch

Aussage 16

Da für die Finanzierung des Kaufs der Produktionsmaschine in der Produktionsabteilung C7 aus dem Vorjahr einbehaltene Gewinne verwendet werden, handelt es sich um eine offene Selbstfinanzierung.

☐ richtig ☐ falsch

Aussage 17

Für die geplante Anleihe erhalten die Anleger keine Verzinsung, da es sich um eine Nullkuponanleihe handelt.

☐ richtig ☐ falsch

Aussage 18

Beim Markt für Pharmaprodukte handelt es sich immer um einen Käufermarkt.

☐ richtig ☐ falsch

Aussage 19

Für die Zukunft plant das Unternehmen als Marktfeldstrategie eine Marktentwicklung.

☐ richtig ☐ falsch

Aussage 20

Für den asiatischen Markt ist eine demografische Marktsegmentierung geplant.

☐ richtig ☐ falsch

5.2. Lösungen

Aussage 1: falsch

Aussage 2: richtig

Aussage 3: richtig

Aussage 4: falsch

Aussage 5: richtig

Aussage 6: falsch

Aussage 7: falsch

Aussage 8: richtig

Aussage 9: falsch

Aussage 10: falsch

Aussage 11: richtig

Aussage 12: falsch

Aussage 13: falsch

Aussage 14: richtig

Aussage 15: richtig

Aussage 16: richtig

Aussage 17: falsch

Aussage 18: falsch

Aussage 19: richtig

Aussage 20: falsch

5.3. Erläuterungen

Aussage 1

Bei beiden Arten von Tätigkeiten handelt es sich um ausführende Arbeit. Nur die Managementaktivitäten zählen zur dispositiven Arbeit.

Aussage 2

Bei einer KG, also einer Kommanditgesellschaft, muss es einen Komplementär, der unbeschränkt haftet, sowie einen Kommanditisten, der nur mit der Einlage haftet, geben.

Aussage 3

Eine Leitungstiefe von vier bedeutet vier Hierarchieebenen unterhalb der Unternehmensleitung, eine einheitliche Leitungsspanne von acht bedeutet, dass jeder Vorgesetzte (jede übergeordnete Stelle) genau acht Mitarbeiter (untergeordnete Stellen) hat. Dh, auf der ersten Hierarchieebene sind acht Mitarbeiter tätig, auf der zweiten Ebene 64, auf der dritten Ebene 512 und auf der vierten Ebene 4.096.

Aussage 4

Es handelt sich um eine retrograde (Top-down-)Planung, bei der zuerst der übergeordnete Plan entwickelt wird, aus dem dann die untergeordneten Pläne abgeleitet werden.

Aussage 5

Im ersten Schritt werden die Ausprägungen der beiden Handlungsalternativen H in Abhängigkeit von den Umweltzuständen Z wie folgt ermittelt:

Die Ausprägungen von Handlungsalternative H_1 (fünf zusätzliche Mitarbeiter anstellen) werden als Differenz zwischen zusätzlichen Erlösen und zusätzlichen Kosten in Abhängigkeit von den drei Umweltzuständen wie folgt ermittelt:

H1(Z1) = –250.000,– + 0,– = –250.000,–

H1(Z2) = –250.000,– + 400.000,– = +150.000,–

H1(Z3) = –250.000,– + 1.000.000,– = +750.000,–

Bei Handlungsalternative H_2 (keine zusätzlichen Mitarbeiter anstellen) fallen weder zusätzliche Kosten noch zusätzliche Erlöse an.

Im zweiten Schritt werden die Erwartungswerte der beiden Handlungsalternativen wie folgt berechnet:

$\mu(H_1) = -250.000 \cdot 0{,}50 + 150.000 \cdot 0{,}30 + 750.000 \cdot 0{,}20 = 70.000,–$

$\mu(H_2) = 0 \cdot 0{,}50 + 0 \cdot 0{,}30 + 0 \cdot 0{,}20 = 0,–$

Nachdem $\mu(H_1) > \mu(H_2)$, sind die fünf zusätzlichen Mitarbeiter einzustellen.

Aussage 6

Im Nettopersonalbedarf sind die voraussichtlichen Personalabgänge des kommenden Jahres bereits berücksichtigt, dh alle planbaren Personalzu- und -abgänge sind bereits in dieser Kennzahl inkludiert.

Aussage 7

Eine Tätigkeit als Lohnverrechner stellt für die drei Arbeiter sicherlich ein neues Tätigkeitfeld dar, für das entsprechende Fähigkeiten neu vermittelt werden müssen, sodass es sich dabei um eine Umschulung handelt.

Aussage 8

Rohstoffe zählen zum Umlaufvermögen, für welches das strenge Niederstwertprinzip gilt. Demnach sind die Rohstoffe bei jeglicher (auch nicht dauerhafter Wertminderung) auf den aktuellen Wert, dh 100.000,–, abzuwerten. Zukünftige Erwartungen spielen hingegen keine Rolle.

Aussage 9

Das EGT stellt die Summe aus Betriebs- und Finanzergebnis dar. Das Betriebsergebnis erhält man, indem man von den betrieblichen Erträgen (= Verkaufserlöse in Höhe von 600.000.000,–) die betrieblichen Aufwendungen (= Materialaufwand in Höhe von 200.000.000,– und Personalaufwand in Höhe von 550.000.000,–) abzieht, woraus ein negatives Betriebsergebnis von 150.000.000,– resultiert. Das Finanzergebnis erhält man, indem man von den Finanzerträgen (= Zinserträge in Höhe von 20.750.000,–) die Finanzaufwendungen (= Zinsaufwendungen in Höhe von 750.000,–) abzieht, woraus sich ein positives Finanzergebnis in Höhe von 20.000.000,– ergibt. Bei den Erträgen aus dem Verkauf von Teilen des Betriebsareals handelt es sich um außerordentliche Erträge, die nicht ins EGT einfließen, sodass ein negatives EGT in Höhe von 130.000.000,– vorliegt.

Aussage 10

Im Falle einer erforderlichen Liquidation von Vermögensgegenständen ist darauf zu achten, dass zunächst auf leicht liquidierbares Umlaufvermögen zurückgegriffen wird. Dies kann im vorliegenden Fall über das Factoring erfolgen. Erst als letzte Option sollte die Veräußerung von Teilen des betriebsnotwendigen Anlagevermögens in Form eines Sale-and-Lease-Back in Erwägung gezogen werden.

Aussage 11

Die Goldene Bilanzregel besagt, dass der Anlagendeckungsgrad III größer als 100 % sein soll, dh die Summe aus Anlagevermögen und langfristigem Umlaufvermögen soll kleiner sein als die Summe aus Eigenkapital und langfristigem Fremdkapital. Da hier der Anlagendeckungsgrad III ((Eigenkapital + langfristiges Fremdkapital)/(Anlagevermögen + langfristiges Umlaufvermögen) · 100 = (650.000.000 + 950.000.000)/(1.000.000.000 + 550.000.000) · 100 = 103,23 %) mit 103,23 % höher als 100 % ist, ist die Goldene Bilanzregel erfüllt.

Aussage 12

Als kurzfristige Preisuntergrenze können durchaus die variablen Kosten herangezogen werden. Langfristig sind dagegen die Vollkosten als Preisuntergrenze heranzuziehen.

Aussage 13

Die Break-even-Menge beträgt 500.000/(25-12) = 38.462 Stück.

Aussage 14

Nachdem im folgenden Jahr der geplante Absatz über der Break-even-Menge liegt, wird bereits ein Gewinn erzielt, was ein Charakteristikum der Wachstumsphase ist.

Aussage 15

Das Investitionsprojekt „Anschaffung der zusätzlichen Produktionsmaschine" weist einen positiven Kapitalwert in Höhe von 26.963,– auf und sollte daher realisiert werden.

$$K = -100.000 + \frac{10.000}{1{,}04^1} + \frac{50.000}{1{,}04^2} + \frac{80.000}{1{,}04^3} = 26.963,-$$

Aussage 16

Durch die Einbehaltung der Gewinne aus dem Vorjahr wurde das Eigenkapital erhöht, welches jetzt für die Finanzierung der Produktionsmaschine eingesetzt wird. Das investierte Kapital wurde somit durch das Unternehmen selbst erwirtschaftet, dh, es liegt interne Eigenfinanzierung in offener Form (= offene Selbstfinanzierung) vor.

Aussage 17

Nullkuponanleihen werden sehr wohl verzinst. Das Entgelt für die Kapitalüberlassung wird jedoch nicht laufend gezahlt, sondern ergibt sich aus der Differenz zwischen Ausgabe- und Tilgungskurs.

Aussage 18

Gerade bei neuen Medikamenten ist das Angebot oftmals kleiner als die Nachfrage. In einem derartigen Fall liegt daher für ein Pharmaprodukt ein Verkäufermarkt vor.

Aussage 19

Da bereits vorhandene Produkte auf einem neuen Markt angeboten werden sollen, liegt eine Marktentwicklung vor.

Aussage 20

Es ist zwar eine Marktsegmentierung nach Kundenmerkmalen geplant, jedoch nicht nach einem demografischen Kriterium, wie zB Alter oder Geschlecht, sondern nach einem sozioökonomischen Kriterium, nämlich Einkommen.

Stichwortverzeichnis

A

ABC-Analyse 104
Absatzkanalstruktur 179
  horizontale 179
  vertikale 179
Abschreibung 70
  außerplanmäßige 70
  planmäßige 70
Abteilungscontrolling 103
Abteilungszusammenfassung 21
Abzinsen 130
Aktien 155
  Inhaberaktien 155
  junge 155
  Namensaktien 155
  Stammaktien 155
  vinkulierte Namensaktien 155
  Vorzugsaktien 155
Aktiva 68
Aktivtausch 80
Anlagendeckungsgrad 84
Anlagenintensität 82
Anlagevermögen 70
  abnutzbares 70
  nicht abnutzbares 70
Anleihe
  Wandelschuldverschreibung 155
Anleihen 151, 155
  Effektivzinssatz 152
  Emissionskurs 151
  Emissionsvolumen 151
  Kupon 151
  Stückelung 151
  Tilgungskurs 151
  Tilgungsmodalitäten 152
Annuität. *Siehe* Beurteilungskriterien, dynamische
Ansätze der BWL 4
  entscheidungsorientierter 5
  institutionenökonomischer 5
  produktivitätsorientierter 4
  umweltorientierter 5
  verhaltensorientierter 5
Antizipationen 71
Aufgabenanalyse 20
  objektorientiert 20
  verrichtungsorientiert 20
Aufgabensynthese 20
Aufwendungen 64
  außergewöhnliche 64
  betriebsfremde 64
  periodenfremde 64
Aufzinsen 130
außerordentliches Ergebnis 74
Ausübungspreis 156

B

Basisobjekt 156
BCG-Matrix 105
Bedürfnispyramide nach Maslow 41
Benchmarking 108
  externes 109
  funktionales 109
  internes 109
  wettbewerbsorientiertes 109
Beteiligungsfinanzierung. *Siehe* Finanzierungsformen, Eigenfinanzierung: externe
betriebliche Tätigkeit 10
Betriebsabrechnungsbogen 93
Betriebsergebnis 74
Betriebsüberleitungsbogen 90
  Ablauf 90
Betriebswirtschaftslehre
  allgemeine 10
  spezielle 10
Beurteilungskriterien 136
  dynamische 136
  – Annuität 145
  – interner Zinssatz 146
  – Kapitalwert 142
  statische 136
  – durchschnittliche Rentabilität 141
  – durchschnittlicher Gewinn 139
  – Durchschnittskosten 138
Bewertung 69
  Anschaffungswertprinzip 69
  Bilanzidentität 69
  Bilanzkontinuität 69
  Einzelbewertung 69
  gemildertes Niederstwertprinzip 70
  Höchstwertprinzip 72
  Periodenabgrenzung 69
  strenges Niederstwertprinzip 71
  Unternehmensfortführung 69

Vorsicht 69
Bezugsgrößen 94
Bilanz 68
Bilanzgewinn 72
Bilanzverlust 72
Bilanzanalyse 82
erfolgswirtschaftliche 82
finanzwirtschaftliche 82
Kapitalanalyse 83
Liquiditätsanalyse 84
– dynamische 87
– statische 84
Rentabilitätsanalyse 87
Vermögensanalyse 82
Bilanzgewinn 75
Bilanzgleichung 68
Bilanzierung 67
Bilanzstichtag 68
Bilanzverkürzung 80
Bilanzverlängerung 79
Bilanzverlust 75
Branchenanalyse 12
Break-even-Analyse. *Siehe* Mengenplanung
Buchführung. *Siehe* Buchhaltung
Buchführungsverfahren 68
Durchschreibebuchführung 68
Übertragungsbuchführung 68
Buchhaltung 65, 67
Buchungskreislauf 79
Buchungssätze 79
Buchwert 70
Budget-Egoismus 105
Budgetierung 104
Budgetierungssystem 104
Budgetschlupf 105
Budgetverschwendung 105
Businessplan 11
Executive Summary 12

C

Call 156
Cashflow 77, 87
aus dem Finanzierungsbereich 78
aus dem Geschäftsbereich 78
aus dem Investitionsbereich 78
Ermittlung 77
– derivative 77
– direkte 77
– indirekte 77
Cashflow-Rechnung. *Siehe* Kapitalflussrechnung
Coaching 41
Controlling 103
operatives 104
strategisches 104

D

Darlehen 149
Auszahlungsdisagio 150
Effektivzinssatz 150
Kreditsicherheiten 150
Kreditwürdigkeitsprüfung 150
Nominale 149
Nominalzinssatz 150
Tilgungsmodalitäten 150
Deckungsbeitrag 100
Dienstleistungsbetrieb 6
Diskontieren. *Siehe* Abzinsen
Distributionspolitik. *Siehe* Vertriebspolitik
Disziplin 9
Sozial- und Wirtschaftswissenschaft 9
Wirtschaftswissenschaft 9
Divisionskalkulation 92
doppelte Buchhaltung 66
Bücher 67
Merkmale 66
durchschnittliche Rentabilität. *Siehe* Beurteilungskriterien, statische
durchschnittlicher Gewinn. *Siehe* Beurteilungskriterien, statische
Durchschnittskosten. *Siehe* Beurteilungskriterien, statische

E

EBIT 75
EBITDA 75
EGT. *Siehe* Ergebnis der gewöhnlichen Geschäftstätigkeit
Eigenfinanzierung 137
Eigenkapital 72
negatives 72
Eigenkapitalquote 83
Eigenkapitalrentabilität 87
Eigenmittelquote 83
Einnahmen-Ausgaben-Rechnung 65
Bücher 66
Merkmale 65
Einzahlungsüberschüsse 133
Einzelkosten 92

Entgeltpolitik. *Siehe* Preispolitik
Entscheidung 29
bei Unsicherheit 30
Eintrittswahrscheinlichkeit 30
Handlungsalternativen 30
im engeren Sinn 29
im weiteren Sinn 30
Umweltzustände 30
unter Risiko 30
unter Sicherheit 30
Zielfunktion 30
Entscheidungsmodelle 30
µ-Regel 30, 31
µ-σ-Prinzip 30, 31
Entscheidungstheorie 30
deskriptive 30
normative 30
Erfahrungskurvenkonzept 107
Ergebnis der gewöhnlichen Geschäftstätigkeit 74

F

Finanzergebnis 74
Finanzierungsformen 147
Abschreibungen 148
Außenfinanzierung 147
Eigenfinanzierung 147
– externe 149
– interne 148
Fremdfinanzierung 147
– externe 149
– interne 148
Innenfinanzierung 147
Finanzierungstitel 154, 155
Beteiligungstitel 155
derivative 155
Finanzmarkt 154
Forwards 155
Fremdfinanzierung 137
Fremdkapital 71
Führungsprinzipien 44
Management by Delegation 44
Management by Exception 44
Management by Motivation 45
Management by Objectives 44
Management by Systems 44
Führungsstil 43
autoritärer 43
beratender 43
kooperativer 43
patriarchalischer 43
Futures 155, 157

G

Geldmarkt 154
Geldvermögen 63
Gemeinkosten 92, 94
primäre Stellenkosten 94
Stelleneinzelkosten 94
Stellengemeinkosten 94
Gesamtkapitalrentabilität 88
Gewinnermittlung
direkt 67
indirekt 67
Gewinn- und Verlustrechnung 74
Kontenform 74
Staffelform 74
Goldene Bilanzregel 85
Grenzkostenrechnung 89, 99
Grundkapital 155
Grundkosten 64
Grundsätzen ordnungsgemäßer Buchführung 69
Gruppencontrolling. *Siehe* Abteilungscontrolling
GuV. *Siehe* Gewinn- und Verlustrechnung

H

Haben 66
Handelsforschung 181
Herstellkosten 94

I

Imparitätsprinzip 69
innerbetriebliche Leistungsverrechnung 94
interner Zinssatz. *Siehe* Beurteilungskriterien, dynamische
Investition 133
Investitionsplanungsprozess 134
Phasen 134
Investitionsprojekte 134
Anzahl 134
Art 134
Istkostenrechnung 91

J

Jahresabschluss 76
Jahresabschlussanalyse. *Siehe* Bilanzanalyse
Jahresüberschuss nach Steuern 75

Jahresüberschuss vor Steuern 75
Job enlargement 40
Job enrichment 40
Job rotation 39

K

Kalkulation. *Siehe* Kostenträgerrechnung
Kalkulationszinssatz 137
  gewichteter durchschnittlicher 137
Kapitalflussrechnung 77
  prospektive 77
  retrospektive 77
Kapitalmarkt 154
  Kassamarkt 154
  Primärmarkt 154
  Sekundärmarkt 154
  Terminmarkt 154
Kapitalwert. *Siehe* Beurteilungskriterien, dynamische
Käufermarkt 165
Kennzahlen 8
  Gewinn 8
  Produktivität 8
  Rentabilität 8
Kommunikationsforschung 182
Kommunikationspolitik 177
  Instrumente 177
Konditionenpolitik 176
Konkurrenzforschung 181
Konsumentenforschung 181
Kontenplan 68
Kontenrahmen 68
Konto 66
  Bestandskonto 79
  – aktives 79
  – passives 79
  Eigenkapitalkonto 68, 80
  Erfolgskonto 80
  Eröffnungsbilanzkonto 68, 79
  Gewinn- und Verlustkonto 68, 80
  Schlussbilanzkonto 68, 80
Kontokorrentkredite 153
Kosten 64
  Anderskosten 64
  degressive 100
  fixe 99
  kalkulatorische 64
  Opportunitätskosten 64
  progressive 100
  proportionale 100
  variable 100
  Zusatzkosten 64
Kostenarten 92
Kostenartenrechnung 92
Kostenrechnung 89
  Aufgaben 90
Kostenstellen 93
  Hauptkostenstellen 93
  Hilfskostenstellen 93
Kostenstellenrechnung 93
  Ablauf 93
Kostenträgerrechnung 98
Kostenträgerstückrechnung 98
Kostenträgerverfahren 94
Kostenträgerzeitrechnung 99
Kreditfinanzierung. *Siehe* Finanzierungsformen, Fremdfinanzierung: externe
Kundenkredite 152

L

Laufbahnmodelle 41
Lebenszyklus
  eines Betriebs 10
Leitungsspanne 20
Leitungssysteme 21
  Divisionalsystem 22
  Einliniensystem 21
  Funktionssystem 22
  Mehrliniensystem 21
  Spartensystem 22
  Stabliniensystem 22
Leitungstiefe 20
Leverage-Effekt 88
Lieferantenkredite 152
Liquiditätsgrad 85
long Position 156

M

Machbarkeitsstudie 11
Managementtechniken. *Siehe* Führungsprinzipien
Marketingbereich
  Dienstleistungsmarketing 165
  Industriegütermarketing 165
  Konsumgütermarketing 165
Marketingbereiche 165
Marketingforschung. *Siehe* Marktforschung
Marketinginstrumente 172
Marketingkennzahlen 166

Marketing-Mix 172
Marketingstrategie 168
Marktteilnehmerstrategien 171
– abnehmerorientierte 171
– händlerorientierte 171
– konkurrenzorientierte 171
Marktwahlstrategien 168
– Marktbearbeitungsstrategie 169
– Marktfeldstrategie 168
– Marktsegmentierungsstrategie 169
Marketingziele 168
Marktanalyse 12
Marktbearbeitung 166
Marktforschung 181
Formen 181
Phasen 182
Marktpotenzial 11, 12
Marktreife 12
Mehr-Weniger-Rechnung 71
Mengenplanung 89, 101
Mentoring 41
Motivationsinstrumente
monetäre Anreize 43
nicht monetäre Anreize 43

N

Nennkapital 72
Net Working Capital 86
Normalkostenrechnung 91
Nutzungsdauer 137

O

Obligationen. *Siehe* Anleihen
ökonomisches Prinzip 7
Maximumprinzip 7
Minimumprinzip 7
Optimumprinzip 7
Option
amerikanische 156
europäische 156
Optionen 155, 156
Optionspreis 156
ÖPWZ-Kontenrahmen 68
Organigramm 21

P

Passiva 68
Passivtausch 80
Penetrations-Strategie. *Siehe* Durchdringungsstrategie
Personalabbauplanung 36, 38
Vorgangsweisen 38
Personalauswahl 37
Instrumente 37
Personalbedarfsplanung 34
Bruttopersonalbedarf 35
Dimensionen 35
Nettopersonalbedarf 34
Schritte 35
Vorgangsweise 35
Personalbeschaffung
externe 37
interne 37
Personalbeschaffungsplanung 36, 37
Arten 37
Personaleinsatzplanung 39
Bereiche 39
Personalentwicklungsplanung
Personalbildung 40
Personalförderung 41
Personalführung 41
Motivationsinstrumente 42
Personallücken 37
Personalwirtschaft
ökonomisch ausgerichtete 33
verhaltenswissenschaftlich ausgerichtete 33
Plankostenrechnung 91
Planung 26
bottom-up 26
Gegenstromverfahren 26
konstitutive 29
kurzfristige 29
langfristige 29
mittelfristige 29
operative 29
Phasen 26
progressive 26
retrograde 26
sachliche 26
strategische 29
taktische 29
top-down 26
zeitliche 26
Preisfestsetzungsstrategien 175
Abschöpfungsstrategie 175
Durchdringungsstrategie 176
Prämienpreisstrategie 176
Promotionspreisstrategie 176

Preisforschung 181
Preispolitik 101, 174
 im engeren Sinn 174
Preisuntergrenze 101
Prinzip
 erwerbswirtschaftliches 6
 Kostendeckungsprinzip 6
 Zuschussprinzip 6
Produktforschung 181
Produktionsfaktoren 6
Produktlebenszykluskonzept 107
 Phasen 107
Produktpolitik 172
 Markenpolitik 173
 Produkteliminationen 173
 Produktinnovationen 173
 Produktvariationen 173
 Servicepolitik 174
 Verpackungspolitik 174
Programmplanung 89, 102
Put 156

R

Realisationsprinzip 69
Rechnungsabgrenzung 71
 aktive 71
 passive 71
Rechnungswesen
 Begriffspaare
 – Aufwand/Ertrag 62
 – Einnahme/Ausgabe 62
 – Einzahlung/Auszahlung 62
 – Kosten/Erlös 62
 externes 62
 Funktionen 62
Rechtsformen 17
 Aktiengesellschaft 18
 Einzelunternehmen 17
 Genossenschaft 19
 Gesellschaft bürgerlichen Rechts 18
 Gesellschaft mit beschränkter Haftung 18
 Kommanditgesellschaft 18
 Offene Gesellschaft 17
 Stille Gesellschaft 19
Reinvermögen 63
Rente 132
 Barwert 132
 Endwert 132
 jährliche 132
 nachschüssige 132
 Terminierung 132
 unterjährige 132
 vorschüssige 132
Risikokapital 72
Risikoneigung 31
 Risikofreude 31
 Risikoneutralität 31
 Risikoscheu 31
Rücklagen
 Bewertungsreserve 72
 Gewinnrücklagen 72
 Kapitalrücklagen 72
 unversteuerte 72
Rückstellungen 71

S

Sachleistungsbetrieb 6
Saldo 66
Schuldentilgungsdauer 83, 87
Schuldverschreibungen. *Siehe* Anleihen
Selbstfinanzierung. *Siehe* Finanzierungsformen, Eigenfinanzierung: interne
Shareholder 23
short Position 156
Situationsanalyse 166
Skimming-Strategie. *Siehe* Abschöpfungsstrategie
Soll 66
Stakeholder 24
Standortfaktoren 14
 güterabsatzbezogene 15
 gütereinsatzbezogene 14
Standortspaltung 14
Standortverlagerung 14
Stärken-Schwächen-Analyse 109
Stelle 20
 ausführende 20
 Leitungsstelle 20
 Linienstelle 20
 Stabsstelle 21
 Zentralstelle 21
Stellenausgleichsverfahren 94
Stellenzusammenfassung 21
stille Reserven 72
Stillhalter 156
Strategie 12
Stückkostendegressionseffekt 107
SWOT-Analyse. *Siehe* Stärken-Schwächen-Analyse

T

teilautonome Arbeitsgruppen 40
Termingeschäfte 155
  bedingte 156
  unbedingte 156
  – standardisierte 157
Terminpreis 156
Transitorien. *Siehe* Rechnungsabgrenzung

U

Überschuldung 72
Überschuldungsprüfung 72
Umlageverfahren 94
Umlaufintensität 82
Umlaufvermögen 71
Unternehmenscontrolling 103

V

Verbindlichkeiten 71
Verfügungsrechte 5
Verkäufermarkt 165
Verschuldungsgrad 84
Verschuldungskoeffizient 84
Vertriebsforschung 182
Vertriebspolitik 178
Vollkostenrechnung 89, 92

W

Wettbewerbsanalyse 12

Z

Zahlungen 136
Zahlungsmittelbestand 63
Zahlungsreihe 133
Zielbeziehungen 27
  indifferente 28
  komplementäre 27
  konkurrierende 28
Ziele 27
  individuelle 27
  institutionelle 27
  kurzfristige 27
  langfristige 27
  mittelfristige 27
  Oberziele 28
  ökologische 27
  ökonomische 27
  soziale 27
  Unterziele 29
  Zwischenziele 28
Zielsystem 29
Zinsen 129
  Einflussfaktoren 129
Zinsrechnung
  Anfangskapital 130
  einfache 130
  Endkapital 130
  unterjährige 131
  Zinseszinsrechnung 131
Zuschlagskalkulation 92
Zuschlagssätze 94
Zweckaufwendungen 64